基礎から身につける 線形代数

松田　健
菅沼　義昇
幸谷　智紀
服部　知美
中田　篤史

著

共立出版

はじめに

本書の目的

　線形代数で学ぶ行列や連立1次方程式の理論や計算は，理工系分野に限らず経済や統計処理を必要とする社会科学の分野においても重要な道具となる．統計処理を行う場合は計算機などのツールの使い方さえわかればよいかもしれないが，計算の意味をある程度理解しておけばデータ分析を行うときに役に立つ可能性も十分に考えられる．その際に必要になる知識のほとんどは高等学校までに学習するレベルのものであることが多いことを考慮し，本書では，ベクトルや行列，連立1次方程式の簡単な計算力を身につけることを目標として，第1章から第6章までの前半部分では，線形代数を理解するために必要となる高等学校で学習する内容から解説をすすめていく．また，第7章では線形代数の中でも重要な固有値や固有ベクトルに関する内容を扱うが，それと同時に，線形代数がどのような分野で必要となるかということを紹介する．

　基本的には本書の第7章までに扱う計算手法を身につけることが本書の大きな目的の1つであるが，これらの計算手法を身につけるだけでは理工系や情報系の専門科目を学んでいくための基礎力は身につけることは難しい．線形代数では，線形空間や線形写像などの少し抽象的な理論や概念も学習することになる．しかしながら，学部初年次でこれらの理論の重要性を認識することは容易なことではない．そこで本書の第8章では，情報理論において重要な誤り訂正の技術に線形空間の理論が使われていることを紹介しながら，線形空間の理論の一部を紹介する．また第9章では，応用例として機械学習の理論の中で線形代数で扱われる内容がどのように関わりをもつか，ほんの一部ではあるが実際の計算例を紹介する．第8章と第9章で扱う内容は前半部分と比較すると少し難しく，突拍子もない内容が含まれているかもしれないが，ベクトルや行列の概念にはどのようなものがあり，どのように役に立っているのかを紹介することを目的としている．これらの内容を読んでも興味・関心をもってもらうことは難しいかもしれないが，あえてこれらの内容を紹介したのは，講義や教科書で学んだものを理解するだけでなく，さらにその先にあるものを自ら学んだり，考えることができるようになってもらいたいという気持ちを込めて後半を書いたからである．

本書の読み進め方

　行列や連立1次方程式の計算を学んでいく上で最低限必要な知識は
- 座標の概念

- ベクトルの加法の計算
- ベクトルの内積の計算
- ベクトルの大きさの計算
- 直線の方程式と交点の計算

である．本書では，第1章，第2章でこれらの内容を扱いながら徐々に線形代数の内容，特に計算に関する内容に進んでいく．以下は上記5項目の内容を確認するための問題である．

確認問題

(1) 数直線上の2点 P(-9), Q(3) の間の距離を求めよ．
(2) xy 平面上の点 A($2, 4$) の y 座標の値を求めよ．
(3) xy 平面上の2点 P($1, 1$), Q($4, 5$) の間の距離を求めよ．
(4) xy 平面上の点 ($1, -3$) を通り，傾きが2であるような直線の方程式を求めよ．
(5) 平面上の2直線 $x - y = 0, x + y = 2$ の交点の座標を求めよ．
(6) 2次元ベクトルの足し算 $(2, -3) + (-1, 2)$ を計算せよ．
(7) 次のベクトルの計算をせよ．$(2, -5) + 3(1, 1)$
(8) 2次元ベクトル $(1, -1)$ の大きさを求めよ．
(9) 2次元ベクトルの内積 $(1, -1) \cdot (1, 1)$ を求めよ．

解答は巻末のページに用意してある．これらの問題がすべて解ける場合は第4章の行列から本書を読み進めるとよい．そうでない場合は，第1章から読み進めることを推奨する．

本書の構成

第1章から第7章まではすべて章の初めに確認問題と解答解説を用意した．これは各章の最低限の学習目標であり，まずは確認問題をすべて解けるようになることを目標として学習を進めてもらいたい．各章の2節から解説が始まり，各学習ポイントにつき問題を用意し，各章の最後の部分には章のまとめとなる練習問題をつけてある．問や練習問題については紙面の都合上詳細な解説を行うことができなかったため，著者の以下のウェブページで補助的に公開している．

http://matsudalab.office-server.co.jp/top/text.pdf

終わりに，原稿のデータ入力に協力してくれた静岡理工科大学の大沢泰貴君，大谷康介君，森本祥太君，提坂太一君，そして出版に際してお世話になった共立出版の木村邦光氏に深く謝意を表する．

2014年9月　著者記す

目　次

はじめに iii

1 ユークリッド空間 1
1.1 確認問題の解き方 2
1.2 数直線と 1 次元ユークリッド空間 7
1.2.1 数直線 7
1.2.2 数直線上の座標 7
1.2.3 数直線上の 2 点間の距離 8
1.2.4 中点 9
1.2.5 内分・外分 10
1.2.6 対称移動 11
1.3 平面と 2 次元ユークリッド空間 11
1.3.1 xy 平面 11
1.3.2 軸と座標 11
1.3.3 2 点間の距離 12
1.3.4 中点 13
1.3.5 内分・外分 14
1.3.6 対称移動 14
1.4 ユークリッド空間の定義 15
1.5 平面の直線 16
1.6 平行な直線 19
1.7 2 直線が垂直に交わる条件 20
1.8 点の直線に対する対称移動 22
1.9 点の回転移動 23
1.9.1 三角関数 23
1.9.2 弧度法 25
1.9.3 極座標 25
1.9.4 三角関数の加法定理と回転移動 26
1.10 点と直線の距離 28
1.11 練習問題 30

2 ベクトル ... 32
- 2.1 確認問題の解き方 ... 34
- 2.2 平面ベクトル ... 39
- 2.3 n 次元ベクトルの座標表現と大きさ ... 44
- 2.4 ベクトルのスカラー倍，和，差 ... 47
  - 2.4.1 ベクトルのスカラー倍 ... 47
  - 2.4.2 ベクトルの和と差 ... 49
  - 2.4.3 n 次元ベクトルの和と差 ... 52
- 2.5 ベクトルの内積と大きさ，正規化 ... 53
- 2.6 ベクトルの線形独立性 ... 56
- 2.7 練習問題 ... 58

3 連立1次方程式 ... 59
- 3.1 確認問題の解き方 ... 60
- 3.2 連立1次方程式の解き方 ... 64
  - 3.2.1 代入法による連立1次方程式の解き方 ... 65
  - 3.2.2 消去法による連立1次方程式の解き方 ... 67
- 3.3 連立1次方程式の応用例 ... 68
- 3.4 連立1次方程式の解 ... 72
- 3.5 練習問題 ... 73

4 行列 ... 75
- 4.1 確認問題の解き方 ... 77
- 4.2 行列の例と定義 ... 83
- 4.3 正方行列と行列の和，差，スカラー倍 ... 85
- 4.4 行列積 ... 89
  - 4.4.1 行列とベクトルの積 ... 90
  - 4.4.2 行列積 ... 92
  - 4.4.3 行列積の結合法則，分配法則，零因子 ... 94
- 4.5 単位行列と逆行列 ... 96
  - 4.5.1 単位行列 ... 96
  - 4.5.2 逆行列 ... 97
- 4.6 行列の転置と対称行列，交代行列 ... 101
- 4.7 練習問題 ... 103

5 連立1次方程式2 ... 105
- 5.1 確認問題の解き方 ... 106

5.2 ガウスの消去法 …………………………………………………………… 108
5.3 階段行列 …………………………………………………………………… 116
5.4 係数行列と拡大係数行列 ………………………………………………… 122
5.5 行列の列の入れ替え ……………………………………………………… 125
5.6 連立1次方程式の解の存在条件とランクの関連性 …………………… 128
5.7 ガウスの消去法による逆行列の計算 …………………………………… 132
5.8 練習問題 …………………………………………………………………… 134

6 行列式 …………………………………………………………………………… 135
6.1 確認問題の解き方 ………………………………………………………… 136
6.2 3次までの正方行列の行列式 …………………………………………… 137
6.3 置換 ………………………………………………………………………… 138
6.3.1 置換とは？ ……………………………………………………… 138
6.3.2 恒等置換，逆置換 ……………………………………………… 139
6.3.3 偶置換，奇置換 ………………………………………………… 139
6.3.4 置換の符号 ……………………………………………………… 140
6.4 n 次の正方行列の行列式 ………………………………………………… 140
6.4.1 n 次の行列式の定義 …………………………………………… 140
6.4.2 余因子の定義 …………………………………………………… 141
6.4.3 余因子展開 ……………………………………………………… 141
6.5 行列式の性質 ……………………………………………………………… 143
6.5.1 行列式の列に関する性質 ……………………………………… 147
6.6 練習問題 …………………………………………………………………… 148

7 固有値と固有ベクトル ………………………………………………………… 150
7.1 確認問題の解き方 ………………………………………………………… 151
7.2 線形変換 …………………………………………………………………… 155
7.2.1 線形空間と線形変換 …………………………………………… 155
7.2.2 行列による線形変換 …………………………………………… 156
7.2.3 アフィン変換 …………………………………………………… 158
7.3 固有値と固有ベクトル …………………………………………………… 160
7.4 固有値と固有ベクトルの性質とその応用 ……………………………… 161
7.4.1 行列の対角化 …………………………………………………… 161
7.4.2 多変量解析 ……………………………………………………… 163
7.5 練習問題 …………………………………………………………………… 166

8 線形空間とその応用 … 167
- 8.1 誤り訂正の理論 … 167
- 8.2 線形空間の性質 … 169
- 8.3 部分空間 … 170
- 8.4 線形独立と線形従属 … 172
- 8.5 基底と次元 … 176
- 8.6 部分空間の和集合 … 178
- 8.7 部分空間の和空間 … 179
- 8.8 共通部分 … 180
- 8.9 直和 … 181
- 8.10 直交補空間 … 182
- 8.11 符号理論への応用 … 182
  - 8.11.1 線形符号 … 182
  - 8.11.2 生成行列と検査行列 … 184

9 行列計算の応用 … 185
- 9.1 ブロック行列 … 185
- 9.2 交代行列と対称行列の応用 … 188
  - 9.2.1 1変数のガウス分布 … 188
  - 9.2.2 2変数のガウス分布 … 189
  - 9.2.3 多変数のガウス分布をより簡潔に表す方法 … 190
  - 9.2.4 ガウス積分について … 193
- 9.3 推定のための計算 … 194
  - 9.3.1 行列の微分 … 194
  - 9.3.2 多変数ガウス分布の最尤学習 … 195
- 9.4 本章で扱えなかった内容 … 205
  - 9.4.1 逆行列の存在 … 205
  - 9.4.2 余因子と逆行列 … 205
  - 9.4.3 グラム・シュミットの直交化法 … 208
  - 9.4.4 線形写像 … 208

問題の解答 … 211

索引 … 222

1 ユークリッド空間

ユークリッドは古代ギリシャ（紀元前3世紀頃）の数学者であり，平面における幾何学を体系化したユークリッド原論の著者である．ユークリッド原論の中では点や直線といった基礎的な図形の概念が与えられており，ユークリッド空間はこのような平面における幾何学的概念を一般化したものになっている．以下，ユークリッド空間の定義について述べるための準備を行う．本章では，点，座標，距離，直線などの空間に関する基本的な内容につて学習する．なお，本章で扱う空間はユークリッド空間である．ユークリッド空間の定義については1.4節で行う．

本章の学習目標は以下の問題を完答できることである．問題の解答・解説は1.1節で行い，1.2節以降で内容についての詳細な解説を行う．以下の確認問題を全問解ける場合は第2章に進んで頂きたい．これらの問題を解くために必要な知識とその解説は，1.2節以降で行う．

確認問題

数直線に関する問題

(1) 2点 $A(-3), B(5)$ の間の距離 AB および，2点 A, B の中点の座標を求めよ．

(2) 点 $C(1)$ に関して，点 $B(-5)$ と対称な点の座標を求めよ．

xy 平面に関する問題

(3) 2点 $A(-1, 1), B(2, -3)$ の間の距離 AB および，2点 A, B の中点の座標を求めよ．

(4) 点 $C(2, -3)$ と x 軸，y 軸，原点に関して対称な点の座標をそれぞれ求めよ．

(5) 傾きが2で点 $(1, -1)$ を通る直線の方程式を求めよ．

(6) 直線 $y = x$ に関して，点 $(2, 5)$ と対称な点の座標を求めよ．

(7) 2直線 $2x - y - 1 = 0, ax + y - 2 = 0$ が平行となる条件，および垂直となる条件をそれぞれ求めよ．

(8) 平面上の点 $(\frac{\sqrt{2}}{2}, \frac{\sqrt{2}}{2})$ を原点を中心に左回りに $\frac{\pi}{2}$ だけ回転してできる点の座標を求めよ．

(9) xy 平面上の点 $(1, \sqrt{3})$ を，極座標を用いて表せ．

(10) 点 $(1, -2)$ と直線 $-2x + y + 3 = 0$ との距離を求めよ．

xyz 空間に関する問題

(11) 2点 $A(1, 2, 3), B(-1, 0, 2)$ の距離 AB および，2点 A, B の中点の座標を求めよ．

これらの問題の解説は以下の節で行う．なお，以下の解説では，便宜的に定義や定理などを公式と呼ぶことにする．

1.1 確認問題の解き方

(1)

--- 使う公式 1.1（⇒ 1.2 節で解説）---
数直線上の 2 点 A(a), B(b) の間の距離は $|b-a|$ で求められる．$|b-a|$ は $b \geq a$ のときは $|b-a| = b-a$，$b < a$ のときは $|b-a| = -(b-a)$ である．

この問では，A(-3), B(5) の間の距離は $5 > -3$ だから，
$$|5-(-3)| = 5-(-3) = 8$$
となる．数直線上の 2 点 A, B の中点の座標は以下の公式で求められる．

--- 使う公式 1.2（⇒ 1.2 節で解説）---
数直線上の 2 点 A, B の中点の座標は
$$\frac{a+b}{2}$$
で求められる．

これを用いると，2 点 A(-3), B(5) の中点の座標は
$$\frac{-3+5}{2} = 1$$
となる．

(2) 点 C(1) に関して，点 B(-5) と対称な点を A(a) とおく，点 C は 2 点 A, B の中点であるから，
$$\frac{a-5}{2} = 1$$
を解いて $a = 7$．よって，求める座標は 7 である．

(3)

> **使う公式 1.3（⇒ 1.3 節で解説）**
>
> xy 平面上の 2 点 $A(x_1, y_1), B(x_2, y_2)$ の間の距離は
>
> $$AB = \sqrt{(x_1 - x_2)^2 + (y_1 - y_2)^2}$$
>
> で求められ，2 点 A, B の中点の座標は
>
> $$\left(\frac{x_1 + x_2}{2}, \frac{y_1 + y_2}{2} \right)$$
>
> で求められる．

2 点 $A(-1, 1), B(2, -3)$ の間の距離は

$$\begin{aligned} AB &= \sqrt{(-1-2)^2 + (1-(-3))^2} \\ &= \sqrt{(-3)^2 + 4^2} \\ &= \sqrt{9 + 16} \\ &= \sqrt{25} \\ &= 5 \end{aligned}$$

中点の座標は

$$\left(\frac{-1+2}{2}, \frac{1-3}{2} \right) = \left(\frac{1}{2}, -1 \right)$$

(4)

> **使う公式 1.4（⇒ 1.3 節で解説）**
>
> xy 平面上の点 $A(x, y)$ と
> 　x 軸に関して対称な点は $(x, -y)$
> 　y 軸に関して対称な点は $(-x, y)$
> 　原点に関して対称な点は $(-x, -y)$
> である．

したがって，点 $C(2, -3)$ と x 軸，y 軸，原点に関して対称な点の座標はそれぞれ，$(2, 3)$, $(-2, -3), (-2, 3)$ となる．

(5)
> **使う公式 1.5（⇒ 1.5 節で解説）**
> xy 平面上の点 $A(x_1, y_1)$ を通り，傾きが a である直線の方程式は，$y = a(x - x_1) + y_1$ と表される．

傾き 2 で点 $(1, -1)$ を通る直線の方程式に

$$y = 2(x - 1) - 1$$
$$= 2x - 3$$

である．

(6)
> **使う公式 1.6（⇒ 1.8 節で解説）**
> xy 平面上の直線 $y = x$ に関して，点 (a, b) と対称な点の座標は (b, a) である．

具体的な計算は以下のようにすればよい．まず $A(a, b)$ と直線 $y = x$ に関して対称な点 B の座標を (s, t) とおく．すると，2 点 A, B の中点 $(\frac{a+s}{2}, \frac{b+t}{2})$ は直線 $y = x$ 上にあるから，

$$\frac{b+t}{2} = \frac{a+s}{2} \quad \cdots ①$$

が成り立つ．また，直線 AB は直線 $y = x$ と垂直に交わるから，この 2 直線の傾きの積は -1 となる．したがって，直線 AB の傾きは $\frac{t-b}{s-a}$ であるから，

$$\frac{t-b}{s-a} \cdot 1 = -1 \quad \cdots ②$$

となる．あとは①，②を s, t について解くだけである．公式を使うと答えは $(5, 2)$ となる．具体的に計算すると以下のようになる．

$A(2, 5)$ とおき，求める座標を $B(s, t)$ とおく．2 点 A, B の中点 $(\frac{2+s}{2}, \frac{5+t}{2})$ は直線 $y = x$ にあるから，

$$\frac{5+t}{2} = \frac{2+s}{2}$$
$$\therefore s - t = 3 \quad \cdots ①$$

直線 AB の傾きは $\frac{t-5}{s-2}$ で直線 $y = x$ と垂直に交わるから，

$$\frac{t-5}{s-2} \cdot 1 = -1$$
$$\therefore s - 2 = -t + 5$$
$$\therefore s + t = 7 \quad \cdots ②$$

①，②の連立 1 次方程式を解くと，$s = 5, t = 2$ となり求める座標は $(5, 2)$ となる．

(7)

> **使う公式 1.7（⇒ 1.6 節，1.9 節で解説）**
>
> xy 平面上の 2 直線
>
> $$a_1 x + b_1 y = c_1$$
> $$a_2 x + b_2 y = c_2$$
>
> は，$a_1 : a_2 = b_1 : b_2$（つまり $a_1 b_2 = a_2 b_1$）であるとき平行となり，$a_1 a_2 + b_1 b_2 = 0$ であるとき垂直に交わる．

$$a_1 x + b_1 y - c_1 = 2x - y - 1 = 0$$
$$a_2 x + b_2 y - c_2 = ax + y - 2 = 0$$

とおくと，

$$a_1 = 2, \quad b_1 = -1$$
$$a_2 = a, \quad b_2 = 1$$

となり，平行であるとき，$a_1 b_2 = a_2 b_1$ であるから

$$2 = -a$$
$$\therefore a = -2$$

垂直であるとき，$a_1 a_2 + b_1 b_2 = 0$ であるから

$$2a - 1 = 0$$

より，$a = \frac{1}{2}$ となる．

(8)

> **使う公式 1.8（⇒ 1.9 節で解説）**
>
> xy 平面上の点 (x, y) を原点を中心に左回りに θ だけ回転させてできる点の座標を (X, Y) とすると，
>
> $$X = \cos\theta\, x - \sin\theta\, y$$
> $$Y = \sin\theta\, x + \cos\theta\, y$$
>
> となる．

求める点の座標を (X, Y) とおくと

$$X = \cos\frac{\pi}{2} \cdot \frac{\sqrt{2}}{2} - \sin\frac{\pi}{2} \cdot \frac{\sqrt{2}}{2}$$
$$= 0 \cdot \frac{\sqrt{2}}{2} - 1 \cdot \frac{\sqrt{2}}{2} = -\frac{\sqrt{2}}{2}$$
$$Y = \sin\frac{\pi}{2} \cdot \frac{\sqrt{2}}{2} + \cos\frac{\pi}{2} \cdot \frac{\sqrt{2}}{2}$$
$$= 1 \cdot \frac{\sqrt{2}}{2} + 0 \cdot \frac{\sqrt{2}}{2} = \frac{\sqrt{2}}{2}$$

よって，$(-\frac{\sqrt{2}}{2}, \frac{\sqrt{2}}{2})$.

(9)

使う公式 1.9（⇒ 1.9 節で解説）

xy 平面上の点 (x, y) を原点を極座標 (r, θ) で表すと，
$$r = \sqrt{x^2 + y^2}$$
θ は以下の三角関数を満たすものとなる．
$$\cos\theta = \frac{x}{r}, \quad \sin\theta = \frac{y}{r}$$

$r = \sqrt{1^2 + (\sqrt{3})^2} = \sqrt{1+3} = 2$ である．また，$\cos\theta = \frac{1}{2}, \sin\theta = \frac{\sqrt{3}}{2}$ より $\theta = \frac{\pi}{3}$ であるから，求める極座標は $(2, \frac{\pi}{6})$ である．

(10)

使う公式 1.10（⇒ 1.10 節で解説）

xy 平面上の点 (x_1, y_1) と直線 $ax + by + c = 0$ の距離は
$$\frac{|ax_1 + by_1 + c|}{\sqrt{a^2 + b^2}}$$
で求められる．

点と直線の距離の公式より

$$\frac{|-2 \cdot 1 + 1 \cdot (-2) + 3|}{\sqrt{(-2)^2 + 1^2}} = \frac{|-1|}{\sqrt{5}} = \frac{\sqrt{5}}{5}$$

となる．

(11)
> **使う公式 1.11**
>
> xyz 空間上の 2 点 $A(x_1, y_1, z_1)$, $B(x_2, y_2, z_2)$ の距離は
> $$AB = \sqrt{(x_1-x_2)^2 + (y_1-y_2)^2 + (z_1-z_2)^2}$$
> で求められ，2 点 A, B の中点は
> $$\left(\frac{x_1+x_2}{2}, \frac{y_1+y_2}{2}, \frac{z_1+z_2}{2} \right)$$
> で求められる．

公式より

$$\begin{aligned}
AB &= \sqrt{(1-(-1))^2 + (2-0)^2 + (3-2)^2} \\
&= \sqrt{2^2 + 2^2 + 1^2} \\
&= \sqrt{4+4+1} \\
&= \sqrt{9} \\
&= 3
\end{aligned}$$

また，中点の座標は

$$\left(\frac{1+(-1)}{2}, \frac{2+0}{2}, \frac{3+2}{2} \right) = \left(0, 1, \frac{5}{2} \right)$$

となる．

1.2 数直線と 1 次元ユークリッド空間

1.2.1 数直線

数直線とは，直線上に目盛りをとることで直線と数を対応させたものである．数直線上の座標とは，直線に対応付けされた数のことであり，図 1.1 にある目盛り $-4, -3, -2, -1, 0, 1, 2, 3, 4$ はすべてこの数直線の座標である．この数直線上の座標の値は，右に行けばいくほど大きな値をとることがわかる．

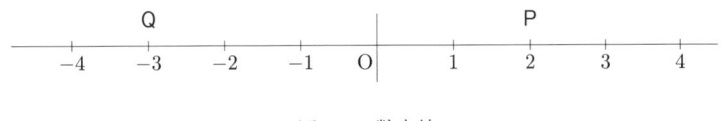

図 1.1　数直線

1.2.2 数直線上の座標

数直線上の点の座標は，例えば図 1.1 では，点 P の座標は 2 であるから，P(2) と表し，

点 Q の座標は -3 であるから，Q(-3) のように表す．また，0 と目盛りが打たれている点のことを原点といい，一般的に，O という記号を用いて表されることが多い．

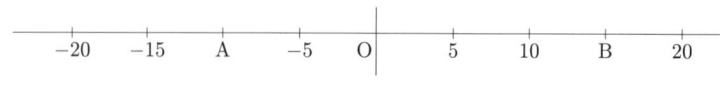

図 1.2 数直線

問 1.1

図 1.2 の目盛りは等間隔であるとする．このとき点 A と点 B の座標を求めよ．

1.2.3 数直線上の 2 点間の距離

数直線上の点の位置は座標を用いて表すことができ，これを利用すれば数直線上の二つの点の距離を求めることができる．具体的には，図 1.1 において，点 P と点 Q の距離 PQ は，点 P の座標が 2 で点 Q の座標が -3 であることから

$$PQ = 2 - (-3) = 5$$

と求めることができる．これは実際に数直線の目盛りを数えて求めても同じ結果になることが確かめられる．

公式 1.2 数直線上の 2 点間の距離

数直線上の 2 点 A(a), B(b) の間の距離 AB は

$$AB = |a - b|$$

で与えられる．

ここで $|a-b|$ は絶対値を表す記号であり，$|a-b|$ の計算結果を正とするものである．つまり，もし $a > b$ の場合は $a - b > 0$ であるから（a から b を引くと正になるから）$|a-b| = a - b$ として求められるが，$a < b$ の場合は $a - b < 0$ となるから $a - b$ は負となるため，これを正の値にするために -1 を $a - b$ に掛け算し，

$$|a - b| = -(a - b) = -a + b = b - a$$

とする．例えば，$|3 - 2|$ の場合は $3 - 2 = 1 > 0$ より

$$|3 - 2| = 3 - 2 = 1$$

となるが，$|2 - 3|$ の場合は $2 - 3 = -1 < 0$ であるから

$$|2 - 3| = -(2 - 3) = -2 + 3 = 3 - 2 = 1$$

とすればよい．つまり，絶対値記号では $|3-2|=|2-3|$ は同じものを表すことになる．これは「座標 3 から座標 2 までの距離 $|3-2|$」と「座標 2 から座標 3 までの距離 $|2-3|$」が等しいことを意味していると解釈することができる．

問 1.3

図 1.2 の目盛りは等間隔であるとする．このとき点 A と点 B の間の距離を求めよ．

ここまでに点の座標と距離の概念について紹介してきたが，これで 1 次元のユークリッド空間を定義するための準備が整った．以降，記号 **R** で実数全体の集合を表すことにする．

定義 1.4　1 次元ユークリッド空間

1 次元のユークリッド空間とは，数直線上の点を集めてできる集合 $\{x \mid x \in \mathbf{R}\}$ で，この集合に属する二つの点 $\mathrm{A}(a), \mathrm{B}(b)$ の間の距離 AB を

$$\mathrm{AB} = |a-b|$$

で定義してできる空間のことをいう．

1.2.4　中点

数直線上の 2 点 $\mathrm{A}(a), \mathrm{B}(b)$ の中点 $\mathrm{C}(c)$ とは，$\mathrm{AC} = \mathrm{BC}$ を満たす点のことをいう．つまり，

$$\mathrm{AC} = |a-c|, \ \mathrm{BC} = |b-c|$$

であり，3 点 A, B, C の位置関係を考えると (i) $a < c < b$, (ii) $b < c < a$ のいずれかであるから，(i) の場合は

$$\mathrm{AC} = |a-c| = c-a, \ \mathrm{BC} = |b-c| = b-c$$

であり，$\mathrm{AC} = \mathrm{BC}$ は $c-a = b-c$ となるから $c = \frac{a+b}{2}$, (ii) の場合も

$$\mathrm{AC} = |a-c| = a-c, \ \mathrm{BC} = |b-c| = c-b$$

となり，結局 $c = \frac{a+b}{2}$ が得られる．まとめると以下のようになる．

公式 1.5　中点の座標

2 点 $\mathrm{A}(a), \mathrm{B}(b)$ の中点の座標は $\frac{a+b}{2}$ である．

問 1.6

数直線上の 2 点 $\mathrm{A}(-1), \mathrm{B}(3)$ の中点の座標を求めよ．

1.2.5 内分・外分

数直線上の 2 点 A(a), B(b) を結ぶ線分上に点 P(p) が存在して，AP : PB の線分の長さの比が $m : n$ となるとき，点 P を線分 AB を $m : n$ の比に内分する点という．$a < b$ とおけば，線分 AB の長さは AB $= |a - b| = b - a$ であり，AP : AB $= m : (m + n)$ から，

$$AP = \frac{m(b-a)}{m+n}$$

となり，内分点 P(p) は点 A(a) から $p - a$ だけ左方向に離れたところにあるため，点 P の座標は

$$p - a = \frac{m(b-a)}{m+n}$$

を解いて，

$$p = \frac{na + mb}{m+n}$$

となる．

また，直線 AB 上にあり，かつ線分 AB の外側にある点 P が存在して，AP : PB の線分の長さの比が $m : n$ となるとき，点 P を線分 AB を $m : n$ の比に外分する点という．$a < b$ の場合，3 点 A, B, P の位置関係は $m > n$ のときは数直線上左から A, B, P の順に並び，$m < n$ のときは P, A, B の順に並ぶ．$m > n$ の場合は，AB $=$ AP $-$ BP で，AB $= b - a$ であるから，

$$AB : BP = (m - n) : n$$

より

$$BP = \frac{n(b-a)}{m-n}$$

となるから，点 P の座標は

$$b + \frac{n(b-a)}{m-n} = \frac{-na + mb}{m-n}$$

と表されることがわかる．さらに $m < n$ の場合も同様に求められることもわかる．

公式 1.7

数直線上の 2 点 A(a), B(b) を結ぶ線分 AB を $m : n$ の比に内分する点 P の座標は $\frac{na+mb}{m+n}$ であり，線分 AB を $m : n$ の比に外分する点 Q の座標は $\frac{-na+mb}{m-n}$ である．

問 1.8

数直線上の A(3), B(-6) に対して線分 AB を $2 : 1$ に内分する点 P の座標と，$1 : 2$ に外分する点 Q の座標を求めよ．

1.2.6 対称移動

数直線上の 2 点 A(a), B(b) が点 C(c) に関して対称であるとは，点 C が 2 点 A, B の中点となることである．

問 1.9

数直線上の点 A(-2) に関して，点 B(-10) と対称な点の座標を求めよ．

1.3 平面と 2 次元ユークリッド空間

1.3.1 xy 平面

1 次元ユークリッド空間では数直線を考えたが，二次元ユークリッド空間では平面を考えることになる．一般的に，平面を表す場合は，2 本の数直線を原点で直交させた（直角に交わるようにさせた），以下のような図がよく利用されている．図 1.3 の 2 本の数直線にはそれぞれ x, y というラベルが割り当てられており，この場合はそれぞれの数直線のことを x 軸，y 軸と呼び，一般的には xy 平面と呼ばれている．

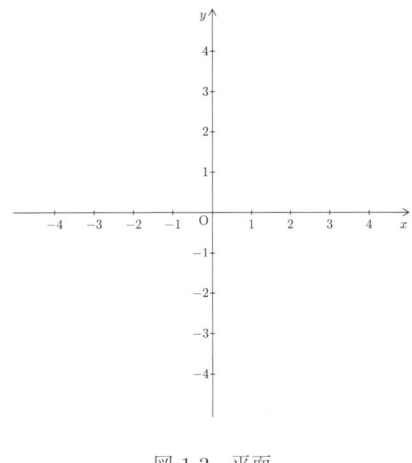

図 1.3 平面

1.3.2 軸と座標

平面上の点を表す座標は，その点に対応する x 軸と y 軸のそれぞれの座標の値を組みにして表される．例えば，図 1.4 の点 P の座標は x 軸に対する座標が 2 で，y 軸に対する座標が 1 であるから

$$P(2,\ 1)$$

のように表し，P の x 座標は 2 で，P の y 座標は 1 であるという．また，xy 平面において

- x 座標が正，y 座標が正の部分の領域を第 1 象限
- x 座標が負，y 座標が正の部分の領域を第 2 象限

- x 座標が負，y 座標が負の部分の領域を第 3 象限
- x 座標が正，y 座標が負の部分の領域を第 4 象限

という．点 P$(2,1)$ は第 1 象限の点である．

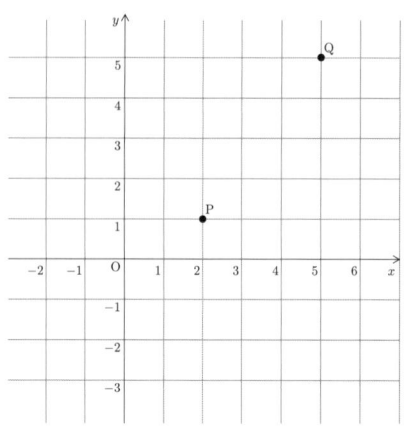

図 1.4　平面上の点と座標

問 1.10

図 1.4 において点 Q の座標を求めよ．また，点 Q の x 座標と y 座標の値も求め，点 Q がどの象限の座標か答えよ．

1.3.3　2 点間の距離

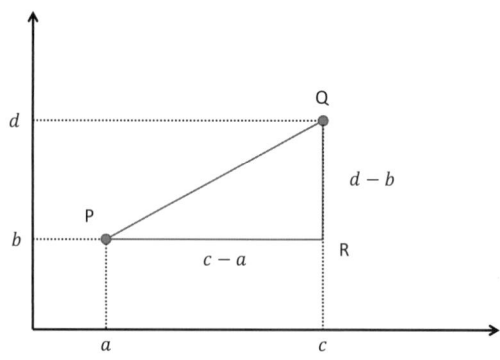

図 1.5　平面上の二点間の距離

平面上の 2 点間の距離を決める方法の一つとして三平方の定理を用いるものが考えられる．P, Q を x,y 平面上の 2 点とし，それぞれの座標を P(a,b), Q(c,d) とおく．すると，図 1.5 の直角三角形 PQR において，三平方の定理から

$$\mathrm{PQ}^2 = \mathrm{PR}^2 + \mathrm{QR}^2$$

が成り立ち，PR $= |a-c|$, QR $= |b-d|$ であり，

$$\mathrm{PQ}^2 = |a-c|^2 + |b-d|^2$$

となることがわかる．ここで，$|a-c|$ は $a-c$ か $-(a-c)$ のどちらかであるが，どちらを 2 乗しても $(a-c)^2$ であるから，$|a-c|^2 = (a-c)^2$ となることがわかる．同様に，$|b-d|^2 = (b-d)^2$ であるから，結局

$$\mathrm{PQ}^2 = (a-c)^2 + (b-d)^2$$

となることがわかる．これを解くと，

$$\mathrm{PQ} = \pm\sqrt{(a-c)^2 + (b-d)^2}$$

となるが，距離は正の値で表すため，$\mathrm{PQ} = \sqrt{(a-c)^2 + (b-d)^2}$ とする．以上のことをまとめると次のようになる．

公式 1.11　平面上の 2 点間の距離

平面上の 2 点 $\mathrm{P}(a,b)$, $\mathrm{Q}(c,d)$ の距離は

$$\mathrm{PQ} = \sqrt{(a-c)^2 + (b-d)^2}$$

で与えられる．

問 1.12

図 1.4 において，2 点 P, Q の間の距離を求めよ．

これで 2 次元のユークリッド空間の定義を与えるための準備が整った．

定義 1.13

2 次元のユークリッド空間とは，平面上の点を集めてできる集合

$$\{(x,y) \mid x, y \in \mathbf{R}\}$$

であり，この集合に属する二つの点 $\mathrm{P}(a,b)$, $\mathrm{Q}(c,d)$ の距離 PQ を

$$\mathrm{PQ} = \sqrt{(a-c)^2 + (b-d)^2}$$

で定義してできる空間のことをいう．

1.3.4　中点

xy 平面上の 2 点 $\mathrm{A}(x_1, y_1)$, $\mathrm{B}(x_2, y_2)$ の中点 M の座標を求めるために線分 AB を斜辺とする直角三角形 APB を考える．このとき，点 P の座標は (x_2, y_1) である．すると，中点 M の x 座標は点 A の x 座標と点 P の x 座標の中点の座標となり，中点 M の y 座標は点 B の y 座標と点 P の y 座標の中点となることがわかる．したがって，中点 M の座標は

$$\left(\frac{x_1+x_2}{2}, \frac{y_1+y_2}{2}\right)$$

となる.

―― 公式 1.14 ――

xy 平面上の 2 点 $A(x_1, y_1)$, $B(x_2, y_2)$ の中点の座標は
$$\left(\frac{x_1+x_2}{2}, \frac{y_1+y_2}{2}\right)$$
で与えられる.

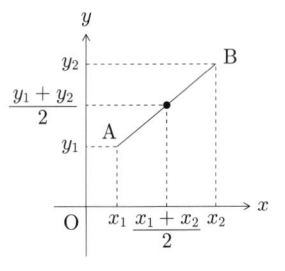

図 1.6 中点の座標

―― 問 1.15 ――

xy 平面上の 2 点 $A(-2, 4)$, $B(4, 8)$ の中点の座標を求めよ.

1.3.5 内分・外分

―― 公式 1.16 ――

中点の座標を求めるときと同様の方法により, xy 平面上の 2 点 $A(x_1, y_1)$, $B(x_2, y_2)$ を結ぶ線分 AB の長さを $m:n$ の比に内分する点 P の座標は
$$\left(\frac{nx_1+mx_2}{m+n}, \frac{ny_1+my_2}{m+n}\right)$$
であり, 線分 AB の長さを $m:n$ の比に外分する点 Q の座標は
$$\left(\frac{-nx_1+mx_2}{m-n}, \frac{-ny_1+my_2}{m-n}\right)$$
で与えられることがわかる.

―― 問 1.17 ――

xy 平面上の 2 点 $A(-2, 4)$, $B(6, -2)$ を結ぶ線分 AB を $4:3$ に内分する点 P と, $4:3$ に外分する点 Q の座標を求めよ.

1.3.6 対称移動

xy 平面上の 2 点 $A(x_1, y_1)$, $B(x_2, y_2)$ が点 $C(x_3, y_3)$ に関して対称であるとは, 点 C が 2 点 A, B の中点となることである.

> **問 1.18**
>
> xy 平面上の点 A$(-2, x)$, B$(4, 8)$ が点 $(1, 7)$ に関して対称であるとき, x の値を求めよ.

1.4 ユークリッド空間の定義

2次元のユークリッド空間の概念を応用すれば, 3次元ユークリッド空間も同様にして定義できる. 3次元空間上の2点 P(a, b, c), Q(d, e, f) の間の距離は, 図 1.7 のようにして考えれば,

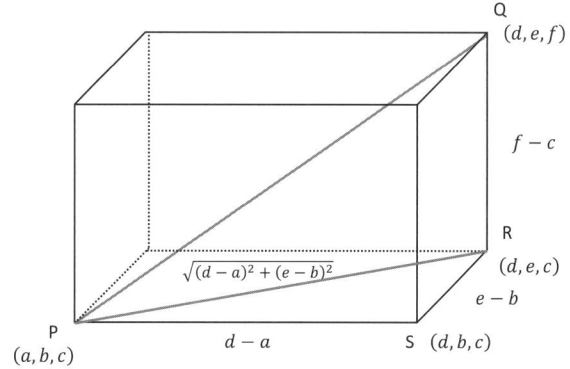

図 1.7 3次元空間上の2点間の距離の求め方

$$PQ^2 = PR^2 + QR^2$$

を求めればよいことがわかる. そのために, まず PR^2 を求める. 直角三角形 PSR において三平方の定理より

$$PR^2 = PS^2 + RS^2$$

が成り立つから, $PS = |d - a|, RS = |e - b|$ より

$$PR^2 = (a - d)^2 + (b - e)^2$$

となる. したがって, これを $PQ^2 = PR^2 + QR^2$ に代入し, $QR = |f - c|$ であることを利用すれば,

$$PQ^2 = (a - d)^2 + (b - e)^2 + (c - f)^2$$

が得られ, 3次元ユークリッド空間の2点間の距離はこれを用いて定義される. 一般的に, n 次元ユークリッド空間は以下のように定義される空間である.

定義 1.19

n 次元のユークリッド空間とは, n 個の実数の組からなる集合

$$\{(x_1, x_2, \ldots, x_n) \mid x_1, x_2, \ldots, x_n \in \mathbf{R}\}$$

であり, この集合に属する二つの点 $P(x_1, x_2, \ldots, x_n)$, $Q(y_1, y_2, \ldots, y_n)$ の距離 PQ が

$$PQ = \sqrt{(x_1-y_1)^2 + (x_2-y_2)^2 + \cdots + (x_n-y_n)^2}$$

として定義される空間のことをいう.

問 1.20

3次元ユークリッド空間 $\mathbf{R}^3$ 上の 2 点 $A(-1,0,1)$, $B(0,1,2)$ の間の距離を求めよ.

1.5 平面の直線

まず具体的に, xy 平面上の 2 点 $A(1,2)$, $B(2,4)$ を考える. この 2 点 A, B を結ぶ真っすぐな線のことを線分 AB といい, 点 A, B はこの線分の端点という. また, 2 点 A, B を通る真っすぐな線を直線 AB という. いま, 線分 AB と同じ長さをもつ線分 BC を用意し, 線分 AB の向きと同じ方向に並べると, 今度は線分 AB の大きさをちょうど 2 倍した線分 AC ができる. これは AC = 2AB と表現される. この作業を繰り返せば, 直線 AB に近い線分を作ることができると考えられる. 以下, 線分 AB と同じ長さの線分を付け足していくことを数式で表現することを考える. 点 A から点 B に向かうには x 軸方向に $2-1=1$ (x の増加量) だけ, y 軸方向に $4-2=2$ (y の増加量) だけ進めばよいことがわかる. これは線分 AB が A から B の方向に x 軸方向は 1, y 軸方向は 2 だけ進むものであることを意味しており, 線分 AB の x の増加量は 1, y の増加量は 2 のように表現することができる. これを用いて点 C の座標を計算すると, 点 C の座標は点 B(2,4) から x 軸方向に 1, y 軸方向に 2 だけ進んでできるから

$$(2+1, 4+2) = (3, 6)$$

となることがわかる. この計算は

$$\begin{pmatrix} 2 \\ 4 \end{pmatrix} + \begin{pmatrix} 1 \\ 2 \end{pmatrix} = \begin{pmatrix} 2+1 \\ 4+2 \end{pmatrix} = \begin{pmatrix} 3 \\ 6 \end{pmatrix}$$

とも表されることもあり, 以下, 後者の表示方法を用いて座標

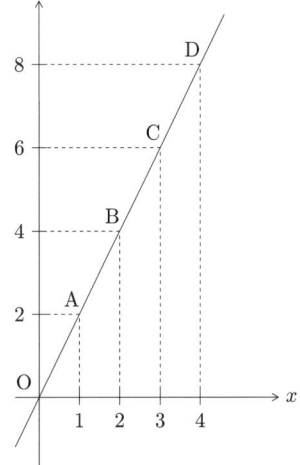

図 1.8 直線

の計算を行う．この計算は点 B の座標を基準にして点 C の座標を求めるものであったが，点 A を基準にして点 C の座標を求めると，線分 AC は線分 AB 二つ分であったことから，点 A から点 C に進むには x 軸方向に 1×2 だけ，y 軸方向に 2×2 だけ移動すればよい．したがって，

$$\begin{pmatrix} 1 \\ 2 \end{pmatrix} + \begin{pmatrix} 1 \times 2 \\ 2 \times 2 \end{pmatrix} = \begin{pmatrix} 1 \\ 2 \end{pmatrix} + \begin{pmatrix} 2 \\ 4 \end{pmatrix} = \begin{pmatrix} 3 \\ 6 \end{pmatrix}$$

と求められることがわかる．いま，$\begin{pmatrix} ax \\ ay \end{pmatrix} = a \begin{pmatrix} x \\ y \end{pmatrix}$ と表すことにすると，図 1.8 において点 D の座標は

$$\begin{pmatrix} 1 \\ 2 \end{pmatrix} + 3 \begin{pmatrix} 1 \\ 2 \end{pmatrix} = \begin{pmatrix} 1 \\ 2 \end{pmatrix} + \begin{pmatrix} 3 \\ 6 \end{pmatrix} = \begin{pmatrix} 4 \\ 8 \end{pmatrix}$$

と求められることがわかる．これら四つの点 A, B, C, D は直線 AB 上の点であるから，このように新しい点を加えていくことで直線 AB の骨格のようなものが作られていることからも，直線 AB は xy 平面上の点を集めてできる集合であることが想像できる．具体的に式で書けば，直線 AB を構成する点は t を任意の実数として

$$\begin{pmatrix} 1 \\ 2 \end{pmatrix} + t \begin{pmatrix} 1 \\ 2 \end{pmatrix} = \begin{pmatrix} 1+t \\ 2+2t \end{pmatrix}$$

と表されることになる．この式は，直線 AB を構成する点の x 座標は $1+t$，y 座標は $2+2t$ であることを意味しており，$x = 1+t, y = 2+2t$ とおくと

$$y = 2x$$

と書き換えられることがわかる．以上の議論のまとめると，2 点 A(1,2), B(2,4) を通る直線は xy 平面上の点の集合として，

$$\left\{ \begin{pmatrix} 1 \\ 2 \end{pmatrix} + t \begin{pmatrix} 2-1 \\ 4-2 \end{pmatrix} \in \mathbf{R}^2 ; t \in \mathbf{R} \right\} = \left\{ \begin{pmatrix} x \\ y \end{pmatrix} \in \mathbf{R}^2 ; y = 2x \right\}$$

と表されることがわかる．式 $y = 2x$ は 2 点 A, B を通る直線の方程式と呼ばれる．

以上のことを一般的に書き直すと以下のようになる．

― 公式 1.21 ―

xy 平面上の 2 点 $A(x_1, y_1), B(x_2, y_2)$ $(x_1 \leq x_2)$ を通る直線は点集合

$$\left\{ \begin{pmatrix} x_1 \\ y_1 \end{pmatrix} + t \begin{pmatrix} x_2 - x_1 \\ y_2 - y_1 \end{pmatrix} \in \mathbf{R}^2 ; t \in \mathbf{R} \right\}$$

$$= \left\{ \begin{pmatrix} x \\ y \end{pmatrix} \in \mathbf{R}^2 ; y - y_1 = \frac{y_2 - y_1}{x_2 - x_1}(x - x_1) \right\}$$

であり，2 点 A, B を通る直線の方程式は

$$y - y_1 = \frac{y_2 - y_1}{x_2 - x_1}(x - x_1)$$

である．$\frac{y_2 - y_1}{x_2 - x_1}$ は直線 AB の傾きと呼ばれている．

― 問 1.22 ―

傾きが 2 で点 $(1, -1)$ を通る直線の方程式を求めよ．

直線の方程式

$$y - y_1 = \frac{y_2 - y_1}{x_2 - x_1}(x - x_1)$$

を $(x_2 - x_1)(y - y_1) = (y_2 - y_1)(x - x_1)$ と変形し，

$$(y_2 - y_1)x - (x_2 - x_1)y = -y_1(x_2 - x_1) + x_1(y_2 - y_1)$$

とする．$a = (y_2 - y_1), b = -(x_2 - x_1), c = -y_1(x_2 - x_1) + x_1(y_2 - y_1)$ とおけば，直線の方程式は

$$ax + by = c$$

とも表すことができる．

xy 平面において x 軸や y 軸を表す方程式は以下のようにして求められる．x 軸上の点は，y 座標の値は常に 0 である．これを集合の形で表すと

$$\{(x, 0) \in \mathbf{R}^2\} = \{(x, y) \in \mathbf{R}^2 \mid y = 0\}$$

となることから，x 軸を表す方程式は $y = 0$ であることがわかる．

― 問 1.23 ―

xy 平面において y 軸を表す方程式を求めよ．

1.6 平行な直線

xy 平面上の二つの方程式

$$a_1 x + b_1 y = c_1$$
$$a_2 x + b_2 y = c_2$$

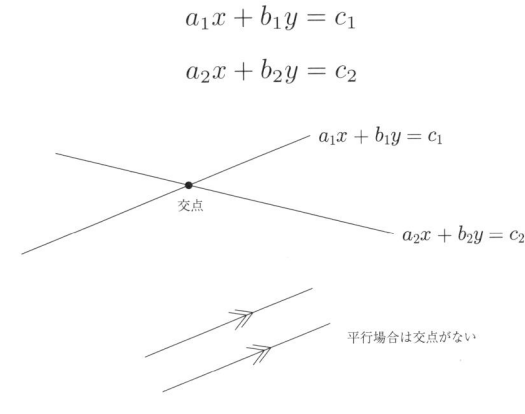

図 1.9 直線の交点と平行

を考える．図 1.9 の二つの直線は一つの点で交わっている（交点をもつ）ことがわかるが，もし二つの直線が互いに平行であるなら，それらの直線には交点は存在しない．この特徴は，直線の方程式 $ax + by = c$ の係数 a, b のように次のように現れる．$a_1 : b_1 = a_2 : b_2$ が成り立つ場合を考えると，これは 0 でないある実数 k があって $a_2 = ka_1, b_2 = kb_1$ と書けることになり，考えている 2 直線の方程式は

$$a_1 x + b_1 y = c_1$$
$$ka_1 x + kb_1 y = c_2$$

と書き換えられる．2 行目の式の k は 0 でないため

$$a_1 x + b_1 y = c_1$$
$$a_1 x + b_1 y = \frac{c_2}{k}$$

となる．この二つの方程式の左辺はともに $a_1 x + b_1 y$ であるから $c_1 = \frac{c_2}{k}$，つまり

$$c_2 = kc_1$$

となる．したがって，$a_1 : b_1 = a_2 : b_2$ であるとき，$a_1 : b_1 : c_1 = a_2 : b_2 : c_2$ でなければ

$$c_2 \neq kc_1$$

となり，矛盾が生じることになる．例えば，

$$2x + 3y = 4$$
$$4x + 6y = 8$$

であれば $2 : 3 : 4 = 4 : 6 : 8$ が成り立っていて，2 行目の式の両辺を 2 で割れば上下の式

が一致することがわかるが,

$$2x + 3y = 4$$
$$4x + 6y = 7$$

の場合は $2:3:4 \neq 4:6:7$ であり, 2 行目の式の両辺を 2 で割ると

$$2x + 3y = 4$$
$$2x + 3y = \frac{7}{2}$$

から

$$4 = \frac{7}{2}$$

となり矛盾が生じる. このような場合に二つの直線が交点をもたないため, 互いに平行であることがわかる.

定理 1.24

二つの直線の方程式

$$a_1 x + b_1 y = c_1$$
$$a_2 x + b_2 y = c_2$$

において, $a_1 : b_1 : c_1 = a_2 : b_2 : c_2$ が成り立つときに二つの直線は一致し, $a_1 : b_1 = a_2 : b_2$ であるときに二つの直線は互いに平行であることがわかる.

問 1.25

(1) 二つの直線 $x - 2y = 1, 2x + ay = 7$ が互いに平行になるように a の値を定めよ.
(2) 直線 $y = (2k+3)x - 1$ と直線 $y = -x - 1$ が互いに平行になるように k の値を定めよ.

1.7 2 直線が垂直に交わる条件

xy 平面上の異なる二つの直線 $y = a_1 x + b_1, y = a_2 x + b_2$ を考え, 図 1.10 にあるような 2 直線上の点 A, B, C を考える. 点 A は 2 直線の交点で, 点 B は直線 $y = a_1 x + b_1$ 上, 点 C は直線 $y = a_2 x + b_2$ 上の点とする. もしこの 2 直線が垂直に交わるなら角 BAC は直角であり, 三平方の定理より $AB^2 + AC^2 = BC^2$ が成り立つ. 図 1.10 のように点 A から線分 BC に垂線をおろし, その垂線と線分 BC の交点を D とおけば, 三角形 ADB と三角形 ADC はともに直角三角形であり,

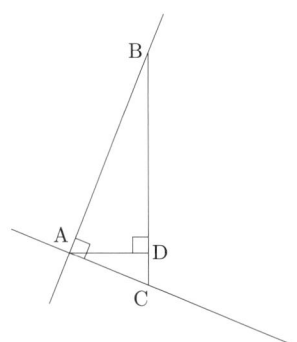

図 1.10 垂直に交わる直線の傾き

$$AB^2 = AD^2 + BD^2$$
$$AC^2 = AD^2 + CD^2$$

が成り立つ．直線 $y = a_1 x + b_1$ の傾きが a_1 であることから $a_1 = \frac{BD}{AD}$ であり，同様に $a_2 = \frac{-CD}{AD}$ となる．したがって，$BD = a_1 AD, CD = -a_2 AD$ となるから，

$$AB^2 = AD^2 + a_1^2 AD^2$$
$$AC^2 = AD^2 + a_2^2 AD^2$$

となる．また，$BC = BD + CD = (a_1 - a_2)AD$ であり，三角形 ABC において三平方の定理から $BC^2 = AB^2 + AC^2$ が成り立つため，

$$(a_1 - a_2)^2 AD^2 = (1 + a_1^2)AD^2 + (1 + a_2^2)AD^2$$

を得る．$AD \neq 0$ であるから，

$$(a_1 - a_2)^2 = (1 + a_1^2) + (1 + a_2^2)$$

となり，式を展開して整理すると $a_1 a_2 = -1$ が得られる．つまり，二つの直線 $y = a_1 x + b_1, y = a_2 x + b_2$ が互いに垂直に交わるなら $a_1 a_2 = -1$ が成り立つことがこれで示された．しかし，$a_1 a_2 = -1$ であるときに二つの直線 $y = a_1 x + b_1, y = a_2 x + b_2$ が互いに垂直に交わるかどうか，つまりこの命題の逆が成り立つかどうかはこの時点では不明であるため，今度はこのことについて示す．示すべきことは $a_1 a_2 = -1$ を仮定したときに，三角形 ABC において三平方の定理 $BC^2 = AB^2 + AC^2$ が成り立つということである．そこでまず $BC^2 - AB^2 - AC^2$ を計算する．二つの三角形 ABD と ACD は直角三角形であるから，$BD = a_1 AD, CD = -a_2 AD$ という関係は成り立つ．$BC = BD + CD$ であるから，

$$BC^2 - AB^2 - BC^2 = (BD + CD)^2 - (1 + a_1^2)AD^2 - (1 + a_2^2)AD^2$$
$$= \{(a_1 - a_2)^2 - (1 + a_1^2) - (1 + a_2^2)\}AD^2$$
$$= (-2a_1 a_2 - 2)AD^2$$

を得る．ここで $a_1 a_2 = -1$ より，$\mathrm{BC}^2 - \mathrm{AB}^2 - \mathrm{AC}^2 = 0$ となることを示すことができた．

以上のことをまとめると以下のようになる．

定理 1.26

xy 平面上の 2 直線 $y = a_1 x + b_1, y = a_2 x + b_2$ が垂直に交わるための必要十分条件は $a_1 a_2 = -1$ である．

問 1.27

二つの直線 $l_2 : y = -2x + 1, l_2 : y = ax - 3$ が垂直に交わるときの a の値を求めよ．

1.8 点の直線に対する対称移動

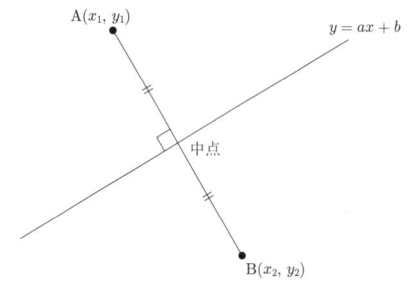

図 1.11 点の直線に対する対称移動

xy 平面の点 $\mathrm{A}(x_1, y_1)$ を直線 $y = ax + b$ に関して対称移動した点 B の座標を求める問題を考える．点 B の座標 (x_2, y_2) は未知で，それ以外の文字 x_1, y_1, a, b は与えられているものとする．図 1.11 のように，2 点 A, B の中点 $\left(\frac{x_1 + x_2}{2}, \frac{y_1 + y_2}{2}\right)$ は直線 $y = ax + b$ 上にあることがわかる．したがって，

$$\frac{y_1 + y_2}{2} = \frac{x_1 + x_2}{2} a + b$$

より，

$$y_2 = ax_2 + ax_1 + 2b - y_1$$

が得られる．一方，線分 AB と直線 $y = ax + b$ は互いに垂直に交わることから，

$$a \frac{y_2 - y_1}{x_2 - x_1} = -1$$

が成り立つ．ただし，$\frac{y_2 - y_1}{x_2 - x_1}$ は線分 AB の傾きである．これより，

$$y_2 = -\frac{x_2}{a} + \frac{x_1}{a} + y_1$$

となり，以上の議論から

$$ax_2 + ax_1 + 2b - y_1 = -\frac{x_2}{a} + \frac{x_1}{a} + y_1$$

を解いて（y_2 を代入により消去した），

$$x_2 = \frac{\left(\frac{1}{a} - a\right) x_1 - 2b + 2y_1}{a + \frac{1}{a}}$$

$$y_2 = ax_2 + ax_1 + 2b - y_1$$

以上のことを実際の例を用いて確かめる．xy 平面上の点 $(x_1, y_1) = (-1, 3)$ と直線 $y = x$ に対して対称な点の座標 (x_2, y_2) を求める．$x_1 = -1, y_1 = 3, a = 1, b = 0$ であるから，

$$x_2 = \frac{\left(\frac{1}{1} - 1\right)(-1) - 0 + 2 \times 3}{1 + \frac{1}{1}} = 3$$

$$y_2 = 1 \times 3 + 1 \times (-1) + 0 - 3 = -1$$

となって答えは $(3, -1)$ となる．

問 1.28

xy 平面上の点 $A(a, b)$ を直線 $y = x$ に対して対称移動した点 B の座標を求めよ．

1.9 点の回転移動

1.9.1 三角関数

三角形 OAB の角 OAB が 90 度であるような直角三角形を考える．このとき，線分 OB，線分 OA，線分 AB はこの三角形においてそれぞれ，斜辺，底辺，高さに対応する．この三角形の角 BOA の角度を θ ($0° < \theta < 90°$) とおくと，θ は直角三角形 OAB の底辺 OA と高さ AB の値に応じて変化することがわかる．また，図 1.12 からわかるように，角度 θ は直線 OB の傾きを表していることがわかる．つまり，直線 OB の傾き $\frac{AB}{OA}$ と角 BOA の角度 θ には対応関係があることになり，この関係を

$$\tan \theta = \frac{AB}{OA}$$

と表し，記号 $\tan \theta$ はタンジェントシータと読む．

また，三角形 OAB は直角三角形であり，三平方の定理 $OA^2 + AB^2 = OB^2$ が成り立つことから，例えば，斜辺 OB と底辺 OA の長さが与えられれば高さ AB が求まるため，θ と直角三角形 OAB の二つの線分の長さ OB, OA は互いに対応関係をもち，同様に，θ と 2 辺 OB, AB も互いに対応関係をもつことがわかる．これらの関係を

$$\cos\theta = \frac{\mathrm{OA}}{\mathrm{OB}}$$
$$\sin\theta = \frac{\mathrm{AB}}{\mathrm{OB}}$$

と表し，記号 $\cos\theta, \sin\theta$ をそれぞれコサインシータ，サインシータと読む．

定義 1.29

直角三角形 OAB において
$$\sin\theta = \frac{\mathrm{AB}}{\mathrm{OB}}$$
$$\cos\theta = \frac{\mathrm{OA}}{\mathrm{OB}}$$
$$\tan\theta = \frac{\mathrm{AB}}{\mathrm{OA}}$$
と定義する．

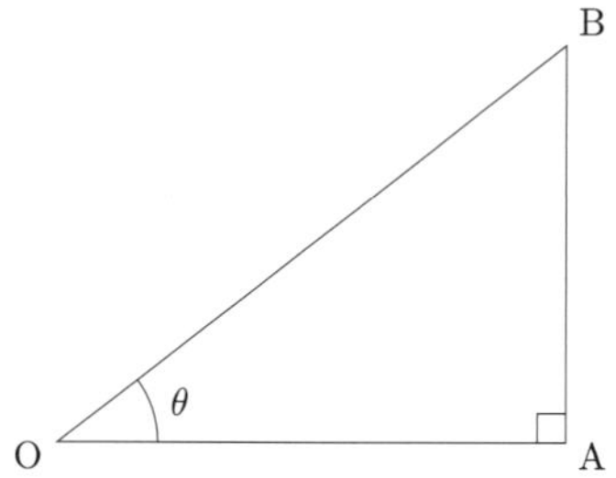

図 1.12　三角比の定義

図 1.13 のように，斜辺 OB の長さが 1 である直角三角形 OAB を考える．線分 OB を原点 O を中心に左周り（半時計周り）に回転させ，線分 OB と x 軸の正の方向の部分とのなす角を θ と表すことにする．θ は線分 OB がちょうど 1 回転すると，$0° \leq \theta < 360°$ という範囲を動くことがわかる．このとき，直角三角形 OAB は第 1 象限，第 2 象限，第 3 象限，第 4 象限においてそれぞれ図 1.13 のような直角三角形となり，点 B_i ($i=1,2,3,4$) の座標を (x_i, y_i) とすると，三平方の定理から $x_i^2 + y_i^2 = 1$ となり，直角三角形 OAB の点 B の，線分 OB を原点を中心に 1 回転させたときにできる点全体の集合は

$$\{(x,y) \in \mathbf{R}^2 \mid x^2 + y^2 = 1\}$$

となることがわかる．また，線分 OB は原点 O を中心とする円の半径であることから，xy 平面において原点を中心として半径が 1 である円の方程式が $x^2 + y^2 = 1$ と表されることがわかる．半径が 1 の円は単位円と呼ばれる．また，図 1.13 の直角三角形 OAB において，斜辺 OB の長さが 1 であることから，$0° < \theta < 90°$ において

$$\cos\theta = x$$
$$\sin\theta = y$$

となるから，これを $0° \leq \theta < 360°$ の範囲でも同様に定義することで，三角関数 $\cos\theta, \sin\theta, \tan\theta$ を定義する．上記のことから

$$\cos\theta^2 + \sin^2\theta = 1$$

が成り立つことがわかる．

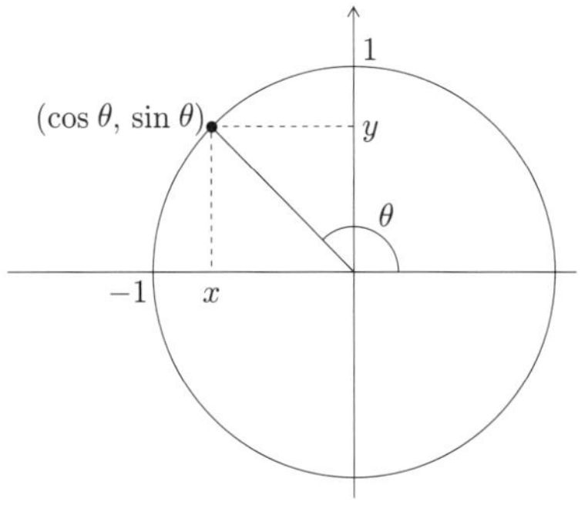

図 1.13　単位円による三角比の定義 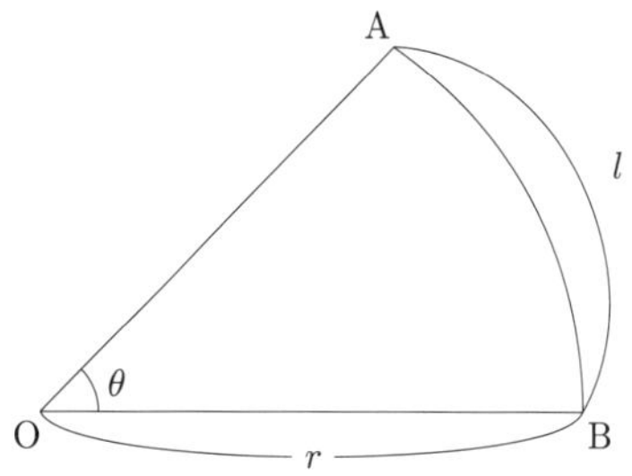　　　図 1.14　おうぎ形 OAB

> **問 1.30**
> (1) $\sin 30°, \sin 210°, \cos 315°$ の値を求めよ．
> (2) $\sin 15° = \frac{\sqrt{6}-\sqrt{2}}{4}$ を利用して，$\cos 15°$ を求めよ．

1.9.2 弧度法

図 1.14 のような扇形 OAB を考える．扇型の半径を r，弧 AB の長さを l，中心角を θ とする．もし，$\theta = 360°$ なら円になり，$l = 2\pi r$ となることが知られている．この関係式より，弧の長さ r と半径 r の比は，同じ中心角 θ に対して扇型の大きさによらず一定である．例えば，半径 1 $(r = 1)$ の円周の長さは 2π $(l = 2\pi)$ であり，半径 2 $(r = 2)$ の円周の長さは 4π $(l = 4\pi)$ となり，$\theta = 360°$ のときに $r : l = 1 : 2\pi$ という関係が成り立っていることがわかる．この性質を利用して，度数 θ を

$$\theta = \frac{l}{r}$$

と定めたものを弧度法という．$\theta = 360°$ の場合は $r : l = 1 : 2\pi$ だから，弧度法で表すと

$$\theta = \frac{l}{r} = \frac{2\pi}{1} = 2\pi$$

となる．同様に $\theta = 180°$ の場合は $r : l = 1 : \pi$ となるから，弧度法では

$$\theta = \frac{l}{r} = \pi$$

となる．

> **問 1.31**
> $\theta = 15°$ を弧度法を用いて表せ．

1.9.3 極座標

以上の議論から，xy 平面において原点 O からの距離がちょうど 1 である点 B の座標は，線分 OB と x 軸の正の部分とのなす角 θ を用いて $(\cos\theta, \sin\theta)$ と表されることがわか

る．同様に，原点 O からの距離が r である点の座標も，その点と原点を結ぶ線分と x 軸の正の部分とのなす角 θ を用いて $(r\cos\theta, r\sin\theta)$ と表されることがわかる．このように平面上の点を，原点からの距離 $r \geq 0$ と原点とその点を結ぶ線分と x 軸の正の部分とのなす角 θ との組 (r, θ) のことを平面の極座標という．θ は左回りの回転を正として定義されているが，これに対して右回りの回転を負として定義することにする．このように定義することで例えば，$\theta = 315° = -45°$ と表され，これを弧度法で表すと $\theta = \frac{7\pi}{4} = -\frac{\pi}{4}$ となる．

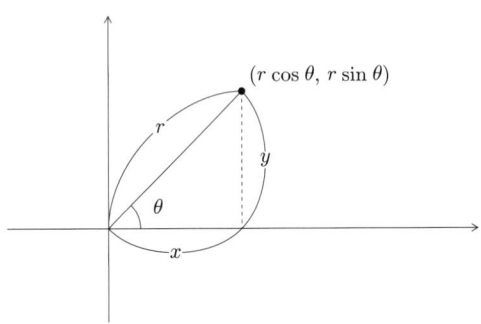

図 1.15 極座標と平面座標

xy 平面上の点 $A(1, 1)$ を極座標で表すには以下のように計算すればよい．まず点 A と原点 O との距離は $\sqrt{(1-0)^2 + (1-0)^2} = \sqrt{2}$ であり，$r = \sqrt{2}$ である．また線分 OA と x 軸の正の部分とのなす角 θ を求めるために，図 1.15 のような直角三角形 OAH を考えると，点 A の座標が $(1, 1)$ であることから OA = 1, OH = 1 であることがわかり，三角形 OAH は直角二等辺三角形であることがわかる．したがって，$\theta = 45° = \frac{\pi}{4}$ であることがわかり，点 $A(1, 1)$ の極座標は $(\sqrt{2}, \frac{\pi}{4})$ であることがわかる．

問 1.32

xy 平面上の点 $(1, \sqrt{3})$ の極座標を求めよ．

1.9.4 三角関数の加法定理と回転移動

xy 平面上の任意の点 (x, y) はある $r \geq 0, 0 \leq \theta < 2\pi$ によって $(r\cos\theta, r\sin\theta)$ と表される．簡単のため $r = 1$ とし，原点 O を中心とする単位円上の 2 点 $A(X, Y) = (\cos\alpha, \sin\alpha)$, $B(x, y) = (\cos\beta, \sin\beta)$ を考える．ここで，$\alpha > \beta$ とすると，点 A は点 B を左回りに $\alpha - \beta$ だけ回転させてできる点となる．これから点 A の座標 X, Y を $x, y, \alpha - \beta$ を用いて表すことを考える．そのために三角形 OAB において OA, OB, AB の長さを求める．点 A, B は単位円上の点だから OA = 1, OB = 1 である．また平面上の 2 点間の距離の公式から

$$AB^2 = (\cos\alpha - \cos\beta)^2 + (\sin\alpha - \sin\beta)^2$$

となり，$\sin^2\alpha + \cos^2\alpha = 1, \sin^2\beta + \cos^2\beta = 1$ より

$$\mathrm{AB}^2 = 2 - 2(\cos\alpha\cos\beta + \sin\alpha\sin\beta)$$

を得る．一方，三角形 OAB に余弦定理を適用すると

$$\mathrm{AB}^2 = \mathrm{OA}^2 + \mathrm{OB}^2 - 2\mathrm{OAOB}\cos(\alpha-\beta) = 2 - 2\cos(\alpha-\beta)$$

となり，

$$\cos(\alpha-\beta) = \cos\alpha\cos\beta + \sin\alpha\sin\beta$$

が得られる．ここで，図 1.13 において x 軸に対して対称な点の x 座標の値の正負は同じであるから $\cos\theta = \cos(-\theta)$，$y$ 座標の値は正負が入れ替わるから $\sin\theta = -\sin(-\theta)$ が成り立つことがわかる．これにより，β に $-\beta$ を代入することで

$$\cos(\alpha+\beta) = \cos\alpha\cos\beta - \sin\alpha\sin\beta$$

が得られる．また，$\sin\theta = \cos\left(\frac{\pi}{2}-\theta\right), \cos\theta = \sin\left(\frac{\pi}{2}-\theta\right)$ が成り立つことを利用すれば

$$\sin(\alpha+\beta) = \sin\alpha\cos\beta + \cos\alpha\sin\beta$$
$$\sin(\alpha-\beta) = \sin\alpha\cos\beta - \cos\alpha\sin\beta$$

となることがわかる．例えば，

$$\begin{aligned}\sin(\alpha+\beta) &= \cos\left(\frac{\pi}{2}-(\alpha+\beta)\right) \\ &= \cos\left((\frac{\pi}{2}-\alpha)-\beta\right) \\ &= \cos(\frac{\pi}{2}-\alpha)\cos\beta + \sin(\frac{\pi}{2}-\alpha)\sin\beta \\ &= \sin\alpha\cos\beta + \cos\alpha\sin\beta\end{aligned}$$

となる．これらの関係式は三角関数の加法定理と呼ばれている．以上のことをまとめると以下のようになる．

定理 1.33

$$\sin(\alpha\pm\beta) = \sin\alpha\cos\beta \pm \cos\alpha\sin\beta$$
$$\cos(\alpha\pm\beta) = \cos\alpha\cos\beta \mp \sin\alpha\sin\beta$$

これで点の回転移動の座標を求めるための準備が整った．2 点 $\mathrm{A}(X,Y) = (\cos\alpha, \sin\alpha)$，$\mathrm{B}(x,y) = (\cos\beta, \sin\beta)$ において，点 A は点 B を原点を中心に $\alpha-\beta$ だけ左回りに回転してできる座標である．いま，$\alpha-\beta = \theta$ とおけば，

$$X = \cos(\theta + \beta)$$
$$Y = \sin(\theta + \beta)$$

が成り立つから，三角関数の加法定理より

$$X = \cos\theta\cos\beta - \sin\theta\sin\beta$$
$$Y = \sin\theta\cos\beta + \cos\theta\sin\beta$$

となり，$x = \cos\beta, y = \sin\beta$ を代入して

$$X = x\cos\theta - y\sin\theta$$
$$Y = x\sin\theta + y\cos\theta$$

が得られる．

公式 1.34

点 (x,y) を原点を中心に左回りに θ だけ回転させてできる点の座標は

$$(x\cos\theta - y\sin\theta, x\sin\theta + y\cos\theta)$$

となる．

例えば，点 $(1,1)$ を原点を中心に $\frac{\pi}{4}$ だけ左回りに回転移動した点の座標を (X,Y) とすると

$$X = 1\cdot\cos\frac{\pi}{4} - 1\cdot\sin\frac{\pi}{4} = 0$$
$$Y = 1\cdot\sin\frac{\pi}{4} + 1\cdot\cos\frac{\pi}{4} = \sqrt{2}$$

となる．

問 1.35

xy 平面上の点 $(2,3)$ を原点を中心に左回りに $\frac{\pi}{3}$ だけ回転移動させた点の座標を求めよ．

1.10 点と直線の距離

xy 平面上の点 $\mathrm{A}(x_1, y_1)$ から直線 $l : ax + by + c = 0$ までの距離 d は以下のように定義される．m を点 A を通り直線 l と垂直な直線とし，二つの直線 l と m の交点を B とする．このとき，線分 AB の長さ d のことを点と直線の距離という．

点と直線の距離を求める公式は以下のようにして作ることができる．点 B の座標を (x_0, y_0) とすれば，点 B は直線 l 上の点であるから

$$ax_0 + by_0 + c = 0$$

となり，また直線 m の傾きから

$$\frac{y_1 - y_0}{x_1 - x_0} = \frac{b}{a}$$

が得られる．これらを次のように変形し

$$ax_0 + by_0 = -c$$
$$bx_0 - ay_0 = -ay_1 + bx_1$$

x_0, y_0 について計算すると

$$x_0 = \frac{b^2 x_1 - aby_1 - ac}{a^2 + b^2}$$
$$y_0 = \frac{a^2 y_1 - abx_1 - bc}{a^2 + b^2}$$

となる．したがって，線分 AB の長さは $d = \sqrt{(x_1 - x_0)^2 + (y_1 - y_0)^2}$ を計算して

$$d = \frac{|ax_1 + by_1 + c|}{\sqrt{a^2 + b^2}}$$

となる．これを計算するには $(x_1 - x_0)^2$ の部分において

$$\left(x_1 - \frac{b^2 x_1 - aby_1 - ac}{a^2 + b^2}\right)^2 = \left(\frac{(a^2 + b^2)x_1 - b^2 x_1 + aby_1 + ac}{a^2 + b^2}\right)^2$$
$$= \left(\frac{a^2 x_1 + aby_1 + ac}{a^2 + b^2}\right)^2$$
$$= \frac{a^2 (ax_1 + by_1 + c)^2}{(a^2 + b^2)^2}$$

に注意すると，同様に $(y_1 - y_0)^2$ の部分も

$$\left(y_1 - \frac{a^2 y_1 - abx_1 - bc}{a^2 + b^2}\right)^2 = \frac{b^2 (ax_1 + by_1 + c)}{(a^2 + b^2)^2}$$

となることがわかる．したがって，

$$\sqrt{(x_1 - x_0)^2 + (y_1 - y_0)^2} = \sqrt{\frac{a^2 (ax_1 + by_1 + c)^2}{(a^2 + b^2)^2} + \frac{b^2 (ax_1 + by_1 + c)}{(a^2 + b^2)^2}}$$
$$= \sqrt{\frac{(a^2 + b^2)(ax_1 + by_1 + c)^2}{(a^2 + b^2)^2}}$$
$$= \sqrt{\frac{(ax_1 + by_1 + c)^2}{a^2 + b^2}}$$
$$= \frac{|ax_1 + by_1 + c|}{\sqrt{a^2 + b^2}}$$

となる.

定理 1.36

xy 平面上の点 (x_1, y_1) から直線 $l: ax + by + c = 0$ までの距離 d は
$$d = \frac{|ax_1 + by_1 + c|}{\sqrt{a^2 + b^2}}$$
で与えられる.

原点 $(0,0)$ と直線 $x - y - 1 = 0$ との距離を求めると,
$$\frac{|0 - 0 - 1|}{\sqrt{1^2 + (-1)^2}} = \frac{1}{\sqrt{2}}$$
となる.これは以下のように分母を有理化してもよい.
$$\frac{1}{\sqrt{2}} = \frac{1 \times \sqrt{2}}{\sqrt{2} \times \sqrt{2}} = \frac{\sqrt{2}}{2}.$$

問 1.37

点 $(1, -2)$ と直線 $-2x + y + 3 = 0$ との距離を求めよ.

1.11 練習問題

数直線に関する問題:A, B は数直線上の点とする.

(1) 2 点 A(-3), B(7) の間の距離と中点 C の座標を求めよ.
また,線分 AB を 2 : 3 に内分する点 P, 2 : 3 に外分する点 Q, 3 : 2 に外分する点 R の座標をそれぞれ求めよ.

(2) 点 A(6) に対して点 B(-2) と対称な点 C の座標を求めよ.

***xy* 平面に関する問題**:A, B は xy 平面上の点とする.

(3) 2 点 A($1, 2$), B($2, 6$) の間の距離と中点 C の座標を求めよ.
また,線分 AB を 1 : 3 に内分する点 P, 1 : 3 に外分する点 Q, 3 : 1 に外分する点 R の座標をそれぞれ求めよ.

(4) A($x, 6$), B($2, y$) が点 $(-1, 5)$ に対して対称であるとき,x, y の値を求めよ.

(5) 傾きが -1 で点 $(2, -1)$ を通る直線の方程式と,2 点 $(-2, 0), (4, -6)$ を通る直線の方程式を求めよ.

(6) 2 直線 $y = \frac{a}{3}x + 4$ と $y = \frac{4}{a+1}x + 2$ が互いに平行になるように a の値を定めよ.また,この 2 直線が互いに垂直に交わるときの a の値を求めよ.

(7) 点 A($3, 2$) を直線 $y = x + 1$ に対して対称移動してできる点 B の座標を求めよ.

(8) $\sin \frac{11}{12}\pi$ の値を求めよ.

(9) xy 平面上の点 $(2, 3)$ を極座標 (r, θ) で表せ.また,極座標 $(r, \theta) = (2, \frac{2}{3}\pi)$ を xy 平

面の座標で表せ．

(10) 点 $(-1, 3)$ と直線 $-x + 2y - 3 = 0$ との距離を求めよ．

2　ベクトル

　ベクトル (vector) とは「方向」と「大きさ」の両方を兼ね備えた数学的概念である．図形としては，「大きさ一定の矢印」として表現され，数量としては点座標を縦に並べて表現される．ここでは平面（2次元空間）におけるベクトルから出発し，ベクトル同士の計算を図形的イメージと結びつけつつ，最終的には点座標同士の演算として自在に操れるようになることを最終学習目標として設定する．

　本章の学習目標は以下の確認問題が解けるようになることである．具体的には，ベクトルの座標表現，加法やスカラー倍などの演算，内積と一次独立に関する基礎的な内容を身につけることを目標とする．

確認問題

(1) $\overrightarrow{OA} = \begin{bmatrix} -1 \\ 1 \end{bmatrix}$ の大きさ $||\overrightarrow{OA}||$ を求めよ．

(2) 平面上の 2 点 $A(0,-1)$, $B(-1,3)$ を使ってできるベクトルを使ってできるベクトル $\overrightarrow{AB}$ の成分を求めよ．また大きさ $||\overrightarrow{AB}||$ も求めよ．

(3) 3 次元ベクトル $\mathbf{a} = \begin{bmatrix} 1 \\ 0 \\ -1 \end{bmatrix}$ の大きさ $||\mathbf{a}||$ を求めよ．

(4) $\mathbf{a} = \begin{bmatrix} 2 \\ 1 \end{bmatrix}$ であるとき，$2\mathbf{a}$ と $||2\mathbf{a}||$ を求めよ．

(5) $\mathbf{a} = \begin{bmatrix} 1 \\ -1 \end{bmatrix}, \mathbf{b} = \begin{bmatrix} 2 \\ 3 \end{bmatrix}$ であるとき，$\mathbf{a}+\mathbf{b}$, $\mathbf{a}-\mathbf{b}$, $||\mathbf{a}+\mathbf{b}||$, $||\mathbf{a}-\mathbf{b}||$ を求めよ．

(6) $\mathbf{a} = \begin{bmatrix} 2 \\ 0 \\ 1 \end{bmatrix}, \mathbf{b} = \begin{bmatrix} -1 \\ 1 \\ -1 \end{bmatrix}$ であるとき，$\mathbf{a}+\mathbf{b}$, $\mathbf{a}-\mathbf{b}$, $||\mathbf{a}+\mathbf{b}||$, $||\mathbf{a}-\mathbf{b}||$ を求めよ．

(7) $\mathbf{a} = \begin{bmatrix} 2 \\ 0 \\ 1 \end{bmatrix}$ を正規化した（大きさを 1 にしたベクトル）を求めよ．

(8) $\mathbf{a} = \begin{bmatrix} 1 \\ -1 \end{bmatrix}, \mathbf{b} = \begin{bmatrix} 0 \\ 2 \end{bmatrix}$ の内積 $(\mathbf{a}, \mathbf{b})$ を求めよ．

(9) $\mathbf{a} = \begin{bmatrix} 1 \\ \sqrt{3} \end{bmatrix}, \mathbf{b} = \begin{bmatrix} 1 \\ 0 \end{bmatrix}$ であるとき，二つのベクトル $\mathbf{a}, \mathbf{b}$ のなす角を求めよ．

(10) 二つの 2 次元ベクトル $\mathbf{a} = \begin{bmatrix} 1 \\ -1 \end{bmatrix}, \mathbf{b} = \begin{bmatrix} -1 \\ 1 \end{bmatrix}$ は，線形独立でないことを示せ．

(11) 二つの 2 次元ベクトル $\mathbf{a} = \begin{bmatrix} 1 \\ 1 \end{bmatrix}, \mathbf{b} = \begin{bmatrix} 1 \\ 2 \end{bmatrix}$ は線形独立であることを示せ．

2.1 確認問題の解き方

(1)

> **使う公式 2.1**（⇒ 2.2 節で解説）
>
> 2次元ベクトル $\overrightarrow{\mathrm{OA}} = \mathbf{a} = \begin{bmatrix} x \\ y \end{bmatrix}$ の大きさは
>
> $$\overrightarrow{\mathrm{OA}} = \mathbf{a} = \sqrt{x^2 + y^2}$$

$\begin{bmatrix} x \\ y \end{bmatrix} = \begin{bmatrix} -1 \\ 1 \end{bmatrix}$ とおくと $\|\overrightarrow{\mathrm{OA}}\| = \sqrt{(-1)^2 + 1^2} = \sqrt{2}$.

(2)

> **使う公式 2.2**（⇒ 2.2 節で解説）
>
> 平面上の 2 点 $A(x_1, y_1), B(x_2, y_2)$ を使ってできるベクトル $\overrightarrow{\mathrm{AB}}$ は
>
> $$\overrightarrow{\mathrm{AB}} = \begin{bmatrix} x_2 - x_1 \\ y_2 - y_1 \end{bmatrix}$$
>
> と表される．(注) $\overrightarrow{\mathrm{AB}} = \begin{bmatrix} x_1 - x_2 \\ y_1 - y_2 \end{bmatrix}$ ではない!!

$\overrightarrow{\mathrm{AB}} = \begin{bmatrix} -1 - 0 \\ 3 - (-1) \end{bmatrix} = \begin{bmatrix} -1 \\ 4 \end{bmatrix}$ である．

(3)

> **使う公式 2.3**（⇒ 2.3 節で解説）
>
> 3次元ベクトル $\mathbf{a} = \begin{bmatrix} x_1 \\ x_2 \\ x_3 \end{bmatrix}$ の大きさは
>
> $$\|\mathbf{a}\| = \sqrt{x_1^2 + x_2^2 + x_3^2}$$
>
> で求められる．

$\mathbf{a} = \begin{bmatrix} x_1 \\ x_2 \\ x_3 \end{bmatrix} = \begin{bmatrix} 1 \\ 0 \\ -1 \end{bmatrix}$ とおくと，

$$||\mathbf{a}|| = \sqrt{1^2 + 0^2 + (-1)^2} = \sqrt{2}$$

(4)

― 使う公式 2.4（⇒ 2.4 節で解説）――――――――――――――

2次元ベクトル $\mathbf{a} = \begin{bmatrix} x_1 \\ x_2 \end{bmatrix}$ のスカラー倍は,

$$k\mathbf{a} = k \begin{bmatrix} x_1 \\ x_2 \end{bmatrix} = \begin{bmatrix} kx_1 \\ kx_2 \end{bmatrix}$$

である．

――――――――――――――――――――――――――

$\mathbf{a} = \begin{bmatrix} 2 \\ 1 \end{bmatrix}$ であるから, $2\mathbf{a} = 2\begin{bmatrix} 2 \\ 1 \end{bmatrix} = \begin{bmatrix} 4 \\ 2 \end{bmatrix}$ であり,

$$||2\mathbf{a}|| = \sqrt{4^2 + 2^2} = \sqrt{16 + 4} = \sqrt{20} = 2\sqrt{5}$$

となる．

(5)

― 使う公式 2.5（⇒ 2.4 節で解説）――――――――――――――

2次元ベクトル $\mathbf{a} = \begin{bmatrix} x_1 \\ y_1 \end{bmatrix}, \mathbf{b} = \begin{bmatrix} x_2 \\ y_2 \end{bmatrix}$ に対して,

$$\mathbf{a} + \mathbf{b} = \begin{bmatrix} x_1 \\ y_1 \end{bmatrix} + \begin{bmatrix} x_2 \\ y_2 \end{bmatrix} = \begin{bmatrix} x_1 + x_2 \\ y_1 + y_2 \end{bmatrix}$$

$$\mathbf{a} - \mathbf{b} = \begin{bmatrix} x_1 \\ y_1 \end{bmatrix} - \begin{bmatrix} x_2 \\ y_2 \end{bmatrix} = \begin{bmatrix} x_1 - x_2 \\ y_1 - y_2 \end{bmatrix}$$

と計算する．

――――――――――――――――――――――――――

$\mathbf{a} = \begin{bmatrix} 1 \\ -1 \end{bmatrix}, \mathbf{b} = \begin{bmatrix} 2 \\ 3 \end{bmatrix}$ であるから

$$\mathbf{a} + \mathbf{b} = \begin{bmatrix} 1 \\ -1 \end{bmatrix} + \begin{bmatrix} 2 \\ 3 \end{bmatrix} = \begin{bmatrix} 1+2 \\ -1+3 \end{bmatrix} = \begin{bmatrix} 3 \\ 2 \end{bmatrix}$$

$$\mathbf{a} - \mathbf{b} = \begin{bmatrix} 1 \\ -1 \end{bmatrix} - \begin{bmatrix} 2 \\ 3 \end{bmatrix} = \begin{bmatrix} 1-2 \\ -1-3 \end{bmatrix} = \begin{bmatrix} -1 \\ -4 \end{bmatrix}$$

となる．したがって

$$||\mathbf{a}+\mathbf{b}|| = \sqrt{3^2+2^2} = \sqrt{9+4} = \sqrt{13}$$
$$||\mathbf{a}-\mathbf{b}|| = \sqrt{(-1)^2+(-4)^2} = \sqrt{1+16} = \sqrt{17}$$

となる．

(6)

使う公式 2.6（⇒ 2.4 節で解説）

2 次元ベクトル $\mathbf{a} = \begin{bmatrix} x_1 \\ y_1 \\ z_1 \end{bmatrix}, \mathbf{b} = \begin{bmatrix} x_2 \\ y_2 \\ z_2 \end{bmatrix}$ に対して，

$$\mathbf{a}+\mathbf{b} = \begin{bmatrix} x_1 \\ y_1 \\ z_1 \end{bmatrix} + \begin{bmatrix} x_2 \\ y_2 \\ z_2 \end{bmatrix} = \begin{bmatrix} x_1+x_2 \\ y_1+y_2 \\ z_1+z_2 \end{bmatrix}$$

$$\mathbf{a}-\mathbf{b} = \begin{bmatrix} x_1 \\ y_1 \\ z_1 \end{bmatrix} - \begin{bmatrix} x_2 \\ y_2 \\ z_2 \end{bmatrix} = \begin{bmatrix} x_1-x_2 \\ y_1-y_2 \\ z_1-z_2 \end{bmatrix}$$

と計算する．

$\mathbf{a} = \begin{bmatrix} 2 \\ 0 \\ 1 \end{bmatrix}, \mathbf{b} = \begin{bmatrix} -1 \\ 1 \\ -1 \end{bmatrix}$ であるから

$$\mathbf{a}+\mathbf{b} = \begin{bmatrix} 2 \\ 0 \\ 1 \end{bmatrix} + \begin{bmatrix} -1 \\ 1 \\ -1 \end{bmatrix} = \begin{bmatrix} 2-1 \\ 0+1 \\ 1-1 \end{bmatrix} = \begin{bmatrix} 1 \\ 1 \\ 0 \end{bmatrix}$$

$$\mathbf{a}-\mathbf{b} = \begin{bmatrix} 2 \\ 0 \\ 1 \end{bmatrix} - \begin{bmatrix} -1 \\ 1 \\ -1 \end{bmatrix} = \begin{bmatrix} 2+1 \\ 0-1 \\ 1+1 \end{bmatrix} = \begin{bmatrix} 3 \\ -1 \\ 2 \end{bmatrix}$$

となる．したがって

$$||\mathbf{a}+\mathbf{b}|| = \sqrt{1^2+1^2+0^2} = \sqrt{2}$$
$$||\mathbf{a}-\mathbf{b}|| = \sqrt{3^2+(-1)^2+2^2} = \sqrt{9+1+4} = \sqrt{14}$$

となる．

(7)

使う公式 2.7（⇒ 2.5 節で解説）

ベクトル $\mathbf{a}$ の大きさ $||\mathbf{a}||$ を用いて，$\frac{1}{||\mathbf{a}||}\mathbf{a}$ を計算することをベクトル $\mathbf{a}$ を正規化するという．$\mathbf{a} = \begin{bmatrix} x \\ y \\ z \end{bmatrix}$ であるとき，ベクトル $\mathbf{a}$ を正規化すると，

$$\frac{1}{||\mathbf{a}||}\begin{bmatrix} x \\ y \\ z \end{bmatrix} = \frac{1}{\sqrt{x^2+y^2+z^2}}\begin{bmatrix} x \\ y \\ z \end{bmatrix}$$

となる．

$\mathbf{a} = \begin{bmatrix} 2 \\ 0 \\ 1 \end{bmatrix}$ であるから，$\mathbf{a} = \sqrt{2^2+0^2+1^2} = \sqrt{5}$ となり，正規化したベクトルは，

$$\frac{1}{\sqrt{5}}\begin{bmatrix} 2 \\ 0 \\ 1 \end{bmatrix} = \frac{\sqrt{5}}{5}\begin{bmatrix} 2 \\ 0 \\ 1 \end{bmatrix} = \begin{bmatrix} \frac{2\sqrt{5}}{5} \\ 0 \\ \frac{\sqrt{5}}{5} \end{bmatrix}$$

となる．

(8)

使う公式 2.8（⇒ 2.5 節で解説）

2 次元ベクトル $\mathbf{a} = \begin{bmatrix} x_1 \\ y_1 \end{bmatrix}, \mathbf{b} = \begin{bmatrix} x_2 \\ y_2 \end{bmatrix}$ の内積は，

$$(\mathbf{a}, \mathbf{b}) = x_1 x_2 + y_1 y_2$$

で与えられる．3 次元ベクトルの場合も同様に，$\mathbf{a} = \begin{bmatrix} x_1 \\ y_1 \\ z_1 \end{bmatrix}, \mathbf{b} = \begin{bmatrix} x_2 \\ y_2 \\ z_2 \end{bmatrix}$ に対して，

$$(\mathbf{a}, \mathbf{b}) = x_1 x_2 + y_1 y_2 + z_1 z_2$$

のように与えられる．

$\mathbf{a} = \begin{bmatrix} 1 \\ -1 \end{bmatrix}, \mathbf{b} = \begin{bmatrix} 0 \\ 2 \end{bmatrix}$ であるから

$$(\mathbf{a}, \mathbf{b}) = 1 \cdot 0 + (-1) \cdot 2 = -2$$

となる.

(9)

── 使う公式 2.9（⇒ 2.5 節で解説）──────────────
$\mathbf{a}, \mathbf{b} \neq \mathbf{0}$ として, $\mathbf{a}, \mathbf{b}$ のなす角を θ とする. ベクトル $\mathbf{a}, \mathbf{b}$ の内積は $(\mathbf{a}, \mathbf{b})$ は

$$(\mathbf{a}, \mathbf{b}) = ||\mathbf{a}|| \, ||\mathbf{b}|| \cos \theta$$

で定義される.
────────────────────────────────

$$(\mathbf{a}, \mathbf{b}) = 1 \cdot 1 + \sqrt{3} \cdot 0 = 1$$
$$||\mathbf{a}|| = \sqrt{1^2 + (\sqrt{3})^2} = \sqrt{1+3} = 2$$
$$||\mathbf{b}|| = \sqrt{1^2 + 0^2} = 1$$

であるから, $\mathbf{a}, \mathbf{b}$ のなす角を θ とすると,

$$(\mathbf{a}, \mathbf{b}) = ||\mathbf{a}|| \, ||\mathbf{b}|| \cos \theta$$
$$1 = 2 \cdot 1 \cos \theta$$
$$\therefore \cos \theta = \frac{1}{2} \text{ より,} \quad \theta = \frac{\pi}{3} \text{ となる.}$$

(10)

── 使う公式 2.10（⇒ 2.6 節で解説）──────────────
n 個のベクトル $\mathbf{a_1}, \mathbf{a_2}, \ldots, \mathbf{a_n}$ が

$$c_1 \mathbf{a_1} + c_2 \mathbf{a_2} + \cdots + c_n \mathbf{a_n} = \mathbf{0}$$

であるとき, $c_1 = \cdots = c_n = 0$ ならば, ベクトル $\mathbf{a_1}, \mathbf{a_2}, \ldots, \mathbf{a_n}$ は線形独立であるという.
────────────────────────────────

$\mathbf{0} = \begin{bmatrix} 0 \\ 0 \end{bmatrix}, \mathbf{a} = \begin{bmatrix} 1 \\ -1 \end{bmatrix}, \mathbf{b} = \begin{bmatrix} -1 \\ 1 \end{bmatrix}$ に対して, $c_1 \mathbf{a} + c_2 \mathbf{b} = \mathbf{0}$. つまり,

$$c_1 \begin{bmatrix} 1 \\ -1 \end{bmatrix} + c_2 \begin{bmatrix} -1 \\ 1 \end{bmatrix} = \begin{bmatrix} 0 \\ 0 \end{bmatrix}$$

とおくと,

$$\left[\begin{array}{c} c_1 \\ -c_1 \end{array}\right] + \left[\begin{array}{c} -c_2 \\ c_2 \end{array}\right] = \left[\begin{array}{c} 0 \\ 0 \end{array}\right]$$

$$\left[\begin{array}{c} c_1 - c_2 \\ -c_1 + c_2 \end{array}\right] = \left[\begin{array}{c} 0 \\ 0 \end{array}\right]$$

より $c_1 - c_2 = 0$. つまり $c_1 = c_2$ を得る.

これは $c_1\mathbf{a} + c_2\mathbf{b} = \mathbf{0}$ を満たす c_1, c_2 は $c_1 = c_2 = 0$ 以外にも存在していることを示しているため, 二つのベクトル $\mathbf{a} = \left[\begin{array}{c} 1 \\ -1 \end{array}\right], \mathbf{b} = \left[\begin{array}{c} -1 \\ 1 \end{array}\right]$ は線形独立でないことを意味している.

(11) $\mathbf{a} = \left[\begin{array}{c} 1 \\ 1 \end{array}\right], \mathbf{b} = \left[\begin{array}{c} 1 \\ 2 \end{array}\right], \mathbf{0} = \left[\begin{array}{c} 0 \\ 0 \end{array}\right]$ に対して, $c_1\mathbf{a} + c_2\mathbf{b} = \mathbf{0}$. つまり

$$c_1 \left[\begin{array}{c} 1 \\ 1 \end{array}\right] + c_2 \left[\begin{array}{c} 1 \\ 2 \end{array}\right] = \left[\begin{array}{c} 0 \\ 0 \end{array}\right]$$

とおくと,

$$\left[\begin{array}{c} c_1 \\ c_1 \end{array}\right] + \left[\begin{array}{c} c_2 \\ 2c_2 \end{array}\right] = \left[\begin{array}{c} 0 \\ 0 \end{array}\right]$$

$$\left[\begin{array}{c} c_1 + c_2 \\ c_1 + 2c_2 \end{array}\right] = \left[\begin{array}{c} 0 \\ 0 \end{array}\right]$$

となり, 連立1次方程式 $\begin{cases} c_1 + c_2 = 0 \\ c_1 + 2c_2 = 0 \end{cases}$ を解くと, $c_1 = c_2 = 0$ が得られる. したがって, 二つのベクトル $\mathbf{a} = \left[\begin{array}{c} 1 \\ 1 \end{array}\right], \mathbf{b} = \left[\begin{array}{c} 1 \\ 2 \end{array}\right]$ は線形独立である.

2.2 平面ベクトル

xy 平面上に点 A $(1,3)$ があるとする. 図 2.1 に示すように, 原点 O$(0,0)$ と点 A の 2 点間に次のような矢印を引いてみる. まず原点 O を始点とし, そこから終点 A まで伸びる矢印を書く. これを **2 点間のベクトル** $\overrightarrow{\mathrm{OA}}$ と呼ぶ. このようにベクトルは「方向」=「原点 O から終点 A 方向」と「大きさ」=「線分 OA の長さ」をもった量となる. これらを数量として表現してみよう.

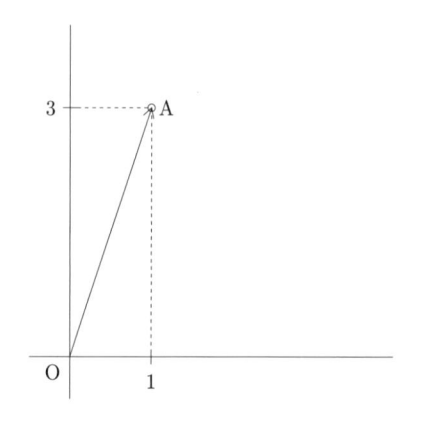

図 2.1　平面ベクトル

ベクトルの座標表現　今のベクトル $\overrightarrow{OA}$ の場合，方向は常に原点 O を始点として考えるので，終点の座標 A をベクトルの方向として表現する．ただし，ベクトルは座標値を縦方向に書くのが決まりである．すなわち

$$\overrightarrow{OA} = \begin{bmatrix} 1 \\ 3 \end{bmatrix}$$

となる．

表記の都合上，1 行で収めたいときには転置，すなわち縦のものを横にする (Transpose) という意味で t を上添え字として使い，

$$\overrightarrow{OA} = {}^t[1\ 3]$$

と書く．

ベクトルの大きさと零ベクトル　xy 座標におかれた線分の大きさは三平方の定理（ピタゴラスの定理）を用いて計算することができる．ベクトル $\overrightarrow{OA}$ の場合，この大きさを絶対値の記号を用いて $||\overrightarrow{OA}||$ と書き

$$||\overrightarrow{OA}|| = \sqrt{1^2 + 3^2} = \sqrt{10}$$

となる．

終点が原点 O と一致するベクトルは線分として表現できず，点と同一視できる．これを零ベクトル **0** と呼び，数字のゼロを太字で描いて表現する．

零ベクトルの座標表現は

$$\mathbf{0} = \begin{bmatrix} 0 \\ 0 \end{bmatrix}$$

となる．零ベクトルの大きさは当然ゼロとなる．

$$||\mathbf{0}|| = \sqrt{0^2 + 0^2} = 0$$

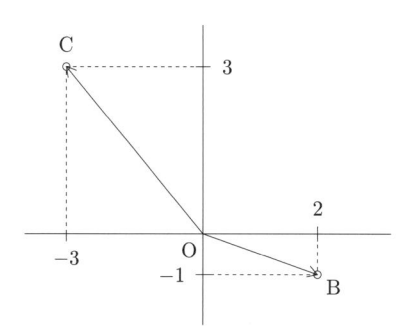

図 2.2　平面ベクトル

定義 2.1

$\overrightarrow{OA} = \begin{bmatrix} x \\ y \end{bmatrix}$ であるとき，$\overrightarrow{OA}$ の大きさを

$$||\overrightarrow{OA}|| = \sqrt{x^2 + y^2}$$

と定義する．

問 2.2

図 2.2 のベクトル $\overrightarrow{OB}, \overrightarrow{OC}$ の座標表現と大きさ $||\overrightarrow{OB}||, ||\overrightarrow{OC}||$ を求めよ．

ベクトルの等号　ベクトルは方向と大きさをもったものであることはすでに何度か述べた．したがって，二つのベクトルがあるとき，方向と大きさがそれぞれ一致していれば，つまり，平行移動してベクトルの始点を同じにしたときに矢印としてぴたりと重なれば，この二つのベクトルは等しいということになる．

例えば図 2.3 に示したベクトル $\overrightarrow{OA}$ を，x 軸の右方向に 1 だけ平行移動してできるベクトル $\overrightarrow{PA'}$ を考えるとき，この二つのベクトルは同じものと見なせる．したがって，等号を使って

$$\overrightarrow{OA} = \overrightarrow{PA'}$$

と書くことができる．つまり大きさも方向も同じということを意味している．これを確認しよう．

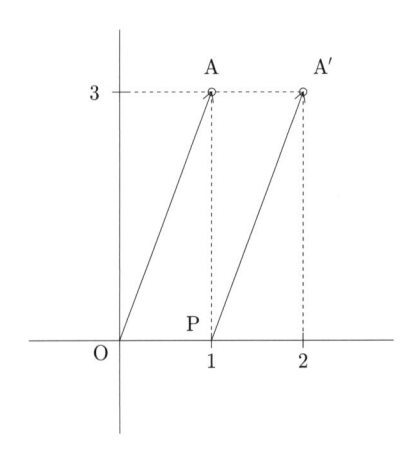

図 2.3 「同じ」ベクトル

定義 2.3

平面座標上の任意の 2 点 X (x_1, x_2), Y (y_1, y_2) を使ってできるベクトル $\overrightarrow{XY}$ は，始点となる点 X を原点 O に移動させる，つまり x 座標を $-x_1$，y 座標を $-x_2$ 移動することによって，次のように表現できる．

$$\overrightarrow{XY} = \begin{bmatrix} y_1 - x_1 \\ y_2 - x_2 \end{bmatrix}$$

したがって，$\overrightarrow{PA'}$ も

$$\overrightarrow{PA'} = \begin{bmatrix} 2-1 \\ 3-0 \end{bmatrix} = \begin{bmatrix} 1 \\ 3 \end{bmatrix}$$

と表現でき，$\overrightarrow{OA}$ と同じ座標表現になることがわかる．当然，大きさも等しくなることは

$$|\overrightarrow{OA}| = |\overrightarrow{PA'}| = \sqrt{1^2 + 3^2} = \sqrt{10}$$

から容易にわかる．

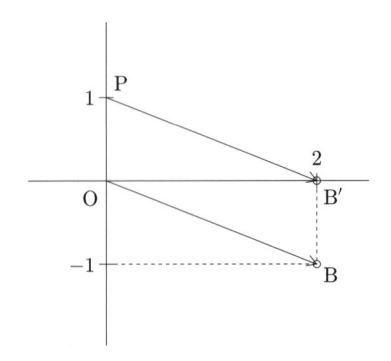

図 2.4 問題 2

> **問 2.4**
> 図 2.4 より，$\overrightarrow{\mathrm{OB}} = \overrightarrow{\mathrm{PB'}}$ である．点 B の座標値を求めよ．

ベクトルの太字表現 以上見てきたように，方向と大きさが共に一致するベクトルはすべて同じものである．

したがって，図 2.5 に示すように，ベクトル $\overrightarrow{\mathrm{OA}}$ を平行移動したベクトル $\overrightarrow{\mathrm{PA'}}, \overrightarrow{\mathrm{BO}}, \overrightarrow{\mathrm{ST}}$ はすべて同一のベクトルであるから，座標表現も一致する．

$$\overrightarrow{\mathrm{OA}} = \overrightarrow{\mathrm{PA'}} = \overrightarrow{\mathrm{BO}} = \overrightarrow{\mathrm{ST}} = \begin{bmatrix} 1 \\ 3 \end{bmatrix}$$

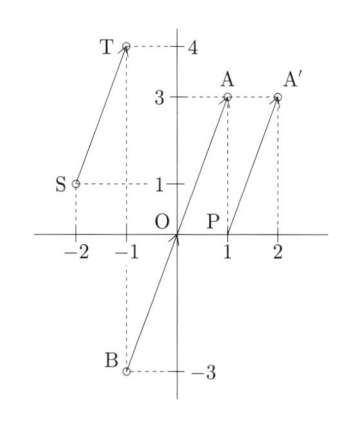

図 2.5　同一のベクトル

実際，

$$\overrightarrow{\mathrm{BO}} = \begin{bmatrix} 0 - (-1) \\ 0 - (-3) \end{bmatrix} = \begin{bmatrix} 1 \\ 3 \end{bmatrix}$$

$$\overrightarrow{\mathrm{ST}} = \begin{bmatrix} -1 - (-2) \\ 4 - 1 \end{bmatrix} = \begin{bmatrix} 1 \\ 3 \end{bmatrix}$$

となる．これらをまとめて一文字で表現するときには，太文字のアルファベットを用いて，例えば $\mathbf{a}$ と表現する．

$$\mathbf{a} = \begin{bmatrix} 1 \\ 3 \end{bmatrix}$$

> **問 2.5**
> ベクトル $\mathbf{b} = {}^t[-2 \ -1]$ であるとき，ベクトルの始点が O (0,0), P (1,0), Q (−3,2) であるときの終点 A, B, C の座標値をそれぞれ求めよ．またこのときにできるベクトル $\overrightarrow{\mathrm{OA}}, \overrightarrow{\mathrm{PB}}, \overrightarrow{\mathrm{QC}}$ がすべて $\mathbf{b}$ と同じになることも確認せよ．

2.3 n次元ベクトルの座標表現と大きさ

前節では平面上,すなわち2次元のベクトル$\mathbf{a}$が

$$\mathbf{a} = \begin{bmatrix} a_1 \\ a_2 \end{bmatrix}$$

という座標表現をもち,これによって原点$O\,(0,0)$から点(a_1, a_2)への「方向」と,$\|\mathbf{a}\| = \sqrt{a_1^2 + a_2^2}$という「大きさ」が決定されることを見てきた.

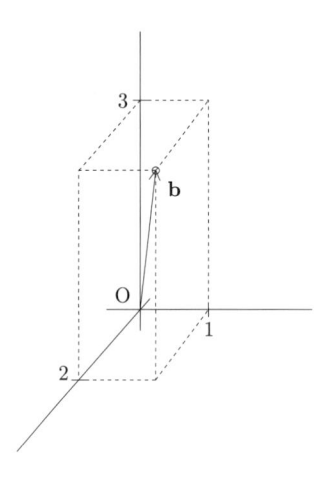

図 2.6 3 次元空間内のベクトル

同様に,3次元,すなわちxyz座標系という空間 (space) においてもベクトルを座標表現することができる.例えばベクトル$\mathbf{b}$が

$$\mathbf{b} = \begin{bmatrix} 1 \\ 2 \\ 3 \end{bmatrix}$$

と表現されていれば,図 2.6 のように,原点$O\,(0,0,0)$から点$(1,2,3)$への「方向」をもち,$\|\mathbf{b}\| = \sqrt{1^2 + 2^2 + 3^2} = \sqrt{14}$という「大きさ」をもつことになる.

定義 2.6

3次元空間におけるベクトル $\mathbf{p}, \mathbf{q}, \mathbf{r}$ はすべて

$$\mathbf{p} = \begin{bmatrix} p_1 \\ p_2 \\ p_3 \end{bmatrix}, \mathbf{q} = \begin{bmatrix} q_1 \\ q_2 \\ q_3 \end{bmatrix}, \mathbf{r} = \begin{bmatrix} r_1 \\ r_2 \\ r_3 \end{bmatrix}$$

という座標表現をもち，それぞれ原点 O から点 $(p_1, p_2, p_3), (q_1, q_2, q_3), (r_1, r_2, r_3)$ という「方向」と，

$$||\mathbf{p}|| = \sqrt{p_1^2 + p_2^2 + p_3^2} = \sqrt{\sum_{i=1}^{3} p_i^2}$$

$$||\mathbf{q}|| = \sqrt{\sum_{i=1}^{3} q_i^2}$$

$$||\mathbf{r}|| = \sqrt{\sum_{i=1}^{3} r_i^2}$$

という「大きさ」をそれぞれもつ．

問 2.7

3次元空間におけるベクトル $\mathbf{x}, \mathbf{y}, \mathbf{z}$ がそれぞれ

$$\mathbf{x} = \begin{bmatrix} -1 \\ -2 \\ 3 \end{bmatrix}, \mathbf{y} = \begin{bmatrix} -4 \\ 0 \\ 3 \end{bmatrix}, \mathbf{z} = \begin{bmatrix} 0 \\ 4 \\ 3 \end{bmatrix}$$

であるとき，大きさ $||\mathbf{x}||, ||\mathbf{y}||, ||\mathbf{z}||$ をそれぞれ求めよ．

---

n 次元ベクトルの座標表現　1次元空間（直線上）の点 P は数直線に位置するため，座標値は (p_1) と1つの値だけで表現される．2次元（平面）上の点 P は x 座標値 p_1, y 座標値 p_2 の二つの値の組，すなわち (p_1, p_2) として表現される．3次元空間内の点 P は x, y, z 座標値である p_1, p_2, p_3 の組，すなわち (p_1, p_2, p_3) として表現される．今まで見てきた

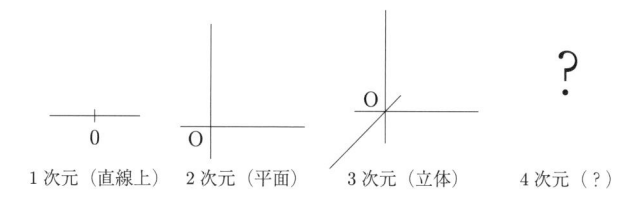

図 2.7　1次元，2次元，3次元，4次元，…

ように，ベクトルの座標表現もまったく同様に，$\mathbf{p} = \overrightarrow{\mathrm{OP}}$ とすれば，1次元ベクトル，2次元ベクトル，3次元ベクトルとしては

$$\mathbf{p} = [p_1], \ \mathbf{p} = \begin{bmatrix} p_1 \\ p_2 \end{bmatrix}, \ \mathbf{p} = \begin{bmatrix} p_1 \\ p_2 \\ p_3 \end{bmatrix}$$

と表現される．

同様に，もっと座標軸が増えた4次元，5次元，6次元，$\ldots$，n次元におけるベクトル $\mathbf{p}$ は

$$\mathbf{p} = \begin{bmatrix} p_1 \\ p_2 \\ p_3 \\ p_4 \end{bmatrix}, \ \mathbf{p} = \begin{bmatrix} p_1 \\ p_2 \\ p_3 \\ p_4 \\ p_5 \end{bmatrix}, \ \mathbf{p} = \begin{bmatrix} p_1 \\ p_2 \\ p_3 \\ p_4 \\ p_5 \\ p_6 \end{bmatrix}, \ \ldots, \mathbf{p} = \begin{bmatrix} p_1 \\ p_2 \\ \vdots \\ p_{n-1} \\ p_n \end{bmatrix}$$

と座標表現される．

これ以降は，$1, 2, 3, \ldots$ 次元空間におけるベクトルは，一般に n 次元 ($n = 1, 2, 3, \ldots$) 空間におけるベクトルとしてひとまとめにして考え，次元数を固定する必要がないときには

$$\mathbf{a} = \begin{bmatrix} a_1 \\ a_2 \\ \vdots \\ a_n \end{bmatrix}$$

と書くことにする．

定義 2.8

ベクトル $\mathbf{a}$ において, 各座標値 $a_1, a_2, \ldots, a_n$ は第 1 要素, 第 2 要素, …, 第 n 要素 (element) と称する. このとき, ベクトル $\mathbf{a}$ の方向は, 原点 O $(0,0,\ldots,0)$ から点 $(a_1, a_2, \ldots, a_n)$ 方向であり, 大きさ $||\mathbf{a}||$ は

$$||\mathbf{a}|| = \sqrt{a_1^2 + a_2^2 + \cdots + a_n^2}$$
$$= \sqrt{\sum_{i=1}^{n} a_i^2}$$

となる.

特に, すべての要素が 0 となる n 次元ベクトルを零ベクトルと呼び, $\mathbf{0} = {}^t[0\ 0\ \cdots\ 0]$ と書く. 当然大きさはゼロ, すなわち $||\mathbf{0}|| = 0$ となる.

問 2.9

4 次元空間におけるベクトル $\mathbf{a}$, 5 次元空間におけるベクトル $\mathbf{b}$, 6 次元空間におけるベクトル $\mathbf{c}$ がそれぞれ

$$\mathbf{a} = \begin{bmatrix} 1 \\ 2 \\ 0 \\ -1 \end{bmatrix}, \mathbf{b} = \begin{bmatrix} -1 \\ 0 \\ -1 \\ 0 \\ 1 \end{bmatrix}, \mathbf{c} = \begin{bmatrix} 0 \\ 2 \\ 4 \\ -1 \\ 1 \\ 0 \end{bmatrix}$$

と表現されるとき, 大きさ $||\mathbf{a}||, ||\mathbf{b}||, ||\mathbf{c}||$ をそれぞれ求めよ.

2.4 ベクトルのスカラー倍, 和, 差

ベクトルが座標表現できることはすでに示した. これによって様々なベクトル同士の計算が楽にできるようになる. まず 2 次元ベクトルを例に, ベクトル同士の計算を考え, その後に n 次元ベクトルの計算に拡張して考えることにする.

2.4.1 ベクトルのスカラー倍

2 次元ベクトルのスカラー倍　ベクトル $\overrightarrow{\mathrm{OP}} = {}^t[2\ 3]$ に対し, 原点 O に対して対称な位置にあるベクトル $\overrightarrow{\mathrm{OP'}}$ は図 2.8 に示すように

$$\overrightarrow{\mathrm{OP'}} = \begin{bmatrix} -2 \\ -3 \end{bmatrix}$$

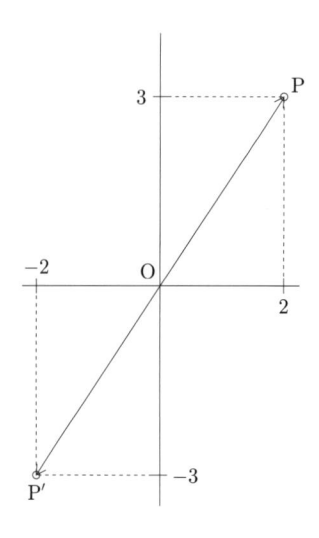

図 2.8 ベクトルのスカラー倍

となる．

今，$\mathbf{a} = \overrightarrow{\text{OP}}$ と書くことにすると，$\overrightarrow{\text{OP}'}$ は $\mathbf{a}$ の要素それぞれに -1 を乗じたものになっていることがわかる．これをベクトル $\mathbf{a}$ 全体に -1 を掛けたと解釈し

$$\overrightarrow{\text{OP}'} = \begin{bmatrix} -2 \\ -3 \end{bmatrix} = \begin{bmatrix} (-1) \cdot 2 \\ (-1) \cdot 3 \end{bmatrix} = (-1)\mathbf{a} = -\mathbf{a}$$

と書くことにする．これをベクトルのスカラー（定数）倍と呼ぶ．

定義 2.10

一般に，2次元ベクトル $\mathbf{x} = {}^t[x_1 \; x_2]$ に定数（スカラー）α を乗じるスカラー倍は

$$\alpha \mathbf{x} = \begin{bmatrix} \alpha x_1 \\ \alpha x_2 \end{bmatrix}$$

のように，各要素それぞれに α を掛ける．

このとき，
- ベクトルの方向は x 軸方向，y 軸方向にそれぞれ α 倍される
- ベクトルの大きさは $||\alpha \mathbf{x}|| = |\alpha| \cdot ||\mathbf{x}||$ となる．すなわち定数 α の絶対値倍となる

であることはすぐにわかる．

問 2.11

$\mathbf{b} = {}^t[-2 \; 1]$, $\mathbf{c} = {}^t[0 \; 3]$ のとき，スカラー倍 $3\mathbf{b}$, $-5\mathbf{c}$ をそれぞれ求めよ．またその大きさ $||3\mathbf{b}||$, $||-5\mathbf{c}||$ もそれぞれ求めよ．

> **定義 2.12**
>
> n 次元ベクトル $\mathbf{x} = {}^t[x_1\ x_2\ \cdots\ x_n]$ のスカラー倍 $\alpha\mathbf{x}$ も 2 次元ベクトルと同様に，各要素に定数 α を乗じることで得られる．
>
> $$\alpha\mathbf{x} = \begin{bmatrix} \alpha x_1 \\ \alpha x_2 \\ \vdots \\ \alpha x_n \end{bmatrix}$$
>
> このとき，大きさ $\|\alpha\mathbf{x}\|$ も同様に
>
> $$\|\alpha\mathbf{x}\| = \sqrt{\sum_{i=1}^{n}(\alpha x_i)^2}$$
> $$= \sqrt{(\alpha)^2 \sum_{i=1}^{n} x_i^2}$$
> $$= |\alpha|\|\mathbf{x}\|$$
>
> となる．

例えば 4 次元ベクトル $\mathbf{a} = {}^t[-3\ 1\ 2\ 4]$ に対して，スカラー倍 $-2\mathbf{a}$ は

$$-2\mathbf{a} = \begin{bmatrix} (-2)\cdot(-3) \\ (-2)\cdot 1 \\ (-2)\cdot 2 \\ (-2)\cdot 4 \end{bmatrix} = \begin{bmatrix} 6 \\ -2 \\ -4 \\ -8 \end{bmatrix}$$

であり，大きさ $\|-2\mathbf{a}\|$ は

$$\|-2\mathbf{a}\| = |-2|\cdot\|\mathbf{a}\| = 2\sqrt{14}$$

となる．

> **問 2.13**
>
> 3 次元ベクトル $\mathbf{b} = {}^t[-1\ 1\ 0]$, 4 次元ベクトル $\mathbf{c} = {}^t[0\ 2\ 5\ -3]$ に対して，スカラー倍 $-2\mathbf{b}$, $3\mathbf{c}$ の座標表現と大きさをそれぞれ求めよ．

2.4.2 ベクトルの和と差

2 次元ベクトルの和　2 次元ベクトル $\mathbf{a} = {}^t[1\ 3]$, $\mathbf{b} = [4\ 2]$ の和は，対応する各要素の和として表現される．

$$\mathbf{a}+\mathbf{b} = \begin{bmatrix} 1 \\ 3 \end{bmatrix} + \begin{bmatrix} 4 \\ 2 \end{bmatrix} = \begin{bmatrix} 1+4 \\ 3+2 \end{bmatrix}$$

当然，$\mathbf{a}+\mathbf{b}=\mathbf{b}+\mathbf{a}$ であり，交換法則が成立する．このベクトルの和 $\mathbf{a}+\mathbf{b}$ のもつ図形的意味を図 2.9 に示す．

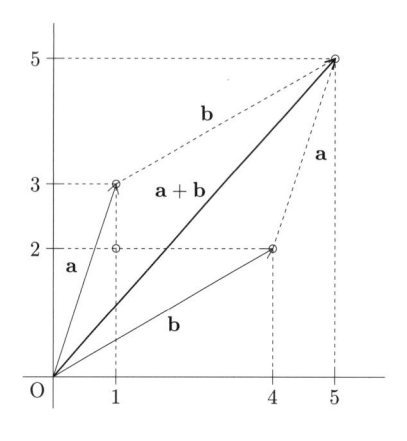

図 2.9　ベクトルの和

定義 2.14

$\mathbf{a} = \begin{bmatrix} x_1 \\ y_1 \end{bmatrix}, \mathbf{b} = \begin{bmatrix} x_2 \\ y_2 \end{bmatrix}$ とすると，$\mathbf{a}+\mathbf{b} = \begin{bmatrix} x_1+x_2 \\ y_1+y_2 \end{bmatrix}$ である．

$\mathbf{a}$ と $\mathbf{b}$ によって形成される平行四辺形の対角線に位置するのが $\mathbf{a}+\mathbf{b}$ ということになる．したがって，大きさについては

$$\|\mathbf{a}+\mathbf{b}\| \leq \|\mathbf{a}\| + \|\mathbf{b}\|$$

という不等式が成立する．$\mathbf{a}$ と $\mathbf{b}$ によって形成される三角形の斜辺が $\mathbf{a}+\mathbf{b}$ に当たるので，「三角形の 2 辺の和は，他の 1 辺より長い」ということを意味していることがわかる．したがってこれを三角不等式と呼ぶ．

三角不等式において，等号が成立するのは三角形を形成しないときに限られる．すなわち，$\mathbf{a}$ と $\mathbf{b}$ が同一直線上に位置し，かつ同一方向を向いているときに限り等号が成立する．例えば $\mathbf{a} = {}^t[4\ 2], \mathbf{b} = {}^t[2\ 1]$ であれば

$$\mathbf{a} = 2\mathbf{b}$$

であるので，この二つのベクトルは $y=x/2$ という直線上に位置していることがわかる．このとき

$$\mathbf{a}+\mathbf{b} = \begin{bmatrix} 4+2 \\ 2+1 \end{bmatrix} = \begin{bmatrix} 6 \\ 3 \end{bmatrix}$$

となるので，$||\mathbf{a}+\mathbf{b}|| = 3\sqrt{5}$ となる．また，$||\mathbf{a}|| = 2\sqrt{5}$, $||\mathbf{b}|| = \sqrt{5}$ であるので

$$||\mathbf{a}+\mathbf{b}|| = ||\mathbf{a}|| + ||\mathbf{b}|| = 3\sqrt{5}$$

となることが確認できる．

問 2.15

$\mathbf{c} = {}^t[0\ 1]$, $\mathbf{d} = {}^t[2\ -3]$ のとき，$\mathbf{c}+\mathbf{d}$ を求め，その大きさも求めよ．また，三角不等式が成立することも確認せよ．

---

2 次元ベクトルの差 ベクトルの差も，和と同様に対応する要素の差をとることで得られる．$\mathbf{a} = {}^t[1\ 3]$, $\mathbf{b} = {}^t[4\ 2]$ であるとき，

$$\mathbf{a}-\mathbf{b} = \mathbf{a}+(-\mathbf{b}) = \begin{bmatrix} 1 \\ 3 \end{bmatrix} + \begin{bmatrix} -4 \\ -2 \end{bmatrix} = \begin{bmatrix} 1-4 \\ 3-2 \end{bmatrix} = \begin{bmatrix} -3 \\ 1 \end{bmatrix}$$

$$\mathbf{b}-\mathbf{a} = \mathbf{b}+(-\mathbf{a}) = \begin{bmatrix} 4 \\ 2 \end{bmatrix} + \begin{bmatrix} -1 \\ -3 \end{bmatrix} = \begin{bmatrix} 4-1 \\ 2-3 \end{bmatrix} = \begin{bmatrix} 3 \\ -1 \end{bmatrix}$$

となる．和と異なり，交換法則が成立しないが，スカラー倍を使うことで

$$\mathbf{a}-\mathbf{b} = (-1)(\mathbf{b}-\mathbf{a})$$

であることはすぐにわかる．これは図 2.10 に示す通り，$\mathbf{a}$ と $\mathbf{b}$ を 2 辺とする三角形の 1 辺が差に当たる（方向だけ異なる）ことを示している．

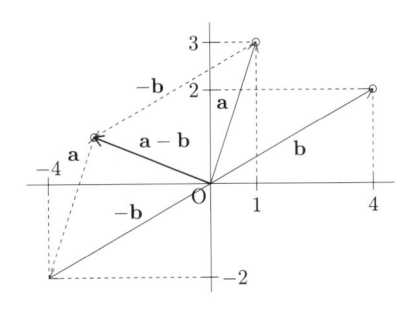

図 2.10 ベクトルの差

したがって大きさに関しては

$$||\mathbf{b}-\mathbf{a}|| = ||\mathbf{a}-\mathbf{b}||$$

が成立する．ちなみに，図 2.10 より，ベクトルの差は三角形の余弦定理を表現することができる．$\mathbf{a}$ と $\mathbf{b}$ がなす角度を θ とすると

$$||\mathbf{a}-\mathbf{b}||^2 = ||\mathbf{a}||^2 + ||\mathbf{b}||^2 - 2||\mathbf{a}||\,||\mathbf{b}||\cos\theta$$

となる.

問 2.16

$\mathbf{c} = {}^t[-2\ 1]$, $\mathbf{d} = {}^t[1\ 3]$ のとき, $\mathbf{c}-\mathbf{d}$, $\mathbf{d}-\mathbf{c}$ をそれぞれ求めよ.

2.4.3 n 次元ベクトルの和と差

以上見てきたように，ベクトルの和と差は，対応する要素の和と差をとることで得られる．

定義 2.17

n 次元ベクトル $\mathbf{a} = {}^t[a_1\ a_2\ \cdots\ a_n]$, $\mathbf{b} = {}^t[b_1\ b_2\ \cdots\ b_n]$ に対して，和 $\mathbf{a}+\mathbf{b}$ と差 $\mathbf{a}-\mathbf{b}$ はそれぞれ

$$\mathbf{a}+\mathbf{b} = \begin{bmatrix} a_1 \\ a_2 \\ \vdots \\ a_n \end{bmatrix} + \begin{bmatrix} b_1 \\ b_2 \\ \vdots \\ b_n \end{bmatrix} = \begin{bmatrix} a_1+b_1 \\ a_2+b_2 \\ \vdots \\ a_n+b_n \end{bmatrix}$$

$$\mathbf{a}-\mathbf{b} = \begin{bmatrix} a_1 \\ a_2 \\ \vdots \\ a_n \end{bmatrix} - \begin{bmatrix} b_1 \\ b_2 \\ \vdots \\ b_n \end{bmatrix} = \begin{bmatrix} a_1-b_1 \\ a_2-b_2 \\ \vdots \\ a_n-b_n \end{bmatrix}$$

となる．

---

n 次元ベクトル $\mathbf{a}, \mathbf{b}, \mathbf{c}$ の和に関しては次の結合法則，交換法則，分配法則が成立することは容易に理解できるであろう．

結合法則 $(\mathbf{a}+\mathbf{b})+\mathbf{c} = \mathbf{a}+(\mathbf{b}+\mathbf{c})$

交換法則 $\mathbf{a}+\mathbf{b} = \mathbf{b}+\mathbf{a}$

また，スカラー倍を考えると，次の分配法則も成立することがわかる．

分配法則 $\alpha(\mathbf{a}+\mathbf{b}) = \alpha\mathbf{a}+\alpha\mathbf{b}$

大きさに関しては次の三角不等式が成立する．

$$\|\mathbf{a}+\mathbf{b}\| \le \|\mathbf{a}\| + \|\mathbf{b}\|$$

等号が成立するのは同一直線上にベクトルが乗っており，同じ方向を向いているとき，すなわち

$$\mathbf{a} = \alpha\mathbf{b} \quad (\alpha \ge 0)$$

のときだけである．このとき

$$||\mathbf{a}+\mathbf{b}|| = (1+\alpha)||\mathbf{a}|| = ||\mathbf{a}|| + ||\alpha\mathbf{a}|| = ||\mathbf{a}|| + ||\mathbf{b}||$$

となる．

問 2.18

1. $\mathbf{c} = {}^t[-3\ -4\ 5]$, $\mathbf{d} = {}^t[-2\ 1\ 3]$ のとき，$\mathbf{c}+\mathbf{d}$, $\mathbf{c}-\mathbf{d}$, $\mathbf{d}-\mathbf{c}$ をそれぞれ求めよ．
2. $\mathbf{x} = {}^t[-5\ 0\ 2\ -1]$, $\mathbf{y} = {}^t[0\ -2\ 1\ 3]$ のとき，$\mathbf{x}+\mathbf{y}$, $\mathbf{x}-\mathbf{y}$, $\mathbf{y}-\mathbf{x}$ をそれぞれ求めよ．

2.5 ベクトルの内積と大きさ，正規化

ベクトルの正規化 零ベクトルでない任意の n 次元ベクトル $\mathbf{a}$ に対しては，方向は変えず，大きさを 1 にすることができる．つまり大きさ $||\mathbf{a}||$ を用いて，その逆数のスカラー倍を行ってできるベクトル $\mathbf{e}$ は，必ず大きさ 1 となる．

$$\mathbf{e} = \frac{1}{||\mathbf{a}||}\mathbf{a}$$

より，

$$||\mathbf{e}|| = \left|\frac{1}{||\mathbf{a}||}\right| ||\mathbf{a}|| = \frac{||\mathbf{a}||}{||\mathbf{a}||} = 1$$

である．

公式 2.19

ベクトル $\mathbf{a}$ を正規化すると，$\frac{1}{||\mathbf{a}||}\mathbf{a}$ となる．

例えば $\mathbf{x} = {}^t[-2\ 2]$ のとき，$||\mathbf{x}|| = 2\sqrt{2}$ であるので，正規化すると

$$\mathbf{e} = \frac{1}{2\sqrt{2}}\mathbf{x} = \frac{\sqrt{2}}{4}\begin{bmatrix} -2 \\ 2 \end{bmatrix} = \begin{bmatrix} -\frac{1}{\sqrt{2}} \\ \frac{1}{\sqrt{2}} \end{bmatrix}$$

となる．実際，$||\mathbf{e}|| = 1$ であることはすぐにわかる．

問 2.20

3 次元ベクトル $\mathbf{a} = {}^t[0\ \sqrt{5}\ 2]$ であるとき，正規化したベクトル $\mathbf{e}$ を求めよ．また $||\mathbf{e}|| = 1$ であることも確認せよ．

> **定義 2.21**
> 二つの 2 次元ベクトル $\mathbf{a} = {}^t[a_1 \; a_2]$, $\mathbf{b} = {}^t[b_1 \; b_2]$ に対して，内積 (inner product) を
> $$(\mathbf{a}, \mathbf{b}) = a_1 b_1 + a_2 b_2$$
> と定義する．

例えば $\mathbf{a} = {}^t[\sqrt{3} \; 1]$, $\mathbf{b} = {}^t[1 \; \sqrt{3}]$ であるとき，内積 $(\mathbf{a}, \mathbf{b})$ は
$$(\mathbf{a}, \mathbf{b}) = \sqrt{3} \cdot 1 + 1 \cdot \sqrt{3} = 2\sqrt{3}$$
となる．

この内積 $(\mathbf{a}, \mathbf{b})$ が意味するものを図形で考えてみよう．

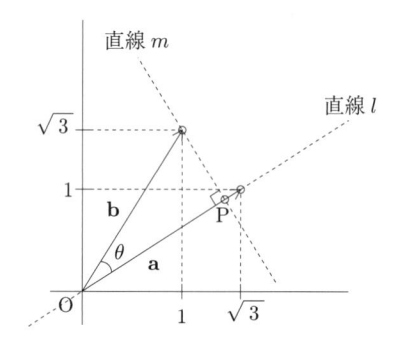

図 2.11 ベクトルの内積

ベクトル $\mathbf{a}, \mathbf{b}$ が図 2.11 のような位置関係にあり，この二つのなす角を θ とする．直線 l 上にはベクトル $\mathbf{a}$ が乗っており，ベクトル $\mathbf{b}$ の先端を通過して直線 l と垂直に交わる交点を P とする．

このとき，直線 l と直線 m はそれぞれ

直線 l：$y = \dfrac{a_2}{a_1} x$

直線 m：$y - b_2 = -\dfrac{a_1}{a_2}(x - b_1) \Longrightarrow y = -\dfrac{a_1}{a_2} x + \dfrac{a_1 b_1}{a_2} + b_2$

となる．

よって，点 P の座標値は，直線 l と直線 m の交点になるので
$$\left(\frac{a_1(a_1 b_1 + a_2 b_2)}{a_1^2 + a_2^2}, \frac{a_2(a_1 b_1 + a_2 b_2)}{a_1^2 + a_2^2} \right) = \left(\frac{a_1 (\mathbf{a}, \mathbf{b})}{||\mathbf{a}||^2}, \frac{a_2 (\mathbf{a}, \mathbf{b})}{||\mathbf{a}||^2} \right)$$
となる．よって，OP の大きさは
$$||\overrightarrow{\mathrm{OP}}|| = \sqrt{\left(\frac{a_1 (\mathbf{a}, \mathbf{b})}{||\mathbf{a}||^2} \right)^2 + \left(\frac{a_2 (\mathbf{a}, \mathbf{b})}{||\mathbf{a}||^2} \right)^2}$$
$$= \frac{(\mathbf{a}, \mathbf{b})}{||\mathbf{a}||}$$
となる．

一方，OP の大きさは $\cos\theta$ を用いて

$$||\overrightarrow{\mathrm{OP}}|| = ||\mathbf{b}||\cos\theta$$

と表現できるので，

$$\frac{(\mathbf{a},\mathbf{b})}{||\mathbf{a}||} = ||\mathbf{b}||\cos\theta$$

が成立する．したがって

$$(\mathbf{a},\mathbf{b}) = ||\mathbf{a}||\,||\mathbf{b}||\cos\theta \tag{2.1}$$

を得る．先の例の場合，$||\mathbf{a}|| = ||\mathbf{b}|| = 2$ であるから

$$(\mathbf{a},\mathbf{b}) = 2\sqrt{3} = ||\mathbf{a}||\,||\mathbf{b}||\cos\theta = 4\cos\theta$$

となる．したがって

$$\cos\theta = \frac{\sqrt{3}}{2}$$

となるので，この二つのベクトルがなす角は $\theta = \pi/6$ であることがわかる．

内積の関係式 (2.1) より，特に $\theta = \pi/2$ のときは $\cos\theta = 0$ となるので

$$(\mathbf{a},\mathbf{b}) = 0$$

となることがわかる．このとき，ベクトル $\mathbf{a}$ とベクトル $\mathbf{b}$ は**直交している**という．

問 2.22

$\mathbf{c} = {}^t[\sqrt{3}\ -1]$, $\mathbf{d} = {}^t[\sqrt{3}\ 1]$ であるとき，次の問いに答えよ．

1. 内積 $(\mathbf{c},\mathbf{d})$ を求めよ．
2. $\mathbf{c}$ と $\mathbf{d}$ のなす角が θ であるとき，(2.1) を用いて $\cos\theta$ の値を求めよ．

— 定義 2.23 —

2 次元ベクトル同様，n 次元ベクトルの内積も，対応する成分同士の積の合計を計算して得ることができる．
$\mathbf{a} = {}^t[a_1\ a_2\ \cdots\ a_n]$, $\mathbf{b} = {}^t[b_1\ b_2\ \cdots\ b_n]$ とすると，内積 $(\mathbf{a}, \mathbf{b})$ は

$$(\mathbf{a}, \mathbf{b}) = a_1 b_1 + a_2 b_2 + \cdots + a_n b_n$$
$$= \sum_{i=1}^{n} a_i b_i$$

となる．

この内積に対してはベクトル $\mathbf{a}, \mathbf{b}$ がなす角を θ とするとき

$$(\mathbf{a}, \mathbf{b}) = ||\mathbf{a}|| ||\mathbf{b}|| \cos\theta$$

が成立する．したがって，二つのベクトルが直交しているとき，すなわち $\theta = \pi/2$ のとき，内積はゼロとなる．

$$(\mathbf{a}, \mathbf{b}) = 0 \iff \cos\theta = 0$$

内積に関しては次の四つの等式が成立する．

1. $(\mathbf{x}, \mathbf{y}) = (\mathbf{y}, \mathbf{x})$
2. $(\alpha \mathbf{x}, \mathbf{y}) = \alpha (\mathbf{x}, \mathbf{y})$
3. $(\mathbf{x} + \mathbf{y}, \mathbf{z}) = (\mathbf{x}, \mathbf{z}) + (\mathbf{y}, \mathbf{z})$
4. $(\mathbf{x} - \mathbf{y}, \mathbf{z}) = (\mathbf{x}, \mathbf{z}) - (\mathbf{y}, \mathbf{z})$

— 問 2.24 —

1. $\mathbf{c} = {}^t[-1\ 2\ 0]$, $\mathbf{d} = {}^t[0\ 1\ 1]$ のとき，$(\mathbf{c}, \mathbf{d})$ を求めよ．また $\mathbf{c}$ と $\mathbf{d}$ のなす角が θ であるとき，$\cos\theta$ を求めよ．
2. $\mathbf{x} = {}^t[-3\ 1]$, $\mathbf{y} = {}^t[2\ 1]$, $\mathbf{z} = {}^t[0\ 1]$ のとき，内積に関する四つの等式が成り立つことを確認せよ．

2.6 ベクトルの線形独立性

— 定義 2.25 —

2 次元ベクトルの場合，二つのベクトル $\mathbf{a}, \mathbf{b}$ が次の

1. $\mathbf{a} = \mathbf{0}$ または $\mathbf{b} = \mathbf{0}$
2. $\mathbf{a} = \alpha \mathbf{b}$, すなわち，同一直線上に二つのベクトルが乗っている

に当てはまらない場合，$\mathbf{a}$ と $\mathbf{b}$ は線形独立 (linear independent) であるという．

線形独立なベクトルを用いると，任意の 2 次元ベクトル **x** はこの二つのベクトルとスカラー（定数）α_1, α_2 を用いて

$$\mathbf{x} = \alpha_1 \mathbf{a} + \alpha_2 \mathbf{b}$$

と一意に表現できる．

例えば，$\mathbf{a} = {}^t[1\ 0]$, $\mathbf{b} = {}^t[0\ 1]$ であるとき，この二つのベクトルは線形独立である．このとき，任意の 2 次元ベクトル $\mathbf{x} = {}^t[x_1\ x_2]$ は

$$\mathbf{x} = x_1 \mathbf{a} + x_2 \mathbf{b}$$

と表現することができる．

3 次元ベクトルの場合，二つのベクトル間における線形独立性は同じだが，三つのベクトル **a**, **b**, **c** においても線形独立性を規定することができる．しかし，少々複雑になる．すなわち，

1. $\mathbf{a} = \mathbf{0}$ または $\mathbf{b} = \mathbf{0}$ または $\mathbf{c} = \mathbf{0}$
2. $\mathbf{a} = \alpha \mathbf{b}$ または $\mathbf{b} = \beta \mathbf{c}$ または $\mathbf{c} = \gamma \mathbf{a}$
3. $\mathbf{c} = \alpha \mathbf{a} + \beta \mathbf{b}$

のいずれにも当てはまらない場合，**a**, **b**, **c** は線形独立であるといい，任意の 3 次元ベクトル **x** は

$$\mathbf{x} = \alpha_1 \mathbf{a} + \alpha_2 \mathbf{b} + \alpha_3 \mathbf{c}$$

と一意に表現できる．

定義 2.26

一般に n 個の n 次元ベクトル $\mathbf{a}_1, \mathbf{a}_2, \ldots, \mathbf{a}_n$ に対しても同様に

1. $\mathbf{a}_i = \mathbf{0}$ $(i = 1, 2, \ldots, n)$
2. $\mathbf{a}_i = \alpha \mathbf{a}_j$ $(i \neq j)$
3. $\mathbf{a}_i = \alpha_1 \mathbf{a}_j + \alpha_2 \mathbf{a}_k$ $(i \neq j, k)$ $(i = 1, 2, \ldots, n)$
   $\vdots$

$n-1$. $\mathbf{a}_i = \sum_{i \neq j}^{n} \alpha_j \mathbf{a}_j$ $(i = 1, 2, \ldots, n)$

のいずれにも当てはまらない場合，$\mathbf{a}_1, \mathbf{a}_2, \ldots, \mathbf{a}_n$ は線形独立であるという．

任意の n 次元ベクトル **x** は

$$\mathbf{x} = \sum_{i=1}^{n} \alpha_i \mathbf{a}_i$$

と一意に表現できる．つまり係数 $\alpha_1, \alpha_2, \ldots, \alpha_n$ が一つに決まるということである．

2.7 練習問題

問題は縦ベクトルで与えるが，横ベクトルで答えてもよい．

(1) $\mathbf{a} = \begin{bmatrix} 1 \\ 3 \end{bmatrix}$ の大きさを求めよ．また，このベクトルを正規化したものを答えよ．

(2) $\mathbf{a} = \begin{bmatrix} -1 \\ 1 \\ 0 \end{bmatrix}, \mathbf{b} = \begin{bmatrix} 2 \\ -3 \\ 1 \end{bmatrix}$ であるとき，$\|2\mathbf{a} - 3\mathbf{b}\|$ を求めよ．

(3) $\mathbf{a} = \begin{bmatrix} 2 \\ 3 \end{bmatrix}, \mathbf{b} = \begin{bmatrix} -3 \\ 2 \end{bmatrix}$ であるとき，内積 $(\mathbf{a}, \mathbf{b})$ と二つのベクトルのなす角 θ を求めよ．

(4) $\|\mathbf{a}\| = 2, \|\mathbf{b}\| = 3$ とし，この二つのベクトルのなす角を $\theta = \frac{\pi}{3}$ とするとき，内積 $(\mathbf{a}, \mathbf{b})$ を求めよ．

(5) $\|\mathbf{a}\| = 1, \|\mathbf{b}\| = 3, \|\mathbf{a} + \mathbf{b}\| = \sqrt{6}$ であるとき，内積 $(\mathbf{a}, \mathbf{b})$ の値を求めよ．

(6) 二つのベクトル $\mathbf{a} = \begin{bmatrix} 1 \\ x \end{bmatrix}, \mathbf{b} = \begin{bmatrix} -2 \\ 3 \end{bmatrix}$ が線形独立となるための条件を求めよ．

3 連立1次方程式

　連立1次方程式は線形代数の中心的な内容である．本章の学習目標は，代入法や消去法などの基本的な計算方法を身につけて，以下の確認問題が解けるようになることである．

確認問題

次の方程式の解を求めよ．

(1) $2x = 4$

(2) $-x + 2 = 0$

(3) $\begin{cases} x + y = 2 \\ x = 1 \end{cases}$

(4) $\begin{cases} 2x - 3y = -1 \\ y = 1 \end{cases}$

(5) $\begin{cases} x - 2y = 0 \\ y = x + 1 \end{cases}$

(6) $\begin{cases} x + y = 2 \\ x - y = 0 \end{cases}$

(7) $\begin{cases} 2x + 3y = -1 \\ -x + y = -2 \end{cases}$

(8) $\begin{cases} -2x + 3y = 2 \\ 4x - 6y = -4 \end{cases}$

(9) $\begin{cases} -x + \frac{1}{2}y = 2 \\ x - \frac{1}{2}y = 4 \end{cases}$

3.1 確認問題の解き方

(1)
> **計算方法 1（⇒ 3.2 節で解説）**
>
> 1 次方程式 $ax = b$ の解は $a \neq 0$ のとき，両辺を a で割って
> $$x = \frac{b}{a}$$
> となる．

$2x = 4$ の両辺を 2 で割ると
$$x = \frac{4}{2} = 2$$
となる．

(2)
> **計算方法 2（⇒ 3.2 節で解説）**
>
> $a \neq 0$ とする．1 次方程式 $ax + b = 0$ の解は，両辺に $-b$ を加えて
> $$ax + b - b = 0 - b$$
> $$ax = -b$$
> とし，さらに両辺を a で割って
> $$x = -\frac{b}{a}$$
> となる．

$-x + 2 = 0$ の両辺に -2 を加えると
$$-x + 2 + (-2) = 0 + (-2)$$
$$-x = -2$$
となり，さらに両辺を -1 で割ると
$$x = 2$$
となる．

(3) (4) (5)

計算方法 3（⇒ 3.2 節で解説）

連立 1 次方程式 $\begin{cases} ax + by = c \cdots (1) \\ x = t \cdots (2) \end{cases}$ の解は，$b \neq 0$ のとき，式 (1) $ax + by = c$ の x に t を代入して y について解くと

$$at + by = c$$
$$by = c - at$$
$$y = \frac{c - at}{b}$$

となる．ゆえに求める方程式の解は $x = t, y = \frac{c-at}{b}$ である．解はベクトルを利用して

$$\begin{bmatrix} x \\ y \end{bmatrix} = \begin{bmatrix} t \\ \frac{c-at}{b} \end{bmatrix}$$

と書いてもよい．

---

(3) については $x + y = 2$ に $x = 1$ を代入すると，

$$1 + y = 2$$

となり，$y = 1$ となる．ゆえに，求める方程式の解は $x = 1, y = 1$ である．

(4) についても同様で，$2x - 3y = -1$ に $y = 1$ を代入すると

$$2x - 3 = -1$$

となり，$2x = 2$ から $x = 1$ となる．ゆえに，求める方程式の解は $x = 1, y = 1$ である．

(5) では，$x - 2y = 0$ の y に $x + 1$ を代入すると

$$x - 2(x + 1) = 0$$

となる．$x - 2x - 2 = 0$ となり $-x - 2 = 0$ から $x = -2$ を得る．最後に $x = -2$ を $y = x + 1$ に代入して $y = -2 + 1 = -1$ を得る．したがって，求める方程式の解は $x = -2, y = -1$ である．

(6) (7)

計算方法 4（⇒ 3.3 節で解説）

x, y を未知数とする連立 1 次方程式

$$\begin{cases} ax + by = \alpha \\ cx + dy = \beta \end{cases}$$

の解を求めるにはまず x か y のどちらか一方の未知数を消去する．ここでは y を消去するために，1 行目の両辺を d 倍（2 行目の式の y の係数が d だから）し，2 行目の両辺を b 倍（1 行目の式の y の係数が b だから）すると

$$\begin{cases} adx + bdy = \alpha d \\ bcx + bdy = \beta b \end{cases}$$

となる．ここで次のような筆算を考える．

$$\begin{array}{r} adx + bdy = \alpha d \\ -\underline{\quad bcx + bdy = \beta b} \\ adx - bcx = \alpha d - \beta b \end{array}$$

となり，これより，$ad - bc \neq 0$ なら

$$x = \frac{\alpha d - \beta b}{ad - bc}$$

となる．この x を二つの式のどちらかに代入すれば y の値も求められる．

---

(6)

$$\begin{array}{r} x + y = 2 \\ +\underline{\quad x - y = 0} \\ 2x \quad\quad = 2 \end{array}$$

より，$x = 1$ となる．これを例えば $x + y = 2$ に代入すると $1 + y = 2$ より $y = 1$ となる．したがって，$x = 1, y = 1$ である．

(7) $2x + 3y = -1$ の y の係数が 3 であるから，もう一方の式を両辺 3 倍すると

$$-3x + 3y = 6$$

となり，$-x + y = -1$ の y の係数が 1 であるから，もう一方の式を両辺 1 倍すると

$$2x + 3y = -1$$

となる（1 倍するだけだから何も変化はない）．この二つの式の筆算は

$$2x + 3y = -1$$
$$\underline{-\quad -3x + 3y = -6}$$
$$5x \quad\quad = 5$$

となり，$x = 1$ が得られる．これを $-1 + y = -2$ に代入すると $y = -1$ が得られる．

(8)

解が無数にある場合（⇒ 3.4 節で解説）

x, y を未知数とする連立 1 次方程式

$$\begin{cases} ax + by = \alpha \\ kax + kby = k\alpha \end{cases}$$

は一つ目の式を両辺 k 倍すると二つ目の式となる．このとき，この方程式の解は $ax + by = \alpha$ を満たすすべての x, y であり，このような方程式の解は次のようにベクトルの形で与えられる（もちろんこれまで求めた方程式の解もベクトルの形で表してよい）．

$x = t$ とおき，これを $ax + by = \alpha$ に代入して y について解くと，$b \neq 0$ なら

$$at + by = \alpha$$
$$by = \alpha - at$$
$$y = \frac{\alpha - at}{b}$$

となる．したがって

$$(x, y) = \left(t, \frac{\alpha - at}{b} \right)$$

となる．これ以降，連立 1 次方程式の解はベクトルの表記法を用いて表す．

$4x - 6y = 2$ の両辺を $-\frac{1}{2}$ 倍すると，与えられた連立 1 次方程式は

$$\begin{cases} -2x + 3y = 2 \\ -2x + 3y = 2 \end{cases}$$

となる．したがって，この場合は無数の解をもつことがわかる．$x = t$ とおいて $-2x + 3y = 2$ に代入すると

$$-2t + 3y = 2$$
$$3y = 2 + 2t$$
$$y = \frac{2+2t}{3}$$

となり，求める方程式の解は

$$(x, y) = \left(t, \frac{2+2t}{3}\right)$$

となる．

(9)
---解が存在しない場合（⇒ 3.4 節で解説）---

x, y を未知数とする連立1次方程式

$$\begin{cases} ax + by = \alpha \\ ax + by = \beta \end{cases}$$

において $\alpha \neq \beta$ である場合は，$ax + by \neq ax + by$ となって矛盾するため，方程式の解は存在しない．

$-x + \frac{1}{2}y = 2$ の両辺を -1 倍すると，与えられた連立1次方程式は

$$\begin{cases} x - \frac{1}{2}y = -2 \\ x - \frac{1}{2}y = 4 \end{cases}$$

となり $-2 \neq 4$ であるから，この連立1次方程式は解をもたないことがわかる．

3.2 連立1次方程式の解き方

n 個の未知数 $x_1, x_2, \ldots, x_n$ と n 個の係数 $a_1, a_2, \ldots, a_n$ からなる方程式

$$a_1 x_1 + a_2 x_2 + \cdots + a_n x_n = b$$

を1次方程式という．b は定数である．未知数が一つである1次方程式

$$ax = b$$

は $a \neq 0$ であれば $x = \frac{b}{a}$ という解をもつ．$a = 0$ でかつ $b = 0$ のとき $0x = 0$ となるから無数の解をもつことがわかる．また，$a = 0$ で $b \neq 0$ の場合は $0x = 0 = b$ となって矛盾となるため，解がないことがわかる．

次に未知数が二つである方程式

$$ax + by = c$$

を考える．この方程式は無数の解をもつが，例えば，t を定数として $y = t$ となるとき，

$$ax + bt = c$$
$$ax = c - bt$$

となって $a \neq 0$ ならば $x = \frac{c-bt}{a}, y = t$ という解をもつことがわかる．この解を $(x, y) = \left(\frac{c-bt}{a}, t\right)$ のように表すことにする．具体的には，

$$x - y = 1$$

という方程式には，$(x, y) = (1, 0), (2, 1), (3, 2), \ldots$ のように無数の解があることがわかるが，例えば $y = -1$ という式が与えられると，

$$x - y = x - (-1)$$
$$= x + 1$$
$$= 1$$

とすることができ，$x - y = 1$ は $x + 1 = 1$ と変形することができる．これを方程式 $x - y = 1$ に $y = -1$ を代入するという．あとは $x + 1 = 1$ の両辺に -1 を加えることで

$$x = 0$$

という解を得ることができる．$y = -1$ であったので，1 次方程式 $x - y = 1$ は $y = -1$ のとき $x = 0$ という解をもつことがわかる．1 次方程式 $x - y = 1$ に $y = -1$ という条件を与えることを

$$\begin{cases} x - y = 1 \\ y = -1 \end{cases}$$

のように書き，この方程式のことを 2 元連立 1 次方程式という．ここでは未知数が x, y の二つであったため 2 元という言葉を利用している．未知数が n 個の場合は，n 元連立 1 次方程式という．

3.2.1　代入法による連立 1 次方程式の解き方

2 元連立 1 次方程式

$$\begin{cases} x - y = 1 \\ y = -1 \end{cases}$$

は $x - y = 1$ に $y = -1$ を代入することで解を求めることができた．このような連立 1 次

方程式の解き方を代入法という．

代入法を用いることで例えば次のような連立 1 次方程式を解くことができる．

― 例 3.1 ―――――――――――――――――――――――
次の連立 1 次方程式を解け．

(1) $\begin{cases} x - 2y = -1 \\ 2y = 4 \end{cases}$

(2) $\begin{cases} x - 2y = -1 \\ 2x = -2 \end{cases}$

(3) $\begin{cases} x - 2y = -1 \\ y = x - 1 \end{cases}$

(4) $\begin{cases} x - 2y = -1 \\ x = y - 3 \end{cases}$

(1) $2y = 4$ の両辺を 2 で割ると

$$\begin{cases} x - 2y = -1 \\ y = 2 \end{cases}$$

となり，$x - 2y = -1$ の y に 2 を代入すると $x - 4 = -1$ となる．したがって，

$$(x, y) = (3, 2)$$

(2) $2x = -2$ から $x = -1$ となる．$x - 2y = -1$ に $x = -1$ を代入すると $-1 - 2y = -1$ となる．したがって，

$$(x, y) = (-1, 0)$$

(3) $y = x - 1$ を $x - 2y = -1$ に代入すると $x - 2(x - 1) = -1$ となり

$$\begin{aligned} x - 2(x - 1) &= -1 \\ x - 2x + 2 &= -1 \\ -x + 2 &= -1 \\ -x &= -1 - 2 \\ x &= 3 \end{aligned}$$

となる．$x = 3$ を $y = x - 1$ に代入して $y = 3 - 1 = 2$ となる．したがって，

$$(x, y) = (3, 2)$$

(4) $x = y - 3$ を $x - 2y = -1$ に代入すると $(y - 3) - 2y = -1$ となり，

$$(y - 3) - 2y = -1$$
$$y - 3 - 2y = -1$$
$$-y - 3 = -1$$
$$-y = -1 + 3$$
$$y = -2$$

となる．したがって，$x = -2 - 3 = -5$ より

$$(x, y) = (-5, -2)$$

3.2.2 消去法による連立 1 次方程式の解き方

例えば，2 元連立 1 次方程式

$$\begin{cases} x - 2y = -1 \\ x + y = 2 \end{cases}$$

は $x + y = 2$ を $x = -y + 2$ とすると

$$\begin{cases} x - 2y = -1 \\ x = -y + 2 \end{cases}$$

となって代入法を用いて解くことができる．しかし，ここでは次のような筆算を用いて解く方法について紹介する．x の係数はどちらの式も 1 であるから，次のような引き算の筆算を行うことで y の値を求めることができる．

$$\begin{array}{r} x - 2y = -1 \\ - x + y = 2 \\ \hline -3y = -3 \end{array}$$

ゆえに $y = 1$ である．$x + y = 2$ に $y = 1$ を代入すると $x = 1$ となる．また，x の値も次のように筆算を用いて求めることもできる．y の係数を見ると一つ目の式は -2 で二つ目の式は 1 であるから，二つ目の式を両辺 -2 倍すると y の係数を揃えることができる．

$$x - 2y = -1$$
$$\underline{-\quad -2x - 2y = -4}$$
$$3x \quad\quad = 3$$

したがって，$x = 1$ と求められる．まとめると

$$(x, y) = (1, 1)$$

となる．

例 3.2

次の連立 1 次方程式の解を求めよ．

$$\begin{cases} 2x - 3y = 5 \\ 3x - 2y = 5 \end{cases}$$

---

y を消去するために，$2x - 3y = 5$ の両辺を 2 倍，$3x - 2y = 5$ の両辺を 3 倍すると

$$4x - 6y = 10$$
$$\underline{-\quad 9x - 6y = 15}$$
$$-5x \quad\quad = -5$$

となるから $x = 1$ となる．これを，例えば $2x - 3y = 5$ に代入すると $2 - 3y = 5$ となるから $y = -1$ となる．したがって，

$$(x, y) = (1, -1)$$

3.3 連立 1 次方程式の応用例

本節では，連立 1 次方程式の解法について解説する．まず鶴亀算を例に連立 1 次方程式がどのようなものか紹介する．

例 3.3

鶴（タンチョウ）とイシガメの個体数の合計が 10，足の数が 32 本であった場合，タンチョウの数 [羽]，イシガメの数 [匹] を求めよ．（昔話で有名な鶴はタンチョウのことである．ウミガメのように大きな亀は [頭] を用いるため，ここでは，小さなイシガメを指定している．）

タンチョウの数を x，イシガメの数を y とする．タンチョウとイシガメの個体数の合計が 10 であることから，$x + y = 10$ を得る．また，タンチョウの足の数は 2 本だから，タンチョウの足の数の合計は $2x$，イシガメの足の数は 4 本だから，イシガメの足の数は $4y$

となり，足の数の合計が 32 本であることから，

$$2x + 4y = 32$$

を得る．x, y は二つの 1 次方程式 $x + y = 10$, $2x + 4y = 32$ から求められ，この方程式

$$\begin{cases} x + y = 10 & \cdots (1) \\ 2x + 4y = 32 & \cdots (2) \end{cases}$$

を連立 1 次方程式という．式 (1),(2) より，

$$\begin{array}{r} 2x + 4y = 32 \\ -\ 2x + 2y = 20 \\ \hline 2y = 12 \\ y = 6 \end{array}$$

となり，$y = 6$ より，これを (1) または (2) に代入して $x = 4$ となることがわかる．ゆえに，タンチョウは 4 [羽]，イシガメは 6 [匹] と求まる．

連立とは「二つ以上の物が並び立つもの」という意味であるから，連立方程式は「二つ以上の方程式が並び立つ」という意味となる．1 次方程式とは例 3.1 のように，x や y の次数が 1 の場合を指す．また，x, y と未知数が 2 個であるから，例 3.1 の式は厳密に言うと 2 元連立 1 次方程式と呼ばれる（元とは方程式の未知数の数のことをいう）．

また，次のように 2 次方程式を含んだ

$$\begin{cases} y = x^2 - 4x + 5 \\ y = x + 1 \end{cases}$$

は 2 元連立 2 次方程式と呼ぶが，本書では 1 次方程式以外は扱わないこととする．

連立 1 次方程式は，以下のような利益を計算する場合にも応用されている．

例 3.4

学園祭で焼きそばを販売することになり，鉄板焼器とプロパンガスをそれぞれ 2 万円でレンタルすることになった．これは固定費と呼ばれ，売上に関係なく発生する費用である．焼きそば用の麺，肉，キャベツ，ソース，おかか，紅ショウガ，パック，割り箸などの原価は 1 食あたりそれぞれ 90 円とする（これは変動費と呼ばれ，売った分だけ発生する費用である）．ただし，昨年のデータからつまみ食いや失敗などを考慮すると歩留まり率は 90% であるとする．販売価格を 200 円とするとき，1 日に何食売れば採算がとれるのか求めよ．そのときの費用（損益分岐点）を求めよ．

販売数を x，費用を y とする．総費用線は変動費 + 固定費であり，変動費の歩留まり率が 90% であるから，

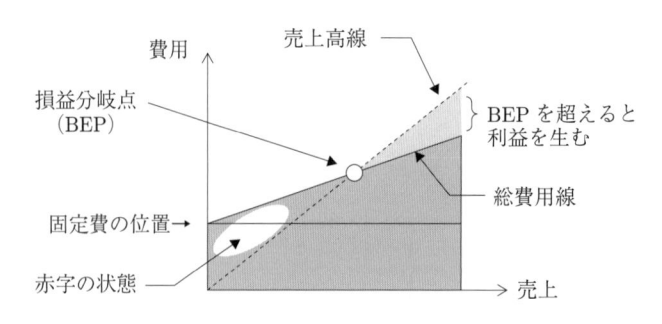

図 3.1 損益分岐点

$$y = \frac{90}{0.9}x + 20000 = 100x + 20000$$

が成り立つ．

また，売上高線はやきそばを一つ 200 円でそれを x 個であることから

$$y = 200x$$

となる．この連立 1 次方程式を解くと，$x = 200, y = 40000$ より，200 個以上の販売数で（4 万円以上の売り上げで）採算がとれることがわかる．

次に，3 元連立 1 次方程式についての例題を紹介する．

例 3.5

コンビニでペットボトル飲料，弁当，フライドチキンをそれぞれ 1 個ずつ購入したときの合計金額が 780 円であった．ペットボトル飲料を 2 本，弁当を 1 個，フライドチキンを 2 個購入した場合の合計金額は 1,060 円，ペットボトル飲料を 1 本，弁当を 2 個，フライドチキンを 4 個購入した場合の合計金額は 1,760 円であるとき，ペットボトル飲料，弁当，フライドチキンそれぞれの価格を求めよ．

ペットボトル飲料を x [円]，弁当を y [円]，フライドチキンを z [円] とすると

$$\begin{cases} x + y + z = 780 \cdots (1) \\ 2x + y + 2z = 1060 \cdots (2) \\ x + 2y + 4z = 1760 \cdots (3) \end{cases}$$

が成り立つ．

$$\begin{array}{r} 2x + y + 2z = 1060 \cdots (2) \\ -\underline{x + y + z = 780 \cdots (1)} \\ x + z = 280 \cdots (4) \end{array} \qquad \begin{array}{r} x + 2y + 4z = 1760 \cdots (3) \\ -\underline{2x + 2y + 2z = 1560 \cdots (1) \times 2} \\ -x + 2z = 200 \cdots (5) \end{array}$$

$$x + z = 280 \cdots (4)$$
$$- \quad -x + 2z = 200 \cdots (5)$$
$$\overline{3z = 480 \cdots (6)}$$

(6) より $z = 160$ となり，これを (4) または (5) に代入して，$x = 120$ を得る．最後に $x = 120$, $z = 160$ を (1) に代入して $y = 500$ を得る．

$$z = 160, \quad x = 120, \quad y = 500$$

したがって，ペットボトル飲料は 120 [円]，弁当は 500 [円]，フライドチキンは 160 [円] である．

例 3.3 の問題を解くために 2 個の未知数 (x, y) を使い，例 3.5 では 3 個の未知数 (x, y, z) を使った．未知数が 4 個の場合は例えば (x, y, z, w) を使えばよいが，未知数の個数が多くなればなるほど方程式をたてるために必要となる未知数を表す記号は煩雑になる．また，そのような場合，方程式を手計算で解くことは困難になるため，のちの章で行列を用いた解法を紹介する．

― 問 3.6 ―
次の表はあるゲームのステイタス表で，それぞれの職業キャラクタの基礎値 (x, y, z, w) は一定であるとする．力 $\times x +$ 素早さ $\times y +$ HP $\times z +$ MP $\times w =$ ステイタス合計 としたときの，各職業キャラクタの基礎値を求めよ．

職業	力	素早さ	HP（ダメージ耐量）	MP	ステイタス合計（能力合計値）
戦士	11	7	16	4	557
武道家	10	15	14	5	585
魔法使い	5	10	8	20	595
僧侶	6	9	10	18	608

一般的には未知数の個数が多くなるとき，未知数を添字を用いて，$x_1, x_2, \ldots, x_m$ の形で表し，連立 1 次方程式を．

$$\begin{cases} a_{11}x_1 + a_{12}x_2 + \cdots + a_{1n}x_n = b_1 \\ a_{21}x_1 + a_{22}x_2 + \cdots + a_{2n}x_n = b_2 \\ \quad \vdots \qquad \quad \vdots \qquad \qquad \vdots \qquad \vdots \\ a_{n1}x_1 + a_{n2}x_2 + \cdots + a_{nn}x_n = b_n \end{cases}$$

のように表す，ここで a_{ij} $(1 \leq i \leq m, 1 \leq j \leq m)$．$b_i$ $(1 \leq i \leq n)$ は定数である．

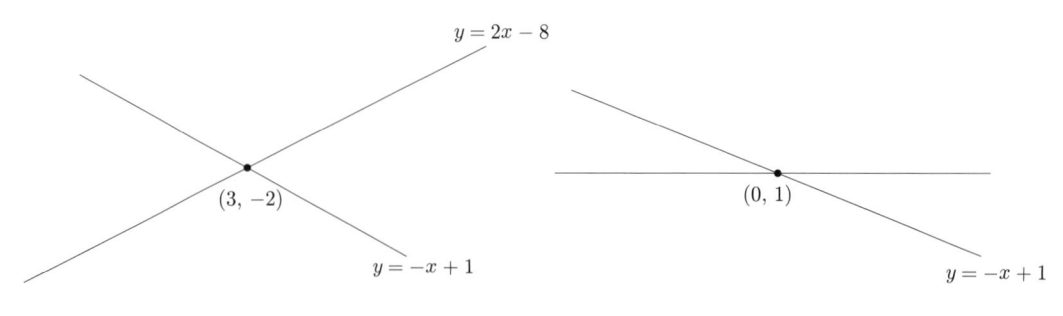

図 3.2　交点を一つもつ場合　　　　図 3.3　2 直線が重なる場合

3.4　連立 1 次方程式の解

$$(1) \quad \begin{cases} x+y=1 \\ 2x-y=8 \end{cases}$$

前節までに考えた連立 1 次方程式はただ一組の解が求まっていた．例えば連立 1 次方程式 (1) の解を計算すると，

$$\begin{array}{r} 2x+2y=2 \\ - 2x-y=8 \\ \hline \end{array}$$

となり，　　$3y=-6$
したがって，　$y=-2$
$$x=3$$

となる．2 直線 $x+y=1$ と $2x=-y=2$ の図を描くと，この連立 1 次方程式の解は 2 直線 $x+y=1$, $2x-y=2$ の交点である．

2 つの直線が 1 点 $(3,-2)$ で交わっていることがわかる．この場合，連立 1 次方程式に「ただ一組の解がある」という．

次に以下の連立 1 次方程式を考える．

$$(2) \quad \begin{cases} x+y=1 \\ 2x+2y=2 \end{cases}$$

$2x+2y=2$ の両辺を 2 で割ると，$x+y=1$ となることがわかり，二つの直線 $x+y=1$ と $2x+2y=2$ は同じもの，つまり，図に描くと，二つの直線が重なった状態となることがわかる．

直線 $x+y=1$ 上の点すべてが解となるため，「無数の解がある」という．x を α とおくと，$\alpha+y=1$ (x に α を代入) となり，

$$y = -x + 2$$

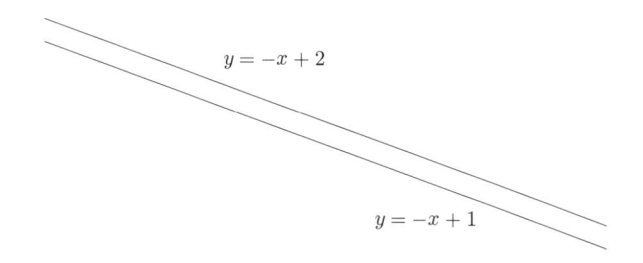

$$y = -x + 1$$

図 3.4 交点をもたない場合

$$\begin{cases} x = \alpha \ (\alpha \text{ は任意の実数}) \\ y = -\alpha + 1 \end{cases}$$

と表される．ただし，α は任意の実数とする．

最後に，解をもたない連立 1 次方程式を考える．

$$(3) \quad \begin{cases} x + y = 1 \\ x + y = 2 \end{cases}$$

$x+y=1$ と $x+y=2$ を同時に満たす x, y が存在するとすると $1=2$ となって矛盾が生じる．したがって，この連立 1 次方程式には解が存在しないことがわかる．

この場合は，2 直線 $x+y=1$ と $x+y=2$ は平行であり，この 2 直線は交わることがないため，解が存在しないことがわかる．

連立 1 次方程式の解は上記三つの例で見たように大きく分けて，三つの解のパターンが存在する．
(i) ただ 1 組の解がある
(ii) 無数の解がある
(iii) 解がない
これらは行列の階数 (rank) を用いて判定することができるということを第 5 章で解説する．

3.5 練習問題

次の 2 元連立 1 次方程式を解け．

(1) $\begin{cases} x - y = -10 \\ 3x - y = 10 \end{cases}$

(2) $\begin{cases} x - y = 0 \\ 3x - y = 10 \end{cases}$

(3) $\begin{cases} x - \frac{1}{2}y = -10 \\ -2x + y = 10 \end{cases}$

(4) $\begin{cases} \frac{1}{2}x - y = 1 \\ -x + 2y = -2 \end{cases}$

(5) 1 個 250 円のキーホルダーと 1 枚 400 円のステッカーがあるとする．キーホルダーの数はステッカーの 4 倍の個数を購入して合計 4200 円となった．ステッカーは何枚購入したか答えよ．

4 行列

　通常，日本語で「行列」と書くと，スーパーのレジやチケット売り場に並ぶ人々の列を思い浮かべるであろう．しかしそれは待つための列 (waiting queue) であり，本章では数を並べて構成される行列 (matrix) を扱う．前章で扱った連立1次方程式の係数部分を表現するために使用される数学的概念である．本章では行列を扱うための基本事項を解説する．

　本章の学習目標は，行列の定義，行列の相等，加法と乗法，逆行列と転置行列に関する基礎的な内容を身につけ，以下の確認問題が解けるようになることである．

― 確認問題 ―

(1) 次の行列の行数と列数を答えよ．また，行列 X の $(2,1)$ 成分，$(1,2)$ 成分を求めよ．

$$X = \begin{bmatrix} 1 & -2 & 3 & 1 \\ 2 & 0 & 1 & 1 \\ 0 & -1 & 1 & 2 \end{bmatrix}$$

(2) 次の二つの行列が等しくなるように，a, b, c の値を定めよ．

$$A = \begin{bmatrix} 2 & 0 \\ -1 & a \\ 4 & 2 \end{bmatrix} \quad B = \begin{bmatrix} b & 0 \\ -1 & 1 \\ 4 & c \end{bmatrix}$$

(3) 次の行列の中から正方行列であるものをすべて選べ．

$$A = \begin{bmatrix} 3 \end{bmatrix}, B = \begin{bmatrix} 1 \\ -2 \end{bmatrix}, C = \begin{bmatrix} 1 & 0 \\ 2 & -3 \end{bmatrix}, D = \begin{bmatrix} 1 & 2 \\ 3 & 4 \\ 1 & 0 \end{bmatrix}, E = \begin{bmatrix} 1 & 3 & -1 \\ 0 & 1 & 1 \\ 2 & 0 & 1 \end{bmatrix}$$

(4) 次の正方行列のトレースを求めよ．

$$X = \begin{bmatrix} 1 & 0 \\ 1 & -3 \end{bmatrix}, Y = \begin{bmatrix} 2 & 1 & 1 \\ -3 & -1 & 0 \\ 4 & 0 & 3 \end{bmatrix}$$

(5) $A = \begin{bmatrix} 1 & -1 \\ 2 & -3 \end{bmatrix}$ であるとき，行列のスカラー倍，$-A$ と $3A$ を計算せよ．

(6) $A = \begin{bmatrix} 1 & -2 \\ 0 & 1 \end{bmatrix}, B = \begin{bmatrix} 2 \\ 1 \end{bmatrix}, C = \begin{bmatrix} -1 & 3 \\ 1 & -2 \end{bmatrix}$ であるとき，行列の足し算が可能な組を選び，その答えを求めよ．

(7) $A = \begin{bmatrix} 3 & -1 \\ 1 & 1 \end{bmatrix}, B = \begin{bmatrix} -2 & 1 \\ -1 & -1 \end{bmatrix}$ であるとき $A+B, A-B, 2A+B, -A+3B$ を，それぞれ計算せよ．

(8) 次の行列の中から行列の掛け算が可能な組を選び，その答えを求めよ．（ただし，自分自身の組は考えないものとする．）

$$A = \begin{bmatrix} 1 & 2 \end{bmatrix}, B = \begin{bmatrix} -1 \\ 0 \end{bmatrix}, C = \begin{bmatrix} 1 & 0 \\ 2 & -1 \end{bmatrix}, D = \begin{bmatrix} 2 & 1 & -1 \\ 0 & -1 & 1 \end{bmatrix}, E = \begin{bmatrix} 1 & 0 & 0 \\ 0 & 2 & 0 \\ 0 & 0 & 1 \end{bmatrix}$$

(9) $A = \begin{bmatrix} 1 & -2 \\ 3 & -1 \end{bmatrix}$ の逆行列 A^{-1} を求めよ．

(10) $A = \begin{bmatrix} 1 & -1 & 1 \\ 2 & 0 & 5 \end{bmatrix}$ の転置行列 ${}^tA$ を求めよ．

4.1 確認問題の解き方

(1)

使う公式 4.1（⇒ 4.2 節で解説）

行列の横の並びを行，縦の並びを列という．
また i 行目，j 行目の行列の成分のことを (i,j) 成分という．

$X = \begin{bmatrix} 1 & -2 & 3 & 1 \\ 2 & 0 & 1 & 1 \\ 0 & -1 & 1 & 2 \end{bmatrix}$，第 1 行は $\begin{bmatrix} 1 & -2 & 3 & 1 \end{bmatrix}$，第 2 行は $\begin{bmatrix} 2 & 0 & 1 & 1 \end{bmatrix}$，第 3 行は $\begin{bmatrix} 0 & -1 & 1 & 2 \end{bmatrix}$ であり行数は 3 である．同様に X の第 1 列は $\begin{bmatrix} 1 \\ 2 \\ 0 \end{bmatrix}$，第 2 列は $\begin{bmatrix} -2 \\ 0 \\ -1 \end{bmatrix}$，第 3 列は $\begin{bmatrix} 3 \\ 1 \\ 1 \end{bmatrix}$，第 4 列は $\begin{bmatrix} 1 \\ 1 \\ 2 \end{bmatrix}$ であり，列数は 4 である．X は 3 行 4 列からなる行列だから 3×4 行列と呼ばれる．X の $(2,1)$ 成分は 2 行目，1 列目の 2 であり，$(1,2)$ 成分は -2 である．

(2)

使う公式 4.2（⇒ 4.2 節で解説）

二つの行列の大きさ（行列と列数）が等しく，対応するすべての成分が等しいとき，二つの行列は互いに等しい（相等である）という．

$A = B$ であるなら $\begin{bmatrix} 2 & 0 \\ -1 & a \\ 4 & 2 \end{bmatrix} = \begin{bmatrix} b & 0 \\ -1 & 1 \\ 4 & c \end{bmatrix}$ である．a は行列 A の $(2,2)$ 成分で，これが行列 B の $(2,2)$ 成分の 1 と等しいことから $a = 1$ となる．b は行列 B の $(1,1)$ 成分で，行列 A の $(1,1)$ 成分は 2 であるから，$b = 2$ となる．c は行列 B の $(3,2)$ 成分で，行列 A の $(3,2)$ 成分は 2 であるから，$c = 2$ となる．

(3)
> **使う公式 4.3（⇒ 4.3 節で解説）**
> 行数と列数の等しい行列を正方行列という．
> 行列が n で列数が n である正方行列のことを n 次正方行列という．

$A = 3 = [3]$ は 1 行，1 列からなる 1 次正方行列である．
B は 2 行，1 列からなる行列であるから，正方行列でない（2×1 行列という）．
C は 2 行，2 列からなる行列であるから，2 次正方行列である．
D は 3 行，2 列からなる行列であるから，正方行列でない（3×2 行列という）．
E は 3 行，3 列からなる行列であるから，3 次正方行列である．
よって答えは $A,\ C,\ E$．

(4)
> **使う公式 4.4（⇒ 4.3 節で解説）**
> 正方行列の行番号（行数）と列番号（列数）が一致する成分を対角成分という．例えば 2 次正方行列の対角成分は $(1,1)$ 成分と $(2,2)$ 成分である．正方行列 A の対角成分の総称をトレースと呼び $tr(A)$ と書く．

行列 X の対角成分は $(1,1)$ 成分，$(2,2)$ 成分であり，これらを $x_{11},\ x_{22}$ のように表す（$X = \begin{bmatrix} x_{11} & x_{12} \\ x_{21} & x_{22} \end{bmatrix}$ のように成分を添え字を用いて表す）．$X = \begin{bmatrix} 1 & 0 \\ 1 & -3 \end{bmatrix}$ であるから $(1,1)$ 成分は $x_{11} = 1$，$(2,2)$ 成分は $x_{22} = -3$ であるから，

$$tr(X) = x_{11} + x_{22} = 1 - 3 = -2$$

となる．

同様に，$Y = \begin{bmatrix} y_{11} & y_{12} & y_{13} \\ y_{21} & y_{22} & y_{23} \\ y_{31} & y_{32} & y_{33} \end{bmatrix} = \begin{bmatrix} 2 & 1 & 1 \\ -3 & -1 & 0 \\ 4 & 0 & 3 \end{bmatrix}$ とおくと，行列 Y の $(1,1)$ 成分は $y_{11} = 2$，$(2,2)$ 成分は $y_{22} = -1$，$(3,3)$ 成分は $y_{33} = 3$ となり $tr(Y) = y_{11} + y_{22} + y_{33} = 2 - 1 + 3 = 4$ となる．

(5)

使う公式 4.5（⇒ 4.3 節で解説）

行列 $A = \begin{bmatrix} a_{11} & a_{12} \\ a_{21} & a_{22} \end{bmatrix}$ のスカラー倍は

$$kA = k \begin{bmatrix} a_{11} & a_{12} \\ a_{21} & a_{22} \end{bmatrix} = \begin{bmatrix} ka_{11} & ka_{12} \\ ka_{21} & ka_{22} \end{bmatrix}$$

である．つまり行列のスカラー倍は各成分をスカラー倍する．

$A = \begin{bmatrix} 1 & -1 \\ 2 & -3 \end{bmatrix}$ であるから $-A = -\begin{bmatrix} 1 & -1 \\ 2 & -3 \end{bmatrix} = \begin{bmatrix} -1 & 1 \\ -2 & 3 \end{bmatrix}$, $3A = 3\begin{bmatrix} 1 & -1 \\ 2 & -3 \end{bmatrix} = \begin{bmatrix} 3 & -3 \\ 6 & -9 \end{bmatrix}$ である．

(6)

使う公式 4.6（⇒ 4.3 節で解説）

行列の足し算は，同じ大きさの行列の場合定義でき，各成分を足し合わせるものとして定義する．つまり $A = \begin{bmatrix} a_{11} & a_{12} \\ a_{21} & a_{22} \end{bmatrix}, B = \begin{bmatrix} b_{11} & b_{12} \\ b_{21} & b_{22} \end{bmatrix}$ であるとき

$$A + B = \begin{bmatrix} a_{11} & a_{12} \\ a_{21} & a_{22} \end{bmatrix} + \begin{bmatrix} b_{11} & b_{12} \\ b_{21} & b_{22} \end{bmatrix} = \begin{bmatrix} a_{11} + b_{11} & a_{12} + b_{12} \\ a_{21} + b_{21} & a_{22} + b_{22} \end{bmatrix}$$

である．二つの実数 a, b に対して，$a + b = b + a$ が成り立つから，実数のように $a + b = b + a$ が成り立つ成分からなる行列では，$A + B = B + A$ が成り立つ．

A は 2 次正方行列 (2×2)，B は 2×1 行列，C は 2 次正方行列 (2×2) であるから，足し算が可能な組は行列の大きさが同じである A と C である．

$$A + C = \begin{bmatrix} 1 & -2 \\ 0 & 1 \end{bmatrix} + \begin{bmatrix} -1 & 3 \\ 1 & -2 \end{bmatrix} = \begin{bmatrix} 1-1 & -2+3 \\ 0+1 & 1-2 \end{bmatrix} = \begin{bmatrix} 0 & 1 \\ 1 & -1 \end{bmatrix}$$

となり，$C + A$ も同じ答えになる．

(7)

> **使う公式 4.7** （⇒ 4.3 節で解説）
>
> $A = \begin{bmatrix} a_{11} & a_{12} \\ a_{21} & a_{22} \end{bmatrix}, B = \begin{bmatrix} b_{11} & b_{12} \\ b_{21} & b_{22} \end{bmatrix}$ であるとき
>
> $$kA + lB = \begin{bmatrix} ka_{11} + lb_{11} & ka_{12} + lb_{11} \\ ka_{21} + lb_{21} & ka_{22} + lb_{22} \end{bmatrix}$$
>
> である．

$$A + B = \begin{bmatrix} 3 & -1 \\ 1 & 1 \end{bmatrix} + \begin{bmatrix} -2 & 1 \\ -1 & -1 \end{bmatrix} = \begin{bmatrix} 3-2 & -1+1 \\ 1-1 & 1-1 \end{bmatrix} = \begin{bmatrix} 1 & 0 \\ 0 & 0 \end{bmatrix}$$

$$A - B = \begin{bmatrix} 3 & -1 \\ 1 & 1 \end{bmatrix} - \begin{bmatrix} -2 & 1 \\ -1 & -1 \end{bmatrix} = \begin{bmatrix} 3-(-2) & -1-1 \\ 1-(-1) & 1-(-1) \end{bmatrix} = \begin{bmatrix} 5 & -2 \\ 2 & 2 \end{bmatrix}$$

$$2A + B = 2\begin{bmatrix} 3 & -1 \\ 1 & 1 \end{bmatrix} + \begin{bmatrix} -2 & 1 \\ -1 & -1 \end{bmatrix} = \begin{bmatrix} 6 & -2 \\ 2 & 2 \end{bmatrix} + \begin{bmatrix} -2 & 1 \\ -1 & -1 \end{bmatrix}$$

$$= \begin{bmatrix} 6-2 & -2+1 \\ 2-1 & 2-1 \end{bmatrix} = \begin{bmatrix} 4 & -1 \\ 1 & 1 \end{bmatrix}$$

$$-A + 3B = -\begin{bmatrix} 3 & -1 \\ 1 & 1 \end{bmatrix} + 3\begin{bmatrix} -2 & 1 \\ -1 & -1 \end{bmatrix} = \begin{bmatrix} -3 & 1 \\ -1 & -1 \end{bmatrix} + \begin{bmatrix} -6 & 3 \\ -3 & -3 \end{bmatrix}$$

$$= \begin{bmatrix} -3-6 & 1+3 \\ -1-3 & -1-3 \end{bmatrix} = \begin{bmatrix} -9 & 4 \\ -4 & -4 \end{bmatrix}$$

(8)

> **使う公式 4.8** （⇒ 4.4 節で解説）
>
> 行列の掛け算 AB は A が $n \times r$ 行列，B が $r \times m$ 行列であるときに定義される．つまり行列 A の列数と行列 B の行数が等しいときに AB（BA ではない）を計算することができる．

$A = \begin{bmatrix} 1 & 2 \end{bmatrix}$ は 1×2 行列であるから，行数が 2 である行列となら掛け算を計算をすることができる．行数が 2 である行列は B, C, D であり，

$$AB = \begin{bmatrix} 1 & 2 \end{bmatrix} \begin{bmatrix} -1 \\ 0 \end{bmatrix} = \begin{bmatrix} 1 \cdot (-1) + 2 \cdot 0 \end{bmatrix} = \begin{bmatrix} -1 \end{bmatrix} = -1$$

$$AC = \begin{bmatrix} 1 & 2 \end{bmatrix} \begin{bmatrix} 1 & 0 \\ 2 & -1 \end{bmatrix} = \begin{bmatrix} 1 \cdot 1 + 2 \cdot 2 & 1 \cdot 0 + 2 \cdot (-1) \end{bmatrix} = \begin{bmatrix} 5 & -2 \end{bmatrix}$$

$$AD = \begin{bmatrix} 1 & 2 \end{bmatrix} \begin{bmatrix} 2 & 1 & -1 \\ 0 & -1 & 1 \end{bmatrix}$$
$$= \begin{bmatrix} 1 \cdot 2 + 2 \cdot 0 & 1 \cdot 1 + 2 \cdot (-1) & 1 \cdot (-1) + 2 \cdot 1 \end{bmatrix} = \begin{bmatrix} 2 & -1 & 1 \end{bmatrix}$$

となる.

同様に $B = \begin{bmatrix} -1 \\ 0 \end{bmatrix}$ は 2×1 行列であるから, 行数が 1 である A のみと掛け算が可能である.

$$BA = \begin{bmatrix} -1 \\ 0 \end{bmatrix} \begin{bmatrix} 1 & 2 \end{bmatrix} = \begin{bmatrix} -1 \cdot 1 & -1 \cdot 2 \\ 0 \cdot 1 & 0 \cdot 2 \end{bmatrix} = \begin{bmatrix} -1 & -2 \\ 0 & 0 \end{bmatrix} \quad (AB \ne BA \text{である!!})$$

$C = \begin{bmatrix} 1 & 0 \\ 2 & -1 \end{bmatrix}$ は 2×2 行列であるから, 行数が 2 である B, D と掛け算が可能である.

$$CB = \begin{bmatrix} 1 & 0 \\ 2 & -1 \end{bmatrix} \begin{bmatrix} -1 \\ 0 \end{bmatrix} = \begin{bmatrix} 1 \cdot (-1) & 0 \cdot 0 \\ 2 \cdot (-1) & (-1) \cdot 0 \end{bmatrix} = \begin{bmatrix} -1 \\ -2 \end{bmatrix}$$

$$CD = \begin{bmatrix} 1 & 0 \\ 2 & -1 \end{bmatrix} \begin{bmatrix} 2 & 1 & -1 \\ 0 & -1 & 1 \end{bmatrix}$$
$$= \begin{bmatrix} 1 \cdot 2 + 0 \cdot 0 & 1 \cdot 1 + 0 \cdot (-1) & 1 \cdot (-1) + 0 \cdot 1 \\ 2 \cdot 2 + (-1) \cdot 0 & 2 \cdot 1 + (-1) \cdot (-1) & 2 \cdot (-1) + (-1) \cdot 1 \end{bmatrix} = \begin{bmatrix} 2 & 1 & -1 \\ 4 & 3 & -3 \end{bmatrix}$$

行列 D は 2×3 行列であるから, 行数が 3 である E のみと掛け算が可能である.

$$DE = \begin{bmatrix} 2 & 1 & -1 \\ 0 & -1 & 1 \end{bmatrix} \begin{bmatrix} 1 & 0 & 0 \\ 0 & 2 & 0 \\ 0 & 0 & 1 \end{bmatrix}$$
$$= \begin{bmatrix} 2 \cdot 1 + 1 \cdot 0 + (-1) \cdot 0 & 2 \cdot 0 + 1 \cdot 2 + (-1) \cdot 0 & 2 \cdot 0 + 1 \cdot 0 + (-1) \cdot 1 \\ 0 \cdot 1 + (-1) \cdot 0 + 1 \cdot 0 & 0 \cdot 0 + (-1) \cdot 2 + 1 \cdot 0 & 0 \cdot 0 + (-1) \cdot 0 + 1 \cdot 1 \end{bmatrix}$$
$$= \begin{bmatrix} 2 & 2 & 1 \\ 0 & -2 & 1 \end{bmatrix}$$

行列 E は 3×3 行列であり, 行数が 3 である行列は自分自身しかないため, 掛け算が計算できる組は存在しない.

(9)

> **使う公式 4.13** （⇒ 4.5 節で解説）
>
> 2 次正方行列 $A = \begin{bmatrix} a_{11} & a_{12} \\ a_{21} & a_{22} \end{bmatrix}$ の逆行列は
>
> $$A^{-1} = \frac{1}{a_{11}a_{22} - a_{12}a_{21}} \begin{bmatrix} a_{22} & -a_{12} \\ -a_{21} & a_{11} \end{bmatrix}$$
>
> で与えられる．

$A = \begin{bmatrix} 1 & -2 \\ 3 & -1 \end{bmatrix} = \begin{bmatrix} a_{11} & a_{12} \\ a_{21} & a_{22} \end{bmatrix}$ であるから，

$$A^{-1} = \frac{1}{a_{11}a_{22} - a_{12}a_{21}} \begin{bmatrix} a_{22} & -a_{12} \\ -a_{21} & a_{11} \end{bmatrix} = \frac{1}{1 \cdot (-1) - (-2) \cdot 3} \begin{bmatrix} -1 & 2 \\ -3 & 1 \end{bmatrix}$$

$$= \frac{1}{5} \begin{bmatrix} -1 & 2 \\ -3 & 1 \end{bmatrix}$$

$$= \begin{bmatrix} -\frac{1}{5} & \frac{2}{5} \\ -\frac{3}{5} & \frac{1}{5} \end{bmatrix}$$

(10)

> **使う公式 4.14** （⇒ 4.6 節で解説）
>
> 行列 A の行と列を入れ替えてできる行列を，行列 A の転置行列といい，${}^t\!A$ と表す．例えば $A = \begin{bmatrix} a_{11} & a_{12} \\ a_{21} & a_{22} \\ a_{31} & a_{32} \end{bmatrix}$ であるとき ${}^t\!A = \begin{bmatrix} a_{11} & a_{21} & a_{31} \\ a_{12} & a_{22} & a_{32} \end{bmatrix}$ となり，つまり，A の第 1 列が ${}^t\!A$ の第 1 行となり，A の第 2 列が ${}^t\!A$ の第 2 行となる．

$A = \begin{bmatrix} 1 & -1 & 1 \\ 2 & 0 & 5 \end{bmatrix}$ であるから，A の第 1 行を第 1 列に，第 2 行を第 2 列に入れ替えてできる行列

$${}^t\!A = \begin{bmatrix} 1 & 2 \\ -1 & 0 \\ 1 & 5 \end{bmatrix}$$

が A の転置行列である．

4.2 行列の例と定義

表 4.1 の左の数表の中身を取り出して丸カッコ () または大カッコ [] でくくったものを行列 (matrix) と呼び，並んでいる数を行列の成分（要素）(element) と呼ぶ．

表 4.1 数表と行列

行↓ 列→	1 列目	2 列目	3 列目
1 行目	-2	1	0
2 行目	4	-7	-5

$$\Longrightarrow \begin{bmatrix} -2 & 1 & 0 \\ 4 & -7 & -5 \end{bmatrix}$$

行列の横の並びを行 (row)，縦の並びを列 (column) と呼び，各行列の大きさは「行数×列数」で表現する．上の例は 2 行 3 列の行列なので，2×3 行列となる．

定義 4.1

行数が m で，列数が n である行列を $m \times n$ 行列という．行列 A が $m \times n$ 行列であるとき，i 行目かつ j 列目にある成分を行列 A の (i, j) 成分といい，a_{ij} のように表す．

行列をひとまとめに表現するときには大文字のアルファベットを使用することが多い．例えば行列 A が 3×4 行列であれば

$$A = \begin{bmatrix} 1 & 2 & 3 & 4 \\ 2 & 3 & 4 & 5 \\ 3 & 4 & 5 & 6 \end{bmatrix}$$

と書く．

行列の各成分を文字で表現するときには，それぞれの成分が異なる値であることを示すために，すべて異なる文字で表現するか，行番号と列番号を下付き添え字に付加して区別する．例えば

$$A = \begin{bmatrix} a_{11} & a_{12} \\ a_{21} & a_{22} \\ a_{31} & a_{32} \end{bmatrix}, A = \begin{bmatrix} \alpha & \beta \\ \gamma & \delta \\ \varepsilon & \zeta \end{bmatrix}$$

のように表記する．

問題 4.2

行列 B, C, D が次のように与えられているとき，行数と列数をそれぞれ答えよ．

$$B = \begin{bmatrix} 1 & 5 \\ 2 & 8 \\ 5 & 9 \\ -7 & 0 \end{bmatrix}, \quad C = \begin{bmatrix} -7 & -9 & 8 \\ 0 & -2 & 5 \\ 5 & 0 & 1 \end{bmatrix}, \quad D = \begin{bmatrix} -7 & 9 & 8 \end{bmatrix}.$$

定義 4.3

行列の大きさに関わらず，すべての成分が 0 である行列を零行列と呼び，大文字のオー，O で表現する．例えば下記の行列はすべて零行列である．

$$O = \begin{bmatrix} 0 & 0 & 0 \\ 0 & 0 & 0 \\ 0 & 0 & 0 \end{bmatrix}, \quad O = [0\ 0\ 0], \quad O = \begin{bmatrix} 0 & 0 & 0 & 0 \\ 0 & 0 & 0 & 0 \\ 0 & 0 & 0 & 0 \end{bmatrix}$$

二つの行列 A, B が等しい（相等である）とは，ベクトルの等号と同じく下記の条件を満足していることを意味する．

1. 行列の大きさ（行数 × 列数）が等しい
2. 対応するすべての成分が等しい

例えば

$$A = \begin{bmatrix} 3 & 2 \\ -5 & 9 \\ -8 & 7 \end{bmatrix}, \quad B = \begin{bmatrix} 3 & 2 \\ -5 & 9 \\ -8 & 7 \end{bmatrix}$$

であれば $A = B$ となるが，

$$A' = \begin{bmatrix} 1 & 2 \\ 5 & 8 \\ -7 & 0 \end{bmatrix}, \quad B' = \begin{bmatrix} 1 & 2 \\ 5 & 8 \\ -7 & 1 \end{bmatrix}$$

であれば，第 $(3, 2)$ 成分が異なるため，$A' \neq B'$ である．

> **問題 4.4**
>
> 次の 3×3 行列のうち，等号が成立するものを示せ．
>
> $$A = \begin{bmatrix} 9 & 7 & 7 \\ 8 & 7 & 8 \\ 0 & 1 & 3 \end{bmatrix}, B = \begin{bmatrix} 9 & 7 & 7 \\ 8 & 7 & 8 \\ 0 & -1 & 5 \end{bmatrix}, C = \begin{bmatrix} 9 & 7 & 7 \\ 8 & 7 & 8 \\ 0 & -1 & 5 \end{bmatrix}, D = \begin{bmatrix} 9 & 7 & 7 \\ 8 & 7 & 8 \\ 0 & 1 & 3 \end{bmatrix}$$

4.3 正方行列と行列の和，差，スカラー倍

大小様々な大きさの行列を扱う際には，行数を m，列数を n として，$m \times n$ 行列 A を

$$A = \begin{bmatrix} a_{11} & a_{12} & \cdots & a_{1n} \\ a_{21} & a_{22} & \cdots & a_{2n} \\ \vdots & \vdots & \ddots & \vdots \\ a_{m1} & a_{m2} & \cdots & a_{mn} \end{bmatrix}$$

と表記する．特に $n = 1$ のときは m 次元（縦）ベクトルと同一視でき

$$A = \begin{bmatrix} a_{11} \\ a_{21} \\ \vdots \\ a_{m1} \end{bmatrix}$$

となる．これを列ベクトルという．また $m = 1$ のときは n 次元ベクトルの転置と同一視でき

$$A = [a_{11}\ a_{12}\ \cdots a_{1n}]$$

となる．これを行ベクトルという．

本章では主として $m = n$，すなわち，行数と列数が一致する正方行列 (square matrix)

$$A = \begin{bmatrix} a_{11} & a_{12} & \cdots & a_{1n} \\ a_{21} & a_{22} & \cdots & a_{2n} \\ \vdots & \vdots & \ddots & \vdots \\ a_{n1} & a_{n2} & \cdots & a_{nn} \end{bmatrix} \quad (4.1)$$

を扱う．これを $n \times n$ 行列，もしくは n 次正方行列と呼ぶ．

対角成分とトレース 正方行列の場合，行番号と列番号が一致する成分 a_{ii} ($i = 1, 2, \ldots, n$) を対角成分 (diagonal element) と呼ぶ．後述する逆行列を扱うときにはこの対角成分

が重要な役割を果たす．

定義 4.5

行列 A の対角成分の和をトレース (trace) と呼び，$tr(A)$ と書く．

$$tr(A) = a_{11} + a_{22} + \cdots + a_{nn} = \sum_{i=1}^{n} a_{ii} \tag{4.2}$$

例えば 2 次正方行列 B，3 次正方行列 C がそれぞれ

$$B = \begin{bmatrix} 2 & 9 \\ 3 & -2 \end{bmatrix}, \quad C = \begin{bmatrix} -1 & 3 & 0 \\ 9 & 2 & 8 \\ -1 & 4 & 5 \end{bmatrix}$$

であるときには，

$$tr(B) = 2 + (-2) = 0$$
$$tr(C) = -1 + 2 + 5 = 6$$

となる．

問題 4.6

4 次正方行列 D が次のように与えられているとき，$tr(D)$ を求めよ．

$$D = \begin{bmatrix} 1 & 2 & 3 & 4 \\ 4 & 3 & 2 & 1 \\ -1 & -2 & -3 & -4 \\ -4 & -3 & -2 & -1 \end{bmatrix}$$

定義 4.7

ベクトルのスカラー倍と同様に，行列のスカラー倍もすべての成分に同じスカラー（定数）を乗じて得られる．α を定数とすると，n 次正方行列の A のスカラー倍 αA は

$$\alpha A = \alpha \begin{bmatrix} a_{11} & a_{12} & \cdots & a_{1n} \\ a_{21} & a_{22} & \cdots & a_{2n} \\ \vdots & \vdots & \ddots & \vdots \\ a_{n1} & a_{n2} & \cdots & a_{nn} \end{bmatrix} = \begin{bmatrix} \alpha a_{11} & \alpha a_{12} & \cdots & \alpha a_{1n} \\ \alpha a_{21} & \alpha a_{22} & \cdots & \alpha a_{2n} \\ \vdots & \vdots & \ddots & \vdots \\ \alpha a_{n1} & \alpha a_{n2} & \cdots & \alpha a_{nn} \end{bmatrix}$$

となる．

例えば 2 次正方行列 A が

$$A = \begin{bmatrix} -2 & 1 \\ 3 & 4 \end{bmatrix}$$

であるとき，スカラー倍 $-1A, 2A, -3A$ は次のようになる．

$$-1A = \begin{bmatrix} (-1)\cdot(-2) & (-1)\cdot 1 \\ (-1)\cdot 3 & (-1)\cdot 4 \end{bmatrix} = \begin{bmatrix} 2 & -1 \\ -3 & -4 \end{bmatrix}$$

$$2A = \begin{bmatrix} 2\cdot(-2) & 2\cdot 1 \\ 2\cdot 3 & 2\cdot 4 \end{bmatrix} = \begin{bmatrix} -4 & 2 \\ 6 & 8 \end{bmatrix}$$

$$-3A = \begin{bmatrix} (-3)\cdot(-2) & (-3)\cdot 1 \\ (-3)\cdot 3 & (-3)\cdot 4 \end{bmatrix} = \begin{bmatrix} 6 & -3 \\ -9 & -12 \end{bmatrix}$$

― 問題 4.8 ―

2 次正方行列 B，3 次正方行列 C が

$$B = \begin{bmatrix} 1 & 3 \\ -2 & 5 \end{bmatrix}, \quad C = \begin{bmatrix} -2 & 0 & 5 \\ 0 & 1 & 9 \\ 0 & 0 & 1 \end{bmatrix}$$

であるとき，スカラー倍 $-3B, 2B, -4C, 5C$ をそれぞれ求めよ．

定義 4.9

正方行列の和と差もベクトルの和と差同様に，同じ大きさの行列に対して，対応する成分どうしの和と差をとることで得られる．n 次正方行列 A, B の和と差は次のようになる．

$$A + B = \begin{bmatrix} a_{11} & a_{12} & \cdots & a_{1n} \\ a_{21} & a_{22} & \cdots & a_{2n} \\ \vdots & \vdots & \ddots & \vdots \\ a_{n1} & a_{n2} & \cdots & a_{nn} \end{bmatrix} + \begin{bmatrix} b_{11} & b_{12} & \cdots & b_{1n} \\ b_{21} & b_{22} & \cdots & b_{2n} \\ \vdots & \vdots & \ddots & \vdots \\ b_{n1} & b_{n2} & \cdots & b_{nn} \end{bmatrix}$$

$$= \begin{bmatrix} a_{11} + b_{11} & a_{12} + b_{12} & \cdots & a_{1n} + b_{1n} \\ a_{21} + b_{21} & a_{22} + b_{22} & \cdots & a_{2n} + b_{2n} \\ \vdots & \vdots & \ddots & \vdots \\ a_{n1} + b_{n1} & a_{n2} + a_{n2} & \cdots & a_{nn} + b_{nn} \end{bmatrix}$$

$$A - B = \begin{bmatrix} a_{11} & a_{12} & \cdots & a_{1n} \\ a_{21} & a_{22} & \cdots & a_{2n} \\ \vdots & \vdots & \ddots & \vdots \\ a_{n1} & a_{n2} & \cdots & a_{nn} \end{bmatrix} - \begin{bmatrix} b_{11} & b_{12} & \cdots & b_{1n} \\ b_{21} & b_{22} & \cdots & b_{2n} \\ \vdots & \vdots & \ddots & \vdots \\ b_{n1} & b_{n2} & \cdots & b_{nn} \end{bmatrix}$$

$$= \begin{bmatrix} a_{11} - b_{11} & a_{12} - b_{12} & \cdots & a_{1n} - b_{1n} \\ a_{21} - b_{21} & a_{22} - b_{22} & \cdots & a_{2n} - b_{2n} \\ \vdots & \vdots & \ddots & \vdots \\ a_{n1} - b_{n1} & a_{n2} - a_{n2} & \cdots & a_{nn} - b_{nn} \end{bmatrix}$$

例えば A, B がそれぞれ次のような 2 次正方行列であるとしよう．

$$A = \begin{bmatrix} 1 & 3 \\ 2 & 5 \end{bmatrix}$$

$$B = \begin{bmatrix} 0 & -4 \\ 3 & -5 \end{bmatrix}$$

このとき，$A + B, A - B$ は次のような結果になる．

$$A + B = \begin{bmatrix} 1+0 & 3+(-4) \\ 2+3 & 5+(-5) \end{bmatrix} = \begin{bmatrix} 1 & -1 \\ 5 & 0 \end{bmatrix}$$

$$A - B = \begin{bmatrix} 1-0 & 3-(-4) \\ 2-3 & 5-(-5) \end{bmatrix} = \begin{bmatrix} 1 & 7 \\ -1 & 10 \end{bmatrix}$$

問題 4.10

3次正方行列 C, D が

$$C = \begin{bmatrix} -3 & 2 & 5 \\ 0 & 1 & 0 \\ 5 & 2 & -3 \end{bmatrix}, D = \begin{bmatrix} 7 & 1 & 0 \\ 7 & -1 & 2 \\ 0 & 2 & 1 \end{bmatrix}$$

であるとき，$C + D$, $C - D$ をそれぞれ求めよ．

行列の和の結合法則，交換法則，分配法則　ベクトルの和に関して成立した結合法則，交換法則は行列の和に関しても同様に成立する．

n 次正方行列 A, B, C に対して次の等式が成立する．

結合法則　$(A + B) + C = A + (B + C)$

交換法則　$A + B = B + A$

スカラー倍についても分配法則が成立する．α, β が定数（スカラー）であるとき，次の等式が成立する．

分配法則 1　$\alpha(A + B) = \alpha A + \alpha B$

分配法則 2　$(\alpha + \beta)A = \alpha A + \beta A$

問題 4.11

2次正方行列 A, B, C が

$$A = \begin{bmatrix} -1 & 2 \\ 4 & 3 \end{bmatrix}, B = \begin{bmatrix} 2 & 5 \\ 9 & 7 \end{bmatrix}, C = \begin{bmatrix} 1 & 0 \\ 0 & -1 \end{bmatrix}$$

であるとき，結合法則が成立することを確認せよ．また $\alpha = (-2)$, $\beta = 3$ であるとき，分配法則 1, 2 が成立することも確認せよ．

4.4　行列積

今まで見てきたように，ベクトル，行列の和，差，スカラー倍については成分同士の演算であって他の成分の影響を受けることがなかった．しかし，本節で扱う行列・ベクトル積，そしてその拡張と見なすことのできる行列同士の積（行列積）はまったく様相が異なり，互いの成分同士の積と和によって成立している演算となる．したがって，行列・ベクトル積，行列積については交換法則が成立しないということが起こる．具体例をお手本として自分で計算を行いつつ，その理由を各自考えてほしい．

4.4.1 行列とベクトルの積

2 次正方行列と 2 次元ベクトルとの積 われわれはすでに前章において次のような 2 元連立 1 次方程式

$$\begin{cases} 3x + y = 6 \\ -x - 2y = -4 \end{cases}$$

を扱ってきた．ここでは未知数 x, y をそれぞれ x_1, x_2 と書き直して

$$\begin{cases} 3x_1 + x_2 = 6 \\ -x_1 - 2x_2 = -4 \end{cases}$$

と表現することにする．

この等式をベクトルの形で書くと

$$\begin{bmatrix} 3x_1 + x_2 \\ -x_1 - 2x_2 \end{bmatrix} = \begin{bmatrix} 6 \\ -4 \end{bmatrix}$$

となる．

ここで左辺の係数のみを 2 次正方行列として書き出し，これを A と書くことにすると，

$$A = \begin{bmatrix} 3 & 1 \\ -1 & -2 \end{bmatrix}$$

となる．連立 1 次方程式の解として欲しいのは $\mathbf{x} = {}^t[x_1 \ x_2]$ という 2 次元ベクトルであるから，これらの行列とベクトルの積として

$$A\mathbf{x} = \begin{bmatrix} -3 & 1 \\ -1 & -2 \end{bmatrix} \begin{bmatrix} x_1 \\ x_2 \end{bmatrix} = \begin{bmatrix} -3x_1 + x_2 \\ -x_1 - 2x_2 \end{bmatrix}$$

と表現することにする．したがって，元の連立 1 次方程式は，左辺の定数ベクトルを $\mathbf{b} = {}^t[6 \ -4]$ と書くことにすると

$$A\mathbf{x} = \mathbf{b} \tag{4.3}$$

となる．

一般に，2 次正方行列 A と 2 次元ベクトル $\mathbf{x}$ との積，すなわち，行列・ベクトル積は

$$A\mathbf{x} = \begin{bmatrix} a_{11} & a_{12} \\ a_{21} & a_{22} \end{bmatrix} \begin{bmatrix} x_1 \\ x_2 \end{bmatrix} = \begin{bmatrix} a_{11}x_1 + a_{12}x_2 \\ a_{21}x_1 + a_{22}x_2 \end{bmatrix} \tag{4.4}$$

と表現できる．行列の列番号とベクトル成分番号が一致するように積をとり，それらの和を行ごとに計算することになる．

問題 4.12

次の計算を行え．

$$\begin{bmatrix} 2 & 1 \\ 0 & 2 \end{bmatrix} \begin{bmatrix} 3 \\ 2 \end{bmatrix} = \begin{bmatrix} \Box \\ \Box \end{bmatrix}$$

---

n 次正方行列と n 次元ベクトルとの積　以上見てきたように，正方行列とベクトルとの積は列番号とベクトル番号が一致する成分の積を行単位で和をとることで計算できる．この規則に従えば，任意の n 次正方行列と n 次元ベクトルとの積の計算が可能となる．

例えば，$n = 3$ のときは，3次正方行列 A と 3次元ベクトル $\mathbf{x}$ との積は次のようになる．

$$A\mathbf{x} = \begin{bmatrix} a_{11} & a_{12} & a_{13} \\ a_{21} & a_{22} & a_{23} \\ a_{31} & a_{32} & a_{33} \end{bmatrix} \begin{bmatrix} x_1 \\ x_2 \\ x_3 \end{bmatrix} = \begin{bmatrix} a_{11}x_1 + a_{12}x_2 + a_{13}x_3 \\ a_{21}x_1 + a_{22}x_2 + a_{23}x_3 \\ a_{31}x_1 + a_{32}x_2 + a_{33}x_3 \end{bmatrix} = \begin{bmatrix} \sum_{j=1}^{3} a_{1j}x_j \\ \sum_{j=1}^{3} a_{2j}x_j \\ \sum_{j=1}^{3} a_{3j}x_j \end{bmatrix}$$

$n = 4$ のときは次のようになる．

$$A\mathbf{x} = \begin{bmatrix} a_{11} & a_{12} & a_{13} & a_{14} \\ a_{21} & a_{22} & a_{23} & a_{24} \\ a_{31} & a_{32} & a_{33} & a_{34} \\ a_{41} & a_{42} & a_{43} & a_{44} \end{bmatrix} \begin{bmatrix} x_1 \\ x_2 \\ x_3 \\ x_4 \end{bmatrix} = \begin{bmatrix} a_{11}x_1 + a_{12}x_2 + a_{13}x_3 + a_{14}x_4 \\ a_{21}x_1 + a_{22}x_2 + a_{23}x_3 + a_{24}x_4 \\ a_{31}x_1 + a_{32}x_2 + a_{33}x_3 + a_{34}x_4 \\ a_{41}x_1 + a_{42}x_2 + a_{43}x_3 + a_{44}x_4 \end{bmatrix}$$

$$= \begin{bmatrix} \sum_{j=1}^{4} a_{1j}x_j \\ \sum_{j=1}^{4} a_{2j}x_j \\ \sum_{j=1}^{4} a_{3j}x_j \\ \sum_{j=1}^{4} a_{4j}x_j \end{bmatrix}$$

したがって，一般の n 次正方行列と，n 次元ベクトルとの積は

$$A\mathbf{x} = \begin{bmatrix} a_{11} & a_{12} & \cdots & a_{1n} \\ a_{21} & a_{22} & \cdots & a_{2n} \\ \vdots & \vdots & \ddots & \vdots \\ a_{n1} & a_{n2} & \cdots & a_{nn} \end{bmatrix} \begin{bmatrix} x_1 \\ x_2 \\ \vdots \\ x_n \end{bmatrix} = \begin{bmatrix} \sum_{j=1}^{n} a_{1j}x_j \\ \sum_{j=1}^{n} a_{2j}x_j \\ \vdots \\ \sum_{j=1}^{n} a_{nj}x_j \end{bmatrix} \quad (4.5)$$

となる．

$A\mathbf{x}$ の計算ができても，$\mathbf{x}A$ という計算は不可能なので，交換法則は成立しない．しかし，この行列・ベクトル積に関しては，次のような分配法則が成立する．

A, B が n 次正方行列，$\mathbf{x}, \mathbf{y}$ が n 次元ベクトルとすると

という等式が成立する．

> **問題 4.13**
>
> 3 次正方行列 A と 3 次元ベクトル $\mathbf{x}$ が
> $$A = \begin{bmatrix} 1 & 0 & -1 \\ 1 & -2 & 0 \\ 0 & 1 & -1 \end{bmatrix}, \mathbf{x} = \begin{bmatrix} -1 \\ 0 \\ 1 \end{bmatrix}$$
> であるとき，行列とベクトルの積 $A\mathbf{x}$ を求めよ．

$$(A \pm B)\mathbf{x} = A\mathbf{x} \pm B\mathbf{x}$$
$$A(\mathbf{x} \pm \mathbf{y}) = A\mathbf{x} \pm B\mathbf{y} \tag{4.6}$$

4.4.2 行列積

行列とベクトルの積の計算 (4.5) は，ベクトルを $n \times 1$ 行列と見なせば，行列同士の積，すなわち，行列積と見なすことができる．これを列方向に拡張することで，正方行列の行列積の計算も可能になる．

まず，つぎのような 2 次正方行列 A, B の行列積 AB を考えることにしよう．

$$A = \begin{bmatrix} a_{11} & a_{12} \\ a_{21} & a_{22} \end{bmatrix}, B = \begin{bmatrix} b_{11} & b_{12} \\ b_{21} & b_{22} \end{bmatrix}$$

ここで行列 B を列単位に 2 本のベクトル $\mathbf{b}_1, \mathbf{b}_2$ の束として

$$B = \begin{bmatrix} \boxed{\begin{array}{c|c} b_{11} & b_{12} \\ b_{21} & b_{22} \end{array}} \end{bmatrix} = \begin{bmatrix} \mathbf{b}_1 & \mathbf{b}_2 \end{bmatrix}$$

と表現してみよう．そうすると行列積 AB は

$$AB = A \begin{bmatrix} \mathbf{b}_1 & \mathbf{b}_2 \end{bmatrix} = \begin{bmatrix} A\mathbf{b}_1 & A\mathbf{b}_2 \end{bmatrix}$$

となり，二つの行列とベクトルの積 $A\mathbf{b}_1, A\mathbf{b}_2$ の束として表現することができる．よって，式 (4.4) より，

$$A\mathbf{b}_1 = \begin{bmatrix} a_{11}b_{11} + a_{12}b_{21} \\ a_{21}b_{11} + a_{22}b_{21} \end{bmatrix}, A\mathbf{b}_2 = \begin{bmatrix} a_{11}b_{12} + a_{12}b_{22} \\ a_{21}b_{12} + a_{22}b_{22} \end{bmatrix}$$

となるので，AB は

$$AB = \begin{bmatrix} a_{11} & a_{12} \\ a_{21} & a_{22} \end{bmatrix} \begin{bmatrix} b_{11} & b_{12} \\ b_{21} & b_{22} \end{bmatrix} = \begin{bmatrix} a_{11}b_{11} + a_{12}b_{21} & a_{11}b_{12} + a_{12}b_{22} \\ a_{21}b_{11} + a_{22}b_{21} & a_{21}b_{12} + a_{22}b_{22} \end{bmatrix} \tag{4.7}$$

となる.

次の例で実際の計算を見ていくことにする.

$$A = \begin{bmatrix} 1 & 2 \\ -1 & 1 \end{bmatrix}, B = \begin{bmatrix} 3 & -1 \\ 2 & 1 \end{bmatrix}$$

に対しては

$$AB = \begin{bmatrix} 1 & 2 \\ -1 & 1 \end{bmatrix} \begin{bmatrix} 3 & -1 \\ 2 & 1 \end{bmatrix} = \begin{bmatrix} 1\cdot 3 + 2\cdot 2 & 1\cdot(-1) + 2\cdot 1 \\ (-1)\cdot 3 + 1\cdot 2 & (-1)\cdot(-1) + 1\cdot 1 \end{bmatrix} = \begin{bmatrix} 7 & 1 \\ -1 & 2 \end{bmatrix}$$

となる.

3次以上の正方行列同士の積についても考え方は同じである.

$$A = \begin{bmatrix} a_{11} & a_{12} & \cdots & a_{1n} \\ a_{21} & a_{22} & \cdots & a_{2n} \\ \vdots & \vdots & \ddots & \vdots \\ a_{n1} & a_{n2} & \cdots & a_{nn} \end{bmatrix}, B = \begin{bmatrix} b_{11} & b_{12} & \cdots & b_{1n} \\ b_{21} & b_{22} & \cdots & b_{2n} \\ \vdots & \vdots & \ddots & \vdots \\ b_{n1} & b_{n2} & \cdots & b_{nn} \end{bmatrix}$$

に対しては, 行列 B を n 次元ベクトル $\mathbf{b}_1, \mathbf{b}_2, \ldots, \mathbf{b}_n$ の束と考えて

$$B = \left[\begin{array}{c|c|c|c} b_{11} & b_{12} & \cdots & b_{1n} \\ b_{21} & b_{22} & \cdots & b_{2n} \\ \vdots & \vdots & \ddots & \vdots \\ b_{n1} & b_{n2} & \cdots & b_{nn} \end{array} \right] = \left[\begin{array}{c|c|c|c} \mathbf{b}_1 & \mathbf{b}_2 & \cdots & \mathbf{b}_n \end{array} \right]$$

とすれば, 行列積 AB は n 個の行列・ベクトル積の束と考えられるので

$$AB = \left[\begin{array}{c|c|c|c} A\mathbf{b}_1 & A\mathbf{b}_2 & \cdots & A\mathbf{b}_n \end{array} \right] = \begin{bmatrix} \sum_{j=1}^n a_{1j}b_{j1} & \sum_{j=1}^n a_{1j}b_{j2} & \cdots & \sum_{j=1}^n a_{1j}b_{jn} \\ \sum_{j=1}^n a_{2j}b_{j1} & \sum_{j=1}^n a_{2j}b_{j2} & \cdots & \sum_{j=1}^n a_{2j}b_{jn} \\ \vdots & \vdots & \ddots & \vdots \\ \sum_{j=1}^n a_{nj}b_{j1} & \sum_{j=1}^n a_{nj}b_{j2} & \cdots & \sum_{j=1}^n a_{nj}b_{jn} \end{bmatrix} \tag{4.8}$$

として計算することができる.

$n = 3$ のときの具体例を見ていくことにしよう.

$$A = \begin{bmatrix} -1 & 0 & 1 \\ -2 & 1 & 0 \\ 1 & 0 & -1 \end{bmatrix}, B = \begin{bmatrix} 0 & 2 & -1 \\ 3 & 1 & 2 \\ 0 & -1 & 0 \end{bmatrix}$$

に対しては

$$AB = \begin{bmatrix} -1 & 0 & 1 \\ -2 & 1 & 0 \\ 1 & 0 & -1 \end{bmatrix} \begin{bmatrix} 0 & 2 & -1 \\ 3 & 1 & 2 \\ 0 & -1 & 0 \end{bmatrix}$$

$$= \begin{bmatrix} -1\cdot 0 + 0\cdot 3 + 1\cdot 0 & -1\cdot 2 + 0\cdot 1 + 1\cdot(-1) & -1\cdot(-1) + 0\cdot 2 + 1\cdot 0 \\ -2\cdot 0 + 1\cdot 3 + 0\cdot 0 & -2\cdot 2 + 1\cdot 1 + 0\cdot(-1) & -2\cdot(-1) + 1\cdot 2 + 0\cdot 0 \\ 1\cdot 0 + 0\cdot 3 + (-1)\cdot 0 & 1\cdot 2 + 0\cdot 1 + (-1)\cdot(-1) & 1\cdot(-1) + 0\cdot 2 + (-1)\cdot 0 \end{bmatrix}$$

$$= \begin{bmatrix} 0 & -3 & 1 \\ 3 & -3 & 4 \\ 0 & 3 & -1 \end{bmatrix}$$

となる.

定義 4.14

行列 A を $m \times n$ 行列で,その (i,j) 成分を a_{ij} とする.また行列 B を $n \times p$ 行列で,その (j,k) 成分を b_{jk} とする.このとき,行列の積 $C = AB$ の (i,k) 成分 c_{ik} は

$$c_{ik} = \sum_{j=1}^{n} a_{ij} b_{jk}$$

であり,C は $m \times p$ 行列となる.

問題 4.15

次の計算を行え.

1. $\begin{bmatrix} 3 & 1 \\ 7 & -7 \end{bmatrix} \begin{bmatrix} -9 & 0 \\ 0 & 9 \end{bmatrix}$

2. $\begin{bmatrix} -3 & 1 & 7 \\ 1 & 0 & 1 \\ 0 & 1 & 0 \end{bmatrix} \begin{bmatrix} -2 & 1 & 0 \\ 0 & 2 & 1 \\ 0 & 0 & 1 \end{bmatrix}$

4.4.3 行列積の結合法則, 分配法則, 零因子

n 次正方行列 A, B, C の行列積については次のように結合法則,分配法則が成立する.

結合法則 $(AB)C = A(BC)$

分配法則 1 $A(B \pm C) = AB \pm AC$

分配法則 2 $(A \pm B)C = AC \pm BC$

ただし,行列積は,行列とベクトルの積同様,交換法則が成立しない.例えば

$$A = \begin{bmatrix} -1 & 0 \\ 1 & -2 \end{bmatrix}, B = \begin{bmatrix} 0 & 3 \\ -1 & 0 \end{bmatrix}$$

であるとき，AB および BA をそれぞれ計算すると

$$AB = \begin{bmatrix} -1 & 0 \\ 1 & -2 \end{bmatrix} \begin{bmatrix} 0 & 3 \\ -1 & 0 \end{bmatrix} = \begin{bmatrix} 0 & -3 \\ 2 & 3 \end{bmatrix}$$

$$BA = \begin{bmatrix} 0 & 3 \\ -1 & 0 \end{bmatrix} \begin{bmatrix} -1 & 0 \\ 1 & -2 \end{bmatrix} = \begin{bmatrix} 3 & -6 \\ 1 & 0 \end{bmatrix}$$

となり

$$AB \neq BA \tag{4.9}$$

となり，交換法則が成立していないことがわかる．

行列積（行列ベクトル積も同様）については，実数 x, y のように積 xy がゼロであればどちらかが必ずゼロになるという必要十分条件

$$xy = 0 \iff x = 0 \text{ または } y = 0$$

が成立しないことも気を付けておきたい．

例えば 2 次正方行列 A, B が

$$A = \begin{bmatrix} 1 & 1 \\ 1 & 1 \end{bmatrix}, B = \begin{bmatrix} 1 & 0 \\ -1 & 0 \end{bmatrix}$$

であるときは，$A \neq O$ かつ $B \neq O$ であるが

$$AB = \begin{bmatrix} 0 & 0 \\ 0 & 0 \end{bmatrix} = O$$

となってしまう．このように，行列積を計算するとゼロになる行列を零因子と呼ぶ．したがって，行列積の場合は

$$A = O \text{ または } B = O \Longrightarrow AB = O$$

は必ず成立するが，その逆は必ずしも成立しない．

まとめると，以下のようになる．

行列式の性質 4.16

行列積については
- 交換法則が必ずしも成立しない．
- 零行列でない行列同士の行列積を計算してもゼロになることがある（零行列以外の零因子が存在する）．

という特徴がある．

問題 4.17

次の行列ベクトル積 $A\mathbf{x}$ に対して $A\mathbf{x} = O$ となるよう，x_1, x_2 を定めよ．

$$A\mathbf{x} = \begin{bmatrix} 2 & 0 \\ -1 & 0 \end{bmatrix} \begin{bmatrix} x_1 & x_2 \\ 1 & 3 \end{bmatrix} = O$$

4.5 単位行列と逆行列

実数における 1 は，任意の実数に対しては乗じても変化させないという特別な数である．この 1 を軸として，ゼロ以外の実数に対しては逆数が存在し，元の数に乗じることで 1 を得ることができる．

このような特別な数 1 と逆数に対応する正方行列をそれぞれ単位行列，逆行列と呼ぶ．ここではそれらを具体的に見ていくことにしよう．

4.5.1 単位行列

実数において，1 は次のような特別な意味をもつ元である．任意の実数 a に対して

$$a \cdot 1 = 1 \cdot a = a$$

となり，積を求めても元の a が出てくる．

正方行列積においても，実数 1 と同じ性質をもつ行列を単位行列 (unit matrix) と呼び，I と書く．特に n 次正方行列であることを明示したいときには I_n と書くこともある．

このような単位行列は一つしか存在せず，次のように対角成分のみがすべて 1, 他の成分はすべてゼロとなるものである．

$$I = I_n = \begin{bmatrix} 1 & 0 & \cdots & 0 \\ 0 & 1 & \cdots & \vdots \\ \vdots & \vdots & \ddots & 0 \\ 0 & \cdots & 0 & 1 \end{bmatrix} \tag{4.10}$$

2 次，3 次，4 次，… の単位行列 $I_2, I_3, I_4, \ldots$ を書いてみると

$$I_2 = \begin{bmatrix} 1 & 0 \\ 0 & 1 \end{bmatrix}, \ I_3 = \begin{bmatrix} 1 & 0 & 0 \\ 0 & 1 & 0 \\ 0 & 0 & 1 \end{bmatrix}, \ I_4 = \begin{bmatrix} 1 & 0 & 0 & 0 \\ 0 & 1 & 0 & 0 \\ 0 & 0 & 1 & 0 \\ 0 & 0 & 0 & 1 \end{bmatrix}, \ldots$$

となる．

定義 4.18

零行列ではない任意の n 次正方行列 A に対して，
$$IA = AI = A \tag{4.11}$$
を満たす行列 I を単位行列という

問題 4.19

2 次正方行列 A と単位行列 I_2 に対して (4.11) が成立していることを確認せよ．

$$AI = \begin{bmatrix} a_{11} & a_{12} \\ a_{21} & a_{22} \end{bmatrix} \begin{bmatrix} 1 & 0 \\ 0 & 1 \end{bmatrix} = \begin{bmatrix} \Box & \Box \\ \Box & \Box \end{bmatrix}$$

$$IA = \begin{bmatrix} 1 & 0 \\ 0 & 1 \end{bmatrix} \begin{bmatrix} a_{11} & a_{12} \\ a_{21} & a_{22} \end{bmatrix} = \begin{bmatrix} \Box & \Box \\ \Box & \Box \end{bmatrix}$$

4.5.2 逆行列

逆行列とは？ ゼロを除く実数については必ず逆数が存在している．例えば $a \neq 0$ に対する逆数 x は，元の実数 a を乗じることで

$$ax = 1$$

となるもののことであった．このとき $x = a^{-1}$ と書く．

同様に，n 正方行列 A に対しても

$$AX = I_n$$

となる n 次正方行列 X が存在しているとき，この X を A の逆行列と呼び，$X = A^{-1}$ と書く．

> **定義 4.20**
> n 次正方行列 A に対して
> $$AX = XA = I_n$$
> を満足する n 次正方行列 X を A を逆行列という．

実数と異なるのは，零行列以外のすべての正方行列に対して逆行列が存在するわけではないということである．例えば

$$A = \begin{bmatrix} 1 & -1 \\ 1 & 0 \end{bmatrix}$$

に対しては A^{-1} が存在して

$$A^{-1} = \begin{bmatrix} 0 & 1 \\ -1 & 1 \end{bmatrix}$$

となるが，

$$B = \begin{bmatrix} 1 & 0 \\ 0 & 0 \end{bmatrix}$$

に対しては逆行列 B^{-1} が存在しない．この違いはどこから来るのであろうか？

逆行列の存在とベクトルの線形独立性 正方行列の逆行列が存在するか否かを決める一つの法則は，第 2 章で述べたベクトルの線形独立性を用いて記述することができる．

簡単のため 2 次正方行列 A を考えよう．これを二つの 2 次元ベクトルの束としてとらえることができることはすでに行列積の計算のところで述べた．

$$A = \begin{bmatrix} a_{11} & a_{12} \\ a_{21} & a_{22} \end{bmatrix} = \begin{bmatrix} \mathbf{a}_1 & | & \mathbf{a}_2 \end{bmatrix}$$

もしこのベクトル $\mathbf{a}_1$ と $\mathbf{a}_2$ が線形独立であれば，定義より，任意の 2 次元ベクトル $\mathbf{x}$ に対して

$$\alpha_1 \mathbf{a}_1 + \alpha_2 \mathbf{a}_2 = \mathbf{x} \tag{4.12}$$

を満足する実数 α_1, α_2 が一意に定められる．

したがって，$\mathbf{x}_1 = {}^t[1\ 0]$，$\mathbf{x}_2 = {}^t[0\ 1]$ それぞれに対しても等式 (4.12) を満足する実数の組，α_{11}, α_{21} と α_{12}, α_{22} がそれぞれ一意に定まる．つまり

$$\begin{cases} \alpha_{11}\mathbf{a}_1 + \alpha_{21}\mathbf{a}_2 = \mathbf{x}_1 \\ \alpha_{12}\mathbf{a}_2 + \alpha_{22}\mathbf{a}_2 = \mathbf{x}_2 \end{cases}$$

となる．これを行列積の形で書けば

$$\begin{bmatrix} a_{11} & a_{12} \\ a_{21} & a_{22} \end{bmatrix} \begin{bmatrix} \alpha_{11} & \alpha_{12} \\ \alpha_{21} & \alpha_{22} \end{bmatrix} = \begin{bmatrix} 1 & 0 \\ 0 & 1 \end{bmatrix}$$

となる．つまり

$$A^{-1} = \begin{bmatrix} \alpha_{11} & \alpha_{12} \\ \alpha_{21} & \alpha_{22} \end{bmatrix}$$

となり，行列 A を構成する列ベクトル $\mathbf{a}_1, \mathbf{a}_2$ が線形独立であれば，逆行列 A^{-1} が必ず存在することになる．

一般に n 正方行列 A に対しても，この行列を構成する列ベクトル $\mathbf{a}_1, \mathbf{a}_2, \ldots, \mathbf{a}_n$ が線形独立であれば，同様に逆行列 A^{-1} が必ず存在する．

逆行列の計算方法 では，n 次正方行列 A を構成する列ベクトルが線形独立，すなわち逆行列 A^{-1} が存在するとき，どのようにすればこれを計算することができるのかを見ていくことにしよう．

結論から先に言うと，次のような計算方法で逆行列を得ることができる．

1. $i = 1, 2, \ldots, n$ に対して以下の計算を行う．
    (a) $a_{ii}^{(i-1)} := 1/a_{ii}^{(i-1)}$
    (b) $j = 1, 2, \ldots, i-1, i+1, \ldots, n$ に対して
    $$a_{ji}^{(i-1)} := a_{ji}^{(i-1)} \cdot a_{ii}^{(i-1)}$$
    (c) $j = 1, 2, \ldots, i-1, i+1, \ldots, n$ に対して以下の計算を行う．
        i. $k = 1, 2, \ldots, i-1, i+1, \ldots, n$ に対して
        $$a_{jk}^{(k-1)} := a_{jk}^{(k-2)} - a_{ji}^{(i-1)} \cdot a_{ik}^{(k-2)}$$
    (d) $j = 1, 2, \ldots, i-1, i+1, \ldots, n$ に対して
    $$a_{ji}^{(i-1)} := -a_{ji}^{(i-1)} \cdot a_{ii}^{(i-1)}$$

なお，$a_{ii}^{(i-1)} = 0$ の場合は別の方法を使うが，ここでは割愛する．

$n = 4$ として具体的に検証してみよう．

普通は

$$\begin{bmatrix} a_{11}^{(0)} & a_{12}^{(0)} & a_{13}^{(0)} & a_{14}^{(0)} & 1 & 0 & 0 & 0 \\ a_{21}^{(0)} & a_{22}^{(0)} & a_{23}^{(0)} & a_{24}^{(0)} & 0 & 1 & 0 & 0 \\ a_{31}^{(0)} & a_{32}^{(0)} & a_{33}^{(0)} & a_{34}^{(0)} & 0 & 0 & 1 & 0 \\ a_{41}^{(0)} & a_{42}^{(0)} & a_{43}^{(0)} & a_{44}^{(0)} & 0 & 0 & 0 & 1 \end{bmatrix} = [A^{(0)} | B^{(0)}]$$

というように単位行列を並べて書いておく.

まず第 1 列を $a_{11}^{(0)}$ で割り

$$\begin{bmatrix} 1 & a_{12}^{(1)} & a_{13}^{(1)} & a_{14}^{(1)} & 1/a_{11}^{(0)} & 0 & 0 & 0 \\ a_{21}^{(0)} & a_{22}^{(0)} & a_{23}^{(0)} & a_{24}^{(0)} & 0 & 1 & 0 & 0 \\ a_{31}^{(0)} & a_{32}^{(0)} & a_{33}^{(0)} & a_{34}^{(0)} & 0 & 0 & 1 & 0 \\ a_{41}^{(0)} & a_{42}^{(0)} & a_{43}^{(0)} & a_{44}^{(0)} & 0 & 0 & 0 & 1 \end{bmatrix}$$

という形にする. ここで $a_{1j}^{(1)} = a_{ij}^{(0)}/a_{11}^{(0)}$ である.

右の行列で変化したのは $(1,1)$ 成分だけだから,

$$\begin{bmatrix} 1/a_{11}^{(0)} & a_{12}^{(1)} & a_{13}^{(1)} & a_{14}^{(1)} \\ a_{21}^{(0)} & a_{22}^{(0)} & a_{23}^{(0)} & a_{24}^{(0)} \\ a_{31}^{(0)} & a_{32}^{(0)} & a_{33}^{(0)} & a_{34}^{(0)} \\ a_{41}^{(0)} & a_{42}^{(0)} & a_{43}^{(0)} & a_{44}^{(0)} \end{bmatrix}$$

とできる.

次に $a_{ij}^{(1)} := a_{ij}^{(0)} - a_{1j}^{(1)} \cdot a_{i1}^{(0)}$ とすることで

$$\begin{bmatrix} 1 & a_{12}^{(1)} & a_{13}^{(1)} & a_{14}^{(1)} & 1/a_{11}^{(0)} & 0 & 0 & 0 \\ 0 & a_{22}^{(1)} & a_{23}^{(1)} & a_{24}^{(1)} & -a_{21}^{(0)}/a_{11}^{(0)} & 1 & 0 & 0 \\ 0 & a_{32}^{(1)} & a_{33}^{(1)} & a_{34}^{(1)} & -a_{31}^{(0)}/a_{11}^{(0)} & 0 & 1 & 0 \\ 0 & a_{42}^{(1)} & a_{43}^{(1)} & a_{44}^{(1)} & -a_{41}^{(0)}/a_{11}^{(0)} & 0 & 0 & 1 \end{bmatrix}$$

となる. 右側の行列で変化している成分は 1 列目だけだから

$$\begin{bmatrix} 1/a_{11}^{(0)} & a_{12}^{(1)} & a_{13}^{(1)} & a_{14}^{(1)} \\ -a_{21}^{(0)}/a_{11}^{(0)} & a_{22}^{(1)} & a_{23}^{(1)} & a_{24}^{(1)} \\ -a_{31}^{(0)}/a_{11}^{(0)} & a_{32}^{(1)} & a_{33}^{(1)} & a_{34}^{(1)} \\ -a_{41}^{(0)}/a_{11}^{(0)} & a_{42}^{(1)} & a_{43}^{(1)} & a_{44}^{(1)} \end{bmatrix}$$

としてよい. こうして左側の枢軸列に対応する右側の列を入れておけば, 右側の行列は必要ない.

こうして結局

$$\begin{bmatrix} 1/a_{11}^{(0)} & -a_{12}^{(1)}/a_{22}^{(1)} & -a_{13}^{(2)}/a_{33}^{(2)} & -a_{14}^{(3)}/a_{44}^{(3)} \\ -a_{21}^{(0)}/a_{11}^{(0)} & 1/a_{22}^{(1)} & -a_{23}^{(2)}/a_{33}^{(2)} & -a_{24}^{(3)}/a_{44}^{(3)} \\ -a_{31}^{(0)}/a_{11}^{(0)} & -a_{32}^{(1)}/a_{22}^{(1)} & 1/a_{33}^{(2)} & -a_{34}^{(3)}/a_{44}^{(3)} \\ -a_{41}^{(0)}/a_{11}^{(0)} & -a_{42}^{(1)}/a_{22}^{(1)} & -a_{43}^{(2)}/a_{33}^{(2)} & 1/a_{44}^{(3)} \end{bmatrix} = A^{-1}$$

を得る．

特に2次正方行列の場合は

$$A^{-1} = \frac{1}{a_{11}a_{22} - a_{12}a_{21}} \begin{bmatrix} a_{22} & -a_{12} \\ -a_{21} & a_{11} \end{bmatrix} \tag{4.13}$$

となる．線形独立であれば $a_{11}a_{22} - a_{12}a_{21} \neq 0$ は保証される．

問題 4.21

次の問いに答えよ．
1. 2次正方行列の逆行列の公式 (4.13) を確認せよ．
2. 2次正方行列 A が次のように与えられているとき，公式 (4.13) を用いて逆行列 A^{-1} を求めよ．

$$A = \begin{bmatrix} 1 & -1 \\ 0 & 1 \end{bmatrix}$$

4.6 行列の転置と対称行列，交代行列

対称行列と行列の対称化 n 次元ベクトル $\mathbf{x} = {}^t[x_1\ x_2\ \cdots x_n]$ の場合，転置記号 ^{t} は縦と横をひっくり返すという意味で用いていた．n 次正方行列に対してもこの転置記号を使って

$$\begin{aligned}{}^tA &= {}^t\begin{bmatrix} a_{11} & a_{12} & \cdots & a_{1n} \\ a_{21} & a_{22} & \cdots & a_{2n} \\ \vdots & \vdots & \ddots & \vdots \\ a_{n1} & a_{n2} & \cdots & a_{nn} \end{bmatrix} = {}^t\begin{bmatrix} \mathbf{a}_1 & \mathbf{a}_2 & \cdots & \mathbf{a}_n \end{bmatrix} \\ &= \begin{bmatrix} {}^t\mathbf{a}_1 \\ {}^t\mathbf{a}_2 \\ \vdots \\ {}^t\mathbf{a}_n \end{bmatrix} = \begin{bmatrix} a_{11} & a_{21} & \cdots & a_{n1} \\ a_{12} & a_{22} & \cdots & a_{n2} \\ \vdots & \vdots & \ddots & \vdots \\ a_{1n} & a_{2n} & \cdots & a_{nn} \end{bmatrix}\end{aligned} \tag{4.14}$$

と定義する．転置記号を使って行と列を入れ替えた行列を転置行列と呼ぶ．特に単位行列

I_n や零行列 O に対しては転置しても変化しないことは，式 (4.14) よりすぐにわかるだろう．

$$\,^t I_n = I_n, \ \,^t O = O$$

このように転置しても変化しない行列を対称行列 (symmetrix matrix) と呼ぶ．単位行列や零行列は対称行列の一種である．他にも

$$\begin{bmatrix} 1 & -1 \\ -1 & 1 \end{bmatrix}, \begin{bmatrix} 0 & -2 & 3 \\ -2 & 1 & 4 \\ 3 & 4 & -1 \end{bmatrix}$$

などは対称行列である．つまり，対角成分以外のすべての成分 a_{ij} $(i \neq j)$ に対して

$$a_{ij} = a_{ji}$$

という性質があれば，必ず対称行列となる．転置した行列積については次のような性質がある．

$$\,^t(AB) = \,^t B \,^t A \tag{4.15}$$

また任意の正方行列 A に対して

$$S = \frac{1}{2}(A + \,^t A) \tag{4.16}$$

として生成した正方行列 S は必ず対称行列になる．すなわち $\,^t S = S$ である．

― 問題 4.22 ―

2 次正方行列 A, B が

$$A = \begin{bmatrix} 1 & 2 \\ 3 & 4 \end{bmatrix}, \ B = \begin{bmatrix} -2 & -1 \\ 0 & -3 \end{bmatrix}$$

であるとき，等式 (4.15) が成立していることを確認せよ．また，(4.16) によって生成した S が対称行列になっていることも確認せよ．

交代行列 n 次正方行列 A が

$$\,^t A = -A \tag{4.17}$$

となるとき，A を交代行列 (alternative matrix) と呼ぶ．このとき，対角成分は必ずすべてゼロであり，それ以外の成分 a_{ij} $(i \neq j)$ については

$$a_{ij} = -a_{ji}$$

でなければならない．例えば

$$\begin{bmatrix} 0 & -1 \\ 1 & 0 \end{bmatrix}, \begin{bmatrix} 0 & 2 & 3 \\ -2 & 0 & 4 \\ -3 & -4 & 0 \end{bmatrix}$$

は交代行列である．

任意の n 次正方行列 B に対して

$$X = \frac{1}{2}(B - {}^tB) \tag{4.18}$$

として生成した正方行列 X は必ず交代行列になる．

問題 4.23

2 次正方行列 B が

$$B = \begin{bmatrix} 2 & 1 \\ 4 & 0 \end{bmatrix}$$

であるとき，等式 (4.18) によって生成した X が交代行列になっていることを確認せよ．

4.7 練習問題

(1) 行列の横の並びのことを何というか．また縦の並びのことを何というか．

(2) 行列 $\begin{bmatrix} 1 & 2 & -1 \\ 3 & 4 & 2 \end{bmatrix}$ は $m \times n$ 行列である．m, n の値を求めよ．また第 1 行の行ベクトル，と $(2, 3)$ 成分をそれぞれ求めよ．

(3) $\begin{bmatrix} 1 & a \\ 3 & 4 \end{bmatrix} = \begin{bmatrix} 1 & 3 \\ b & 4 \end{bmatrix}$ であるとき，a, b の値を求めよ．

(4) $A = \begin{bmatrix} 1 & 4 \\ 0 & -1 \end{bmatrix}, B = \begin{bmatrix} -2 & 1 \\ 3 & 1 \end{bmatrix}$ であるとき，行列の足し算 $-A + 2B$ を求めよ．

(5) $A + B = \begin{bmatrix} 1 & 3 \\ 5 & 7 \end{bmatrix}, A - B = \begin{bmatrix} 3 & -1 \\ 1 & 3 \end{bmatrix}$ であるとき，行列 A, B を求めよ．

(6) $A = \begin{bmatrix} 1 \\ 2 \end{bmatrix}, B = \begin{bmatrix} 2 & 1 \\ 0 & 3 \end{bmatrix}, C = \begin{bmatrix} 3 & 1 \end{bmatrix}$ であるとき，行列の掛け算 $BA, {}^tAB, B{}^tC, AC, CA$ を求めよ．

(7) 二つの n 次正方行列 A, B が与えられたとき，$AB = BA$ は成り立つか．成り立たない場合は反例を挙げよ．

(8) O を成分がすべて 0 である n 次正方行列とする．二つの n 次正方行列 A, B が与え

られたとき，$AB = O$ となるとき，$A = O$, $B = O$ 以外にも，$AB = O$ となる行列が存在するかどうか述べよ．

(9) I, A を n 次正方行列とする．$IA = AI = A$ を満たす行列 I を何というか．

(10) X, A, I を n 次正方行列といい，I を (9) の性質を満たす行列とする．
$XA = AX = I$ を満たす X を行列 A の何行列というか．

5 連立1次方程式2

本章は，第3章と第4章の内容を基礎知識として話を進める．連立1次方程式は行列を用いて表現することができ，これにより連立1次方程式の解の性質を調べることができるだけでなく，逆行列を求めることもできることについて学習する．

本章の学習目標は，ガウスの消去法（はき出し法）による連立1次方程式の解法と逆行列の計算，係数行列と拡大係数行列のランクについて理解し，以下の確認問題が解けるようになることである．

本章では行列を用いた連立1次方程式の解き方と連立1次方程式の解の性質について紹介する．

---- 確認問題 ----

(A) 次の連立1次方程式において係数行列と拡大係数行列のランクをそれぞれ求め，解がある場合はそれも求めよ．

(1) $\begin{cases} x - 2y + z = -4 \\ -x + y - z = 2 \\ 2x - y - 2z = 2 \end{cases}$

(2) $\begin{cases} x - y + 2z = 1 \\ -2x + y - z = -1 \\ 3x - 2y + 3z = 2 \end{cases}$

(3) $\begin{cases} x - y + 2z = 1 \\ -2x + y - z = -1 \\ 3x - 2y + 3z = 4 \end{cases}$

(B) 次の行列の逆行列をガウスの消去法を用いて求めよ．

(4) $\begin{bmatrix} 3 & 4 \\ 4 & 5 \end{bmatrix}$

(5) $\begin{bmatrix} 2 & 1 & 2 \\ 4 & 1 & 1 \\ 1 & 1 & 1 \end{bmatrix}$

5.1 確認問題の解き方

係数行列と拡大係数行列については5.4節で解説する.

(A) (1) 拡大係数行列は $\begin{bmatrix} 1 & -2 & 1 & | & -4 \\ -1 & 1 & -1 & | & 2 \\ 2 & -1 & -2 & | & 2 \end{bmatrix}$ であり,

$$\begin{bmatrix} 1 & -2 & 1 & | & -4 \\ -1 & 1 & -1 & | & 2 \\ 2 & -1 & -2 & | & 2 \end{bmatrix} \to \begin{bmatrix} 1 & -2 & 1 & | & -4 \\ 0 & -1 & 0 & | & -2 \\ 0 & 3 & -4 & | & 10 \end{bmatrix} \to \begin{bmatrix} 1 & -2 & 1 & | & -4 \\ 0 & -1 & 0 & | & -2 \\ 0 & 0 & -4 & | & 4 \end{bmatrix}$$

$$\to \begin{bmatrix} 1 & -2 & 1 & | & -4 \\ 0 & 1 & 0 & | & -2 \\ 0 & 0 & 1 & | & -1 \end{bmatrix} \to \begin{bmatrix} 1 & 0 & 0 & | & 1 \\ 0 & 1 & 0 & | & 2 \\ 0 & 0 & 1 & | & -1 \end{bmatrix}$$

とできるから, 係数行列 (縦線より左側の行列) のランクは 3 であり, 拡大係数行列のランクも 3 である. また, 最後の拡大係数行列は $\begin{bmatrix} x \\ y \\ z \end{bmatrix} = \begin{bmatrix} 1 \\ 2 \\ -1 \end{bmatrix}$ を意味する.

(2) 拡大係数行列に行基本変形を施すと

$$\begin{bmatrix} 1 & -1 & 2 & | & 1 \\ -2 & 1 & -1 & | & -1 \\ 3 & -2 & 3 & | & 2 \end{bmatrix} \to \begin{bmatrix} 1 & -1 & 2 & | & 1 \\ 0 & -1 & 3 & | & 1 \\ 0 & 1 & -3 & | & -1 \end{bmatrix} \to \begin{bmatrix} 1 & 0 & -1 & | & 0 \\ 0 & 1 & -3 & | & -1 \\ 0 & 0 & 0 & | & 0 \end{bmatrix}$$

となる. したがって, 係数行列のランクは 2 で, 拡大係数行列のランクも 2 である. 最後の拡大係数行列は

$$\begin{cases} x - z = 0 \\ y - 3z = -1 \end{cases}$$

となり, t を実数として $z = t$ とおくと

$$\begin{cases} x - t = 0 \\ y - 3t = -1 \end{cases}$$

であるから, $x = t, y = 3t - 1$ となる. したがって, 求める連立 1 次方程式の解は $\begin{bmatrix} x \\ y \\ z \end{bmatrix} = \begin{bmatrix} t \\ 3t - 1 \\ t \end{bmatrix}$ となる.

(3) 拡大係数行列に行基本変形を施すと

$$\begin{bmatrix} 1 & -1 & 2 & | & 1 \\ -2 & 1 & -1 & | & -1 \\ 3 & -2 & 3 & | & 4 \end{bmatrix} \rightarrow \begin{bmatrix} 1 & -1 & 2 & | & 1 \\ 0 & -1 & 3 & | & 1 \\ 0 & 1 & -3 & | & 1 \end{bmatrix} \rightarrow \begin{bmatrix} 1 & 0 & -1 & | & 0 \\ 0 & 1 & -3 & | & -1 \\ 0 & 0 & 0 & | & 1 \end{bmatrix}$$

となる．したがって，係数行列のランクは2で，拡大係数行列のランクは3となる．最後の連立1次方程式は

$$\begin{cases} x - z = 0 \\ y - 3z = -1 \\ 0 = 1 \end{cases}$$

となり，$0 = 1$ は矛盾であるからこの連立1次方程式には解がないことがわかる．

(B) 逆行列もガウスの消去法を用いて計算することができる．これについては5.7節で解説する．

(4)
$$\begin{bmatrix} 3 & 4 & | & 1 & 0 \\ 4 & 5 & | & 0 & 1 \end{bmatrix} \rightarrow \begin{bmatrix} 1 & \frac{4}{3} & | & \frac{1}{3} & 0 \\ 1 & \frac{5}{4} & | & 0 & \frac{1}{4} \end{bmatrix} \rightarrow \begin{bmatrix} 1 & \frac{4}{3} & | & \frac{1}{3} & 0 \\ 0 & \frac{5}{4} - \frac{4}{3} & | & -\frac{1}{3} & \frac{1}{4} \end{bmatrix} = \begin{bmatrix} 1 & \frac{4}{3} & | & \frac{1}{3} & 0 \\ 0 & -\frac{1}{12} & | & -\frac{1}{3} & \frac{1}{4} \end{bmatrix}$$
$$\rightarrow \begin{bmatrix} 1 & 0 & | & \frac{1}{3} - \frac{4}{3} \cdot 4 & 4 \\ 0 & 1 & | & 4 & -3 \end{bmatrix} = \begin{bmatrix} 1 & 0 & | & -5 & 4 \\ 0 & 1 & | & 4 & -3 \end{bmatrix}$$

したがって，求める逆行列は

$$\begin{bmatrix} -5 & 4 \\ 4 & -3 \end{bmatrix}$$

となる．

(5)
$$\begin{bmatrix} 2 & 1 & 2 & | & 1 & 0 & 0 \\ 4 & 1 & 1 & | & 0 & 1 & 0 \\ 1 & 1 & 1 & | & 0 & 0 & 1 \end{bmatrix} \rightarrow \begin{bmatrix} 1 & 1 & 1 & | & 0 & 0 & 1 \\ 2 & 1 & 2 & | & 1 & 0 & 0 \\ 4 & 1 & 1 & | & 0 & 1 & 0 \end{bmatrix} \rightarrow \begin{bmatrix} 1 & 1 & 1 & | & 0 & 0 & 1 \\ 0 & -1 & 0 & | & 1 & 0 & -2 \\ 0 & -3 & -3 & | & 0 & 1 & -4 \end{bmatrix}$$
$$\rightarrow \begin{bmatrix} 1 & 0 & 1 & | & 1 & 0 & 1 \\ 0 & 1 & 0 & | & -1 & 0 & 2 \\ 0 & 0 & 1 & | & 1 & -\frac{1}{3} & \frac{2}{3} \end{bmatrix} \rightarrow \begin{bmatrix} 1 & 0 & 0 & | & 0 & \frac{1}{3} & -\frac{1}{3} \\ 0 & 1 & 0 & | & -1 & 0 & 2 \\ 0 & 0 & 1 & | & 1 & -\frac{1}{3} & \frac{2}{3} \end{bmatrix}$$

したがって，求める逆行列は $\begin{bmatrix} 0 & \frac{1}{3} & -\frac{1}{3} \\ -1 & 0 & 2 \\ 1 & -\frac{1}{3} & \frac{2}{3} \end{bmatrix}$ となる．

5.2 ガウスの消去法

連立1次方程式は以下のように未知数を一つずつ消去することによって解を求められる．

$$\begin{cases} 2x - 3y + z = 1, \\ x + 4y - z = 2, \\ 3x + y - 2z = 5. \end{cases} \tag{5.1}$$

の解を求める．これを行列で表すと

$$\begin{bmatrix} 2 & -3 & 1 \\ 1 & 4 & -1 \\ 3 & 1 & -2 \end{bmatrix} \begin{bmatrix} x \\ y \\ z \end{bmatrix} = \begin{bmatrix} 1 \\ 2 \\ 5 \end{bmatrix}$$

この連立方程式の1行目と2行目を入れ替えても解には影響がないため，

$$\begin{cases} x + 4y - z = 2, \\ 2x - 3y + z = 1, \\ 3x + y - 2z = 5. \end{cases} \tag{5.2}$$

これを行列で表すと

$$\begin{bmatrix} 1 & 4 & -1 \\ 2 & -3 & 1 \\ 3 & 1 & -2 \end{bmatrix} \begin{bmatrix} x \\ y \\ z \end{bmatrix} = \begin{bmatrix} 1 \\ 2 \\ 5 \end{bmatrix}$$

となる．まず2行目と3行目の式から未知数xから消去していく．1行目の式を2倍すると$2x + 8y - 2z = 4$となり，2行目の式$2x - 3y + z = 1$と$2x + 8y - 2z = 4$の引き算をすると

$$(2x - 3y + z) - (2x + 8y - 2z) = 1 - 4$$

より $-11y + 3z = -3$ を得る．同様に3行目の式から1行目を3倍した式を引き算すると

$$(3x + y - 2z) - (3x + 12y - 3z) = 5 - 6$$

より $-11y + z = -1$ となるから

$$\begin{cases} x + 4y - z = 2, \\ -11y + 3z = -3, \\ -11y + z = -1. \end{cases} \tag{5.3}$$

が得られる．行列で表すと

$$\begin{bmatrix} 1 & 4 & -1 \\ 0 & -11 & 3 \\ 0 & -11 & 1 \end{bmatrix} \begin{bmatrix} x \\ y \\ z \end{bmatrix} = \begin{bmatrix} 2 \\ -3 \\ -1 \end{bmatrix}$$

となる．次に3行目の式から未知数 y を消去する．2行目から3行目を引き算すると

$$(-11y + z) - (11y + 3z) = -1 - (-3)$$

より $-2z = 2$ となる．

したがって

$$\begin{cases} x + 4y - z = 2 & \cdots (1) \\ -11y + 3z = -3 & \cdots (2) \\ z = -1 & \cdots (3) \end{cases}$$

を得る．行列で表現すると

$$\begin{bmatrix} 1 & 4 & -1 \\ 0 & -11 & 3 \\ 0 & 0 & 1 \end{bmatrix} \begin{bmatrix} x \\ y \\ z \end{bmatrix} = \begin{bmatrix} 2 \\ -3 \\ -1 \end{bmatrix}$$

となる．

(3) を (2) に代入すると

$$-11y + 3 \cdot (-1) = -3$$
$$-11y - 3 = -3$$
$$-11y = 0$$

となって $y = 0$ を得る．$z = -1$, $y = 0$ を (1) に代入すると

$$x + 4 \cdot 0 - (-1) = 2$$
$$x + 1 = 2$$
$$x = 1$$

となる．したがって

$$\begin{bmatrix} x \\ y \\ z \end{bmatrix} = \begin{bmatrix} 1 \\ 0 \\ -1 \end{bmatrix}$$

が解となる．このような連立 1 次方程式の解き方をガウスの消去法という．ガウスの消去法では，未知数を一つずつ求め，それを方程式に代入することで他の未知数の値を求めたが，以下のように，未知数を消去し続けて解を求めてもよい．

連立 1 次方程式

$$\begin{cases} x + 4y - z = 2 & \cdots (1) \\ -11y + 3z = -3 & \cdots (2) \\ z = -1 & \cdots (3) \end{cases}$$

について，$(2) - 3 \times (3)$, $(1) - (3)$ を計算すると，(1), (2) から z が消去されて

$$\begin{cases} x + 4y = 1 & \cdots (1\text{-}a) \\ -11y = 0 & \cdots (2\text{-}a) \\ z = -1 & \cdots (3\text{-}a) \end{cases}$$

となる．行列で表すと

$$\begin{bmatrix} 1 & 4 & 0 \\ 0 & -11 & 0 \\ 0 & 0 & 1 \end{bmatrix} \begin{bmatrix} x \\ y \\ z \end{bmatrix} = \begin{bmatrix} 1 \\ 0 \\ -1 \end{bmatrix}$$

となる．$(2\text{-}a)$ の両辺に $-\frac{1}{11}$ を掛けると

$$\begin{cases} x + 4y = 1 & \cdots (1\text{-}b) \\ y = 0 & \cdots (2\text{-}b) \\ z = -1 & \cdots (3\text{-}b) \end{cases}$$

を得る．行列で表すと

$$\begin{bmatrix} 1 & 4 & 0 \\ 0 & 1 & 0 \\ 0 & 0 & 1 \end{bmatrix} \begin{bmatrix} x \\ y \\ z \end{bmatrix} = \begin{bmatrix} 1 \\ 0 \\ -1 \end{bmatrix}$$

である．最後に，$(1\text{-}b) - 4 \times (2\text{-}b)$ を計算すると

$$\begin{cases} x & = 1 \\ & y & = 0 \\ & & z = -1 \end{cases}$$

となり，行列で表現すると

$$\begin{bmatrix} 1 & 0 & 0 \\ 0 & 1 & 0 \\ 0 & 0 & 1 \end{bmatrix} \begin{bmatrix} x \\ y \\ z \end{bmatrix} = \begin{bmatrix} 1 \\ 0 \\ -1 \end{bmatrix}$$

つまり

$$\begin{bmatrix} x \\ y \\ z \end{bmatrix} = \begin{bmatrix} 1 \\ 0 \\ -1 \end{bmatrix}$$

が得られる．

この連立 1 次方程式の解が求まる様子を行列の形で追いかけると以下のようになる．

$$\begin{bmatrix} 2 & -3 & 1 \\ 1 & 4 & -1 \\ 3 & 1 & -2 \end{bmatrix} \begin{bmatrix} x \\ y \\ z \end{bmatrix} = \begin{bmatrix} 1 \\ 2 \\ 5 \end{bmatrix} \quad \cdots (a)$$

(a) の第 1 行と第 2 行を変換する

$$\begin{bmatrix} 1 & 4 & -1 \\ 2 & -3 & 1 \\ 3 & 1 & -2 \end{bmatrix} \begin{bmatrix} x \\ y \\ z \end{bmatrix} = \begin{bmatrix} 2 \\ 1 \\ 5 \end{bmatrix} \cdots (b)$$

(b) の 1 行目を -2 倍して，2 行目に加え，1 行目を -3 倍して 3 行目に加える

$$\begin{bmatrix} 1 & 4 & -1 \\ 0 & -11 & 3 \\ 0 & -11 & 1 \end{bmatrix} \begin{bmatrix} x \\ y \\ z \end{bmatrix} = \begin{bmatrix} 2 \\ -3 \\ -1 \end{bmatrix} \cdots (c)$$

(c) の 2 行目を -1 倍して，3 行目に加える

$$\begin{bmatrix} 1 & 4 & -1 \\ 0 & -11 & 3 \\ 0 & 0 & -2 \end{bmatrix} \begin{bmatrix} x \\ y \\ z \end{bmatrix} = \begin{bmatrix} 2 \\ -3 \\ 2 \end{bmatrix} \cdots (d)$$

(d) の 3 行目を $-\frac{1}{2}$ 倍する

$$\begin{bmatrix} 1 & 4 & -1 \\ 0 & -11 & 3 \\ 0 & 0 & 1 \end{bmatrix} \begin{bmatrix} x \\ y \\ z \end{bmatrix} = \begin{bmatrix} 2 \\ -3 \\ -1 \end{bmatrix} \cdots (e)$$

(e) の 3 行目を -3 倍して 2 行目に加え,3 行目を 1 倍して 1 行目に加える

$$\begin{bmatrix} 1 & 4 & 0 \\ 0 & -11 & 0 \\ 0 & 0 & 1 \end{bmatrix} \begin{bmatrix} x \\ y \\ z \end{bmatrix} = \begin{bmatrix} 1 \\ 0 \\ -1 \end{bmatrix} \cdots (f)$$

(f) の 2 行目を $-\frac{1}{11}$ 倍する

$$\begin{bmatrix} 1 & 4 & 0 \\ 0 & 1 & 0 \\ 0 & 0 & 1 \end{bmatrix} \begin{bmatrix} x \\ y \\ z \end{bmatrix} = \begin{bmatrix} 1 \\ 0 \\ -1 \end{bmatrix} \cdots (g)$$

(g) の 2 行目を -4 倍して 1 行目に加える

$$\begin{bmatrix} 1 & 0 & 0 \\ 0 & 1 & 0 \\ 0 & 0 & 1 \end{bmatrix} \begin{bmatrix} x \\ y \\ z \end{bmatrix} = \begin{bmatrix} 1 \\ 0 \\ -1 \end{bmatrix} \cdots (h)$$

つまり連立 1 次方程式

$$\begin{cases} 2x - 3y + z = 1 \\ x + 4y - z = 2 \\ 3x + y - 2z = 5 \end{cases}$$

の係数を集めてできる行列(これを係数行列という)

$$\begin{bmatrix} 2 & -3 & 1 \\ 1 & 4 & -1 \\ 3 & 1 & -2 \end{bmatrix}$$

に対して

5.1 行基本変形

(1) 二つの行を入れ替える.
(2) 一つの行にある 0 以外の数を掛けて他の行に加える.
(3) 一つの行にある 0 以外の数を掛ける.

といった作業を繰り返して，$\begin{bmatrix} 2 & 3 & -1 \\ 1 & 4 & -1 \\ 3 & 1 & -2 \end{bmatrix}$ の部分を $\begin{bmatrix} 1 & 0 & 0 \\ 0 & 1 & 0 \\ 0 & 0 & 1 \end{bmatrix}$ の形に変形することによって解を求めることができることをこの例は示している．上記 (1), (2), (3) の三つの変形のことを**行列の行基本変形**という．行列の行基本変形によって上の例の様にいつでも単位行列の形に変形することはできない．このような連立1次方程式の解の求め方を次の例で紹介する．

例 5.2

ガウスの消去法を用いて連立1次方程式

$$\begin{cases} x + 2y - z = -3 \\ -2x + 3y + 2z = -1 \\ -x + 5y + z = -4 \end{cases}$$

の解を求める．

行列で表すと，この連立1次方程式は

$$\begin{bmatrix} 1 & 2 & -1 \\ -2 & 3 & 2 \\ -1 & 5 & 1 \end{bmatrix} \begin{bmatrix} x \\ y \\ z \end{bmatrix} = \begin{bmatrix} -3 \\ -1 \\ -4 \end{bmatrix}$$

となる．目標は係数行列 $\begin{bmatrix} 1 & 2 & -1 \\ -2 & 3 & 2 \\ -1 & 5 & 1 \end{bmatrix}$ に行基本変形を施し単位行列（またはそれに近い形）に変形することである．

まず1行目の2倍を2行目に加え，1行目の1倍を3行目に加えると

$$\begin{bmatrix} 1 & 2 & -1 \\ 0 & 7 & 0 \\ 0 & 7 & 0 \end{bmatrix} \begin{bmatrix} x \\ y \\ z \end{bmatrix} = \begin{bmatrix} -3 \\ -7 \\ -7 \end{bmatrix}$$

となり，続けて，2行目の -1 倍を3行目に加えて

$$\begin{bmatrix} 1 & 2 & -1 \\ 0 & 7 & 0 \\ 0 & 0 & 0 \end{bmatrix} \begin{bmatrix} x \\ y \\ z \end{bmatrix} = \begin{bmatrix} -3 \\ -7 \\ 0 \end{bmatrix}$$

を得る．2行目に $\frac{1}{7}$ を掛けると

$$\begin{bmatrix} 1 & 2 & -1 \\ 0 & 1 & 0 \\ 0 & 0 & 0 \end{bmatrix} \begin{bmatrix} x \\ y \\ z \end{bmatrix} = \begin{bmatrix} -3 \\ -1 \\ 0 \end{bmatrix}$$

となる．これを連立 1 次方程式の形に戻すと

$$\begin{cases} x + 2y - z = -3 \\ y = -1 \\ 0 = 0 \end{cases}$$

つまり，

$$\begin{cases} x + 2y - z = -3 \\ y = -1 \end{cases}$$

となることがわかる．したがって，この連立 1 次方程式の解は無数にあることがわかる．
続けて

$$\begin{bmatrix} 1 & 2 & -1 \\ 0 & 1 & 0 \\ 0 & 0 & 0 \end{bmatrix} \begin{bmatrix} x \\ y \\ z \end{bmatrix} = \begin{bmatrix} -3 \\ -1 \\ 0 \end{bmatrix}$$

に行基本変形を施す．2 行目の -2 倍を 1 行目に加えると

$$\begin{bmatrix} 1 & 0 & -1 \\ 0 & 1 & 0 \\ 0 & 0 & 0 \end{bmatrix} \begin{bmatrix} x \\ y \\ z \end{bmatrix} = \begin{bmatrix} -1 \\ -1 \\ 0 \end{bmatrix}$$

を得る．これを連立 1 次方程式で表すと

$$\begin{cases} x - z = -1 \\ y = -1 \end{cases}$$

となるから，これ以上行基本変形しても簡単な形にならないことがわかる．この連立 1 次方程式の解は $x = \alpha$ とおくと，$\alpha - z = -1$ より $z = \alpha + 1$ となって

$$\begin{bmatrix} x \\ y \\ z \end{bmatrix} = \begin{bmatrix} \alpha \\ -1 \\ \alpha + 1 \end{bmatrix} = \begin{bmatrix} \alpha \\ 0 \\ \alpha \end{bmatrix} + \begin{bmatrix} 0 \\ -1 \\ 1 \end{bmatrix} = \alpha \begin{bmatrix} 1 \\ 0 \\ 1 \end{bmatrix} + \begin{bmatrix} 0 \\ -1 \\ 1 \end{bmatrix}$$

とベクトルの形で表されることがわかる．

最後に解をもたない連立 1 次方程式の例をあげる．

> **例 5.3**
>
> 連立 1 次方程式
> $$\begin{cases} x + 2y - z = 2 \\ -2x + 3y + 2z = 3 \\ -x + 5y + z = 0 \end{cases}$$
> をガウスの消去法を用いて解く．

$$\begin{cases} x + 2y - z = 2 \\ -2x + 3y + 2z = 3 \\ -x + 5y + z = 0 \end{cases}$$

を行列で表すと

$$\begin{bmatrix} 1 & 2 & -1 \\ -2 & 3 & 2 \\ -1 & 5 & 1 \end{bmatrix} \begin{bmatrix} x \\ y \\ z \end{bmatrix} = \begin{bmatrix} 2 \\ 3 \\ 0 \end{bmatrix}$$

となる係数行列に行基本変形を施す．

1 行目の 2 倍を 2 行目に加え，1 行目の 1 倍を 3 行目に加えると

$$\begin{bmatrix} 1 & 2 & -1 \\ 0 & 7 & 0 \\ 0 & 7 & 0 \end{bmatrix} \begin{bmatrix} x \\ y \\ z \end{bmatrix} = \begin{bmatrix} 2 \\ 7 \\ 2 \end{bmatrix}$$

となり，続けて 2 行目の -1 倍を 3 行目に加えると

$$\begin{bmatrix} 1 & 2 & -1 \\ 0 & 7 & 0 \\ 0 & 0 & 0 \end{bmatrix} \begin{bmatrix} x \\ y \\ z \end{bmatrix} = \begin{bmatrix} 2 \\ 7 \\ -5 \end{bmatrix}$$

が得られる．これを連立 1 次方程式の形に戻すと

$$\begin{cases} x + 2y - z = 2 \\ 7y = 7 \\ 0 = -5 \end{cases}$$

となり，$0 = -5$ という矛盾が生じることがわかる．

これは，三つの方程式

$$\begin{cases} x + 2y - z = 2 \\ -2x + 3y + 2z = 3 \\ -x + 5y + z = 0 \end{cases}$$

を同時に満たす x, y, z の組が存在しないことを意味するため，この連立 1 次方程式には解は存在しない．解が無数に存在したり，解が存在しない場合は係数行列を行基本変形すると，0 ベクトルとなる行ベクトルが表れるという特徴をもつ．この特徴を用いて連立 1 次方程式の解の判定ができることを次の節で解説する．

5.3 階段行列

$m \times n$ 階段行列とは以下の (1), (2), (3) ような形の行列のことをいう．

(1) m 個の行ベクトルのうち，第 1 行から第 k 行までの行ベクトルはいずれも零ベクトルでなく，残りの $m - k$ 個の行ベクトルはすべて零ベクトルである．ただし，$0 \leq k \leq m$ であるとする．

例えば，

$$A = \begin{bmatrix} 1 & 0 & 0 & 0 & 1 \\ 0 & 1 & 0 & 1 & 0 \\ 0 & 0 & 0 & 0 & 0 \end{bmatrix}, B = \begin{bmatrix} 1 & 2 & 0 & 0 & 1 \\ 0 & 0 & 1 & -1 & 0 \\ 0 & 1 & 0 & 0 & 0 \\ 0 & 0 & 0 & 0 & 0 \end{bmatrix}, C = \begin{bmatrix} 0 & 2 & 0 & 0 & 1 \\ 0 & 0 & 1 & -1 & 0 \\ 0 & 1 & 0 & 0 & 0 \\ 3 & 0 & 0 & 0 & 0 \end{bmatrix}$$

の中で (1) の条件に合う行列は A, B, C のすべてである．零ベクトルが 0 個であってもよいからである．

(2) 第 i 行の行ベクトルの成分 $[a_{i1} \ a_{i2} \ \cdots \ a_{is_i} \ \cdots \ a_{in}]$ に対して $(1 \leq s_i \leq n)$，1 番目から $s_i - 1$ 番目の成分がすべて 0 で，$a_{is_i} = 1$ となっていて

$$s_1 < s_2 < \cdots < s_k$$

が成り立つ．ただし，k は (1) で定めたものとする．

行列 $A = \begin{bmatrix} 1 & 0 & 0 & 0 & 1 \\ 0 & 1 & 0 & 1 & 0 \\ 0 & 0 & 0 & 0 & 0 \end{bmatrix}$ は第 1 行と第 2 行の 2 個の行ベクトルが零ベクトルでないから $k = 2$ である．これにより s_1 と s_2 を求めればよいことがわかる．また，A の第 1 行ベクトルは $[1\ 0\ 0\ 0\ 1]$ であり，1 番目の要素（1 列目）が 1 であるから $s_1 = 1$，第 2 行

ベクトルは $[0\ 1\ 0\ 1\ 0]$ であり，1番目の要素が0で2番目の要素（2列目）が1であるから $s_2 = 2$ となるから $s_1 < s_2$ が成り立っている．したがって，行列 A は (2) の条件を満たしていることがわかる．

同様に $B = \begin{bmatrix} 1 & 2 & 0 & 0 & 1 \\ 0 & 0 & 1 & -1 & 0 \\ 0 & 1 & 0 & 0 & 0 \\ 0 & 0 & 0 & 0 & 0 \end{bmatrix}$ についても考えると，零ベクトルでない行ベクトルが3個あることから $k = 3$ となる．これにより k_1, k_2, k_3 を求めればよいことがわかる．第1行ベクトルは $[1\ 2\ 0\ 0\ 1]$ であり，1番目が1であるから $s_1 = 1$，第2行ベクトルは $[0\ 0\ 1\ -1\ 0]$ であり，1番目と2番目が0で3番目が1であるから $s_2 = 3$，第3行ベクトルは $[0\ 1\ 0\ 0\ 0]$ であり，1番目が0で2番目が1であるから $s_3 = 2$ となる．この場合は $s_1 < s_3 < s_2$ となり，$s_1 < s_2 < s_3$ が成り立たないため，行列 B は (2) の条件を満たさないことがわかる．したがって，行列 B は階段行列ではないことがわかる．しかし，これは第2行と第3行を入れ替えることで階段行列になる．

最後に $C = \begin{bmatrix} 0 & 2 & 0 & 0 & 1 \\ 0 & 0 & 1 & -1 & 0 \\ 0 & 1 & 0 & 0 & 0 \\ 3 & 0 & 0 & 0 & 0 \end{bmatrix}$ について考えると，零ベクトルとなる行ベクトルは一つもないため $k = 4$ となることがわかる．この行列の第1行ベクトル $[0\ 2\ 0\ 0\ 1]$ は1番目が0で2番目が2となっており，(2) の条件を満たさないことがわかる．したがって，行列 C は階段行列ではない．しかしながら，行列 C に行基本変形を施すと階段行列になることを後で示す．

(3) 第 s_i 列は m 次元基本ベクトル $\mathbf{e}_i$ である．ここで，m 次元基本ベクトル $\mathbf{e}_i$ とはベクトルの i 番目の成分のみが1で，その他の成分は0であるようなベクトルのことをいう．行列 B, C は階段行列でないことをすでに確認しているため，行列 A が (3) の条件を満たすかどうか確認する．$A = \begin{bmatrix} 1 & 0 & 0 & 0 & 1 \\ 0 & 1 & 0 & 1 & 0 \\ 0 & 0 & 0 & 0 & 0 \end{bmatrix}$ において $s_1 = 1, s_2 = 2$ であるから，s_1 列目，つまり1列目の列ベクトルを調べると $\begin{bmatrix} 1 \\ 0 \\ 0 \end{bmatrix}$ となっており，これはベクトルの第1成分のみ1でその他の成分が0であるから3次元基本ベクトル $\mathbf{e}_1$ である．次に，s_2 列目，つまり2列目の列ベクトルを調べると $\begin{bmatrix} 0 \\ 1 \\ 0 \end{bmatrix}$ となっており，これはベクトルの第2成分のみ1でその他の成分が0であるから3次元基本ベクトル $\mathbf{e}_2$ である．したがって，

行列 A は (3) の条件を満たすことがわかる．行列 A は条件 (1), (2), (3) を満たすから，階段行列であることがわかる．

定理 5.4

任意の行列は適当な行基本変形によって階段行列に変形することができる．

行列 $C = \begin{bmatrix} 0 & 2 & 0 & 0 & 1 \\ 0 & 0 & 1 & -1 & 0 \\ 0 & 1 & 0 & 0 & 0 \\ 3 & 0 & 0 & 0 & 0 \end{bmatrix}$ に行基本変形を施して階段行列に変形する．まず 4 行目と 1 行目を入れ替える．

$$\begin{bmatrix} 3 & 0 & 0 & 0 & 0 \\ 0 & 2 & 0 & 0 & 1 \\ 0 & 0 & 1 & -1 & 0 \\ 0 & 1 & 0 & 0 & 0 \end{bmatrix}$$

4 行目と 2 行目を入れ替える．

$$\begin{bmatrix} 3 & 0 & 0 & 0 & 0 \\ 0 & 1 & 0 & 0 & 0 \\ 0 & 0 & 1 & -1 & 0 \\ 0 & 2 & 0 & 0 & 1 \end{bmatrix}$$

1 行目に $\frac{1}{3}$ を掛ける．

$$\begin{bmatrix} 1 & 0 & 0 & 0 & 0 \\ 0 & 1 & 0 & 0 & 0 \\ 0 & 0 & 1 & -1 & 0 \\ 0 & 2 & 0 & 0 & 1 \end{bmatrix}$$

2 行目 -2 倍を 4 行目に加える．

$$\begin{bmatrix} 1 & 0 & 0 & 0 & 0 \\ 0 & 1 & 0 & 0 & 0 \\ 0 & 0 & 1 & -1 & 0 \\ 0 & 0 & 0 & 0 & 1 \end{bmatrix}$$

これで行列 C を階段行列に変形することができた．

問 5.5

行列 $\begin{bmatrix} 1 & 0 & 0 & 0 & 0 \\ 0 & 1 & 0 & 0 & 0 \\ 0 & 0 & 1 & -1 & 0 \\ 0 & 0 & 0 & 0 & 1 \end{bmatrix}$ が階段行列であることを確認せよ.

以下，定理 5.4 の証明を与える．証明の手順を (a)〜(g) に分割し，それぞれの手順を具体的にわかりやすくするために例を用いながら解説を行う．A を階段行列でない $m \times n$ 行列とする．

(a) 行列 A の列を第 1 列から順に見て，零ベクトルでない最初の列を s_1 とおく．

$$A = \begin{bmatrix} 0 & 0 & 0 & 0 & 0 \\ 0 & 0 & 0 & 0 & 0 \\ 0 & 0 & 1 & -1 & 0 \\ 0 & 2 & 0 & -2 & 4 \end{bmatrix}$$

とすると，零ベクトルでない列ベクトルは 2 列目に初めて現れる．したがって $s_1 = 2$ となる．

(b) 行列 A の s_1 列目の列ベクトルの成分を上から順番に見て，初めて 0 でない成分を α_1 とおく．

$$A = \begin{bmatrix} 0 & 0 & 0 & 0 & 0 \\ 0 & 0 & 0 & 0 & 0 \\ 0 & 0 & 1 & -1 & 0 \\ 0 & 2 & 0 & -2 & 4 \end{bmatrix}$$

の s_1 列（2 列目）は

$$\begin{bmatrix} 0 \\ 0 \\ 0 \\ 2 \end{bmatrix}$$

であり，この列ベクトルの上から 4 番目の 2 が α_1 となる．したがって，$\alpha_1 = 2$ である．

(c) 行列 A の s_1 列の α_1 以外の列ベクトルの成分をすべて 0 にするように行基本変形（ある行の何倍かを他の行に加える）を施す．

列ベクトル

$$\begin{bmatrix} 0 \\ 0 \\ 0 \\ 2 \end{bmatrix}$$

は $\alpha_1 = 2$ 以外はすべて 0 であるから，行列 A については行基本変形を行う必要はない．

(d) α_1 が 1 行目以外の第 i_1 行にあるとき，第 1 行と第 i_1 行を入れ替える．

列ベクトル

$$\begin{bmatrix} 0 \\ 0 \\ 0 \\ 2 \end{bmatrix}$$

では $\alpha_1 = 2$ が第 4 行目にあるため，行列 A の第 1 行と第 4 行を入れ替える．この行の入れ替えでできる行列を A_1 とすると，

$$A_1 = \begin{bmatrix} 0 & 2 & 0 & -2 & 4 \\ 0 & 0 & 0 & 0 & 0 \\ 0 & 0 & 1 & -1 & 0 \\ 0 & 0 & 0 & 0 & 0 \end{bmatrix}$$

となる．

(e) 行列 A_1 の第 $s_1 + 1$ 列以降に対して，(a) と同じように零ベクトルでない最初の列が第 s_2 列であるとする．次に (b) と同様にして，繰り返しが 2 回目のときは第 s_2 列の 2 行目から初めて 0 でない成分 α_2 を求め (c) の作業を進める．ただし，(d) の作業は繰り返しが 2 回目のときは第 2 行と第 i_2 行の入れ替えを，3 回目のときは第 3 行と第 i_3 行の入れ替えを，k 回目のときは第 k 行と第 i_k 行の入れ替えを行うものとする．

$$A_1 = \begin{bmatrix} 0 & 2 & 0 & -2 & 4 \\ 0 & 0 & 0 & 0 & 0 \\ 0 & 0 & 1 & -1 & 0 \\ 0 & 0 & 0 & 0 & 0 \end{bmatrix}$$

の $s_1 + 1 = 3 \, (2 + 1 = 3)$ 列目以降で初めて列ベクトルが零ベクトルでない列は 3 列目にある．したがって，$s_2 = 3$ である．行列 A_1 の 3 列目は

$$A_1 = \begin{bmatrix} 0 \\ 0 \\ 1 \\ 0 \end{bmatrix}$$

であるから，$\alpha_2 = 1, i_2 = 3$ となる．この列ベクトルは α_2 以外の要素がすべて 0 であるため，ある行を何倍かして他の行に加えるという行基本変形を行う必要はない．ただし，第 $i_2 (= 3)$ 行と第 2 行を入れ替える必要があり，この行基本変形で得られる行列を A_2 とする．

$$A_2 = \begin{bmatrix} 0 & 2 & 0 & -2 & 4 \\ 0 & 0 & 1 & -1 & 0 \\ 0 & 0 & 0 & 0 & 0 \\ 0 & 0 & 0 & 0 & 0 \end{bmatrix}$$

(f) s_k が定まらなくなるまで (e) の作業を続ける．

$$A_2 = \begin{bmatrix} 0 & 2 & 0 & -2 & 4 \\ 0 & 0 & 1 & -1 & 0 \\ 0 & 0 & 0 & 0 & 0 \\ 0 & 0 & 0 & 0 & 0 \end{bmatrix}$$

の第 $s_2 + 1$ 列，つまり第 4 列以降の列ベクトルを調べると，第 4 列は

$$\begin{bmatrix} -2 \\ -1 \\ 0 \\ 0 \end{bmatrix}$$

である．今回は 3 回目の繰り返しであるため，この列ベクトルの第 3 行以降の成分を調べるとすべて 0 となっているため，隣の列ベクトル

$$\begin{bmatrix} 4 \\ 0 \\ 0 \\ 0 \end{bmatrix}$$

について調べる．この列ベクトルも 3 行目以降はすべて 0 となっており，s_3 の値は定まらない．したがって，これで (f) の状態まで行列 A を変形することができた．

(g) 最後に $\alpha_1, \alpha_2, \ldots, \alpha_{k-1}$ を 1 にする行基本変形を行うと階段行列が得られる．

$$A_2 = \begin{bmatrix} 0 & 2 & 0 & -2 & 4 \\ 0 & 0 & 1 & -1 & 0 \\ 0 & 0 & 0 & 0 & 0 \\ 0 & 0 & 0 & 0 & 0 \end{bmatrix} = \begin{bmatrix} 0 & \alpha_1 & 0 & -2 & 4 \\ 0 & 0 & \alpha_2 & -1 & 0 \\ 0 & 0 & 0 & 0 & 0 \\ 0 & 0 & 0 & 0 & 0 \end{bmatrix}$$

であり，$\alpha_1 = 2$ を 1 にすればよいため，第 1 行に $\times \frac{1}{2}$ を掛けてできる行列を A_3 とすると

$$A_3 = \begin{bmatrix} 0 & 1 & 0 & -1 & 2 \\ 0 & 0 & 1 & -1 & 0 \\ 0 & 0 & 0 & 0 & 0 \\ 0 & 0 & 0 & 0 & 0 \end{bmatrix}$$

となり，行列 A は階段行列 A_3 に変形されることがわかる．

定義 5.6 行列の階数 (rank)

任意に与えられた行列 A を階段行列に変形する方法は何通りも考えられる．しかしながら，階段行列における零ベクトルでない行ベクトルの個数 k は行基本変形の仕方に依存せずに一定の値に定まることが知られている．この k の値を行列 A の階数（またはランク, rank）といい，rank(A) と表す．

5.4 係数行列と拡大係数行列

n 個の未知数 $x_1, x_2, \ldots, x_n$ と m 個の 1 次方程式からなる連立一次方程式

$$\begin{cases} a_{11}x_1 + a_{12}x_2 + \cdots + a_{1n}x_n = b_1 \\ a_{21}x_1 + a_{22}x_2 + \cdots + a_{2n}x_n = b_2 \\ a_{m1}x_1 + a_{m2}x_2 + \cdots + a_{mn}x_n = b_m \end{cases}$$

について考える．この連立 1 次方程式は行列

$$A = \begin{bmatrix} a_{11} & a_{12} & \cdots & a_{1n} \\ a_{21} & a_{22} & \cdots & a_{2n} \\ \vdots & \vdots & \ddots & \vdots \\ a_{m1} & a_{m2} & \cdots & a_{mn} \end{bmatrix}$$

と二つの列ベクトル

$$\mathbf{x} = \begin{bmatrix} x_1 \\ x_2 \\ \vdots \\ x_n \end{bmatrix}, \mathbf{b} = \begin{bmatrix} b_1 \\ b_2 \\ \vdots \\ b_m \end{bmatrix}$$

を用いて

$$A\mathbf{x} = \mathbf{b}$$

と表される．行列 A のことを係数行列といい，行列 A の最後の列に列ベクトル $\mathbf{b}$ を付け加えてできる行列

$$[A\ \mathbf{b}] = \begin{bmatrix} a_{11} & a_{12} & \cdots & a_{1n} & b_1 \\ a_{21} & a_{22} & \cdots & a_{2n} & b_2 \\ \vdots & \vdots & \ddots & \vdots & \vdots \\ a_{m1} & a_{m2} & \cdots & a_{mn} & b_m \end{bmatrix}$$

のことを連立 1 次方程式の拡大係数行列という．

例 5.7

連立 1 次方程式

$$\begin{cases} x_1 + 2x_3 = 3 \\ x_2 - x_3 = -1 \\ x_1 + x_2 + x_3 = 1 \end{cases}$$

の係数行列と拡大係数行列を求めよ．またこれらの行列のランクを求めよ．

係数行列は連立 1 次方程式の係数を集めてできる行列であるから $\begin{bmatrix} 1 & 0 & 2 \\ 0 & 1 & -1 \\ 1 & 1 & 1 \end{bmatrix}$ となり，これを A とおく．拡大係数行列は行列 A に列ベクトル $\mathbf{b} = \begin{bmatrix} 3 \\ -1 \\ 1 \end{bmatrix}$ を加えてできる行列で

$$[A\ \mathbf{b}] = \begin{bmatrix} 1 & 0 & 2 & 3 \\ 0 & 1 & -1 & -1 \\ 1 & 1 & 1 & 1 \end{bmatrix}$$

となる．

行列 A に定理 5.1 の方法を適用すると，零ベクトルでない最初の列ベクトルは第 1 列 $\begin{bmatrix} 1 \\ 0 \\ 1 \end{bmatrix}$ であるから $s_1 = 1$ であり，$\alpha_1 = 1$ となることがわかる．この列ベクトルの 3 行目が 0 でないため，行列 A の第 1 行を -1 倍したものを第 3 行に加えてできる行列を A_1 とすると

$$A_1 = \begin{bmatrix} 1 & 0 & 2 \\ 0 & 1 & -1 \\ 0 & 1 & -1 \end{bmatrix}$$

となる．続けて s_2 を求める．$s_1 + 1 (= 1 + 1 = 2)$ 列目以降で零ベクトルでない最初の列ベクトルを探すと，それは 2 列目の $\begin{bmatrix} 0 \\ 1 \\ 1 \end{bmatrix}$ であるから $s_2 = 2$ であることがわかる．

いまこの作業の繰り返しは 2 回目であるから，この列ベクトルの 2 行目以降で初めて 0 以外の成分が出てくるのは 2 行目の 1 である．したがって，$\alpha_2 = 1$ となる．この列ベクトルの 3 行目の成分が 0 でないため，2 行目を (-1) 倍したものを 3 行目に加えてできる行列を A_2 とすると

$$A_2 = \begin{bmatrix} 1 & 0 & 2 \\ 0 & 1 & -1 \\ 0 & 0 & 0 \end{bmatrix}$$

となる．$s_2 + 1 (= 2 + 1 = 3)$ 列目の 3 行目の成分が 0 であることから，行列 A_2 をこれ以上変形することができないことがわかり，行列 A を階段行列に変形すると A_2 となることがわかる．行列 A_2 には零ベクトルでない行ベクトルが二つあることから，行列 A のランクは 2，つまり $\mathrm{rank}(A) = 2$ となることがわかる．一方，拡大係数行列 $B = [A\mathbf{b}]$ の階段行列は

$$B_1 = \begin{bmatrix} 1 & 0 & 2 & 3 \\ 0 & 1 & -1 & -1 \\ 0 & 1 & -1 & -2 \end{bmatrix}$$

$$B_2 = \begin{bmatrix} 1 & 0 & 2 & 3 \\ 0 & 1 & -1 & -1 \\ 0 & 0 & 0 & -1 \end{bmatrix}$$

と変形することで得られ，行列 B_2 の行ベクトルのうち零ベクトルでないものの個数は 3 であるから，拡大係数行列のランクは $\mathrm{rank}(B) = 3$ となる．

5.5 行列の列の入れ替え

任意の $m \times n$ 行列は行基本変形によって以下のような階段行列に変形できることをこれまでに確認した.

$$\begin{bmatrix} 0 & \cdots & 0 & 1 & * & \cdot & \cdot & 0 & \cdots & 0 & \cdots \\ 0 & \cdots & 0 & 0 & 0 & 0 & 0 & 1 & \cdots & 0 & \cdots \\ 0 & \cdots & 0 & 0 & 0 & 0 & 0 & 0 & \cdots & 0 & \cdots \\ \vdots & \vdots & \vdots & \vdots & \vdots & \vdots & \vdots & \vdots & \vdots & \vdots & \vdots \\ 0 & \cdots & 0 & 0 & 0 & 0 & 0 & 0 & 0 & 1 & \cdots \\ 0 & \cdots & 0 & 0 & 0 & 0 & 0 & 0 & 0 & 0 & \cdots \end{bmatrix}$$

階段行列の例

ここまでは行基本変形について考えてきたが，$m \times n$ の階段行列のランクが k である場合，階段行列の n 個の列ベクトルには k 個の m 次元基本ベクトル $\mathbf{e}_1, \mathbf{e}_2, \ldots, \mathbf{e}_k$ が含まれることがわかる．ただし，m 次元基本ベクトルとは

$$\mathbf{e}_1 = \begin{bmatrix} 1 \\ 0 \\ \vdots \\ 0 \end{bmatrix}, \mathbf{e}_2 = \begin{bmatrix} 0 \\ 1 \\ \vdots \\ 0 \end{bmatrix}, \cdots$$

のようなベクトルで $\mathbf{e}_k$ は k 行目が 1 で残りの $m-1$ 個の成分がすべて 0 であるようなベクトルのことをいう（←再掲載）．この k 個の基本ベクトル $\mathbf{e}_1, \mathbf{e}_2, \ldots, \mathbf{e}_k$ を列ベクトルとしてこの順に並べてできる行列 $P = [\mathbf{e}_1 \ \mathbf{e}_2 \ \cdots \ \mathbf{e}_k]$ のうち第 1 行目から第 k 行目までを抜き出してできる行列は k 次単位行列となる.

$$P = [\mathbf{e}_1 \ \mathbf{e}_2 \ \cdots \ \mathbf{e}_k] = \begin{bmatrix} 1 & 0 & \cdots & 0 \\ 0 & 1 & \cdots & 0 \\ \vdots & \vdots & \ddots & 0 \\ 0 & 0 & \cdots & 1 \\ 0 & 0 & \cdots & 0 \\ \vdots & \vdots & \ddots & \vdots \\ 0 & 0 & \cdots & 0 \end{bmatrix}$$

階段行列の残りの $n-k$ 個の列ベクトルからなる行列 Q は第 k 行目から第 m 行目までの行ベクトルがすべて零ベクトルとなっており，第 1 行から第 k 行までは任意の要素からなる行ベクトルとなる．

$$Q = \begin{bmatrix} q_{1,k+1} & q_{1,k+2} & \cdots & q_{1,n} \\ q_{2,k+1} & q_{2,k+2} & \cdots & q_{2,n} \\ \vdots & \vdots & \ddots & 0 \\ q_{k,k+1} & q_{k,k+2} & \cdots & q_{k,n} \\ 0 & 0 & \cdots & 0 \\ \vdots & \vdots & \ddots & \vdots \\ 0 & 0 & \cdots & 0 \end{bmatrix}$$

　本章では連立 1 次方程式を拡大係数行列で表現し，拡大係数行列の行基本変形によって階段行列を求めて，そこから連立 1 次方程式の解を求める方法について紹介している．拡大係数行列の行基本変形は連立 1 次方程式の解に何の影響も与えず，むしろ解を求めやすい形に変形するものであることを確認してきたが，ここでは，拡大係数行列の列を入れ替えることが連立 1 次方程式にどのような影響を与えるかということについて考える．まず簡単のために二つの未知数 x, y と二つの 1 次方程式からなる連立 1 次方程式

(A) $\begin{cases} x - 2y = -3 \\ -x + 2y = 3 \end{cases}$

について考える．この連立 1 次方程式の解は $x = 1, y = 2$ である．(A) の連立 1 次方程式の拡大係数行列は

$$\begin{bmatrix} 1 & -2 & -3 \\ -1 & 2 & 3 \end{bmatrix}$$

となる．(A) の拡大係数行列の 1 列目と 2 列目を入れ替えることで元の連立 1 次方程式にどのような影響が現れるか調べる．1 列目と 2 列目を入れ替えると

$$\begin{bmatrix} -2 & 1 & -3 \\ 2 & -1 & 3 \end{bmatrix}$$

となり，この拡大係数行列に対応する連立 1 次方程式は

(B) $\begin{cases} -2x + y = -3 \\ 2x - y = 3 \end{cases}$

と，元の連立 1 次方程式と異なるものになっていることがわかる（当然，解も異なるものになる）．しかし，(B) の連立方程式において x を y に置き換え，y を x に置き換えると

$\begin{cases} -2y + x = -3 \\ 2y - x = 3 \end{cases}$

となって，これは (A) の連立 1 次方程式と同じものになることがわかる．これにより拡大係数行列の係数行列の部分における列の入れ替えは，連立 1 次方程式の未知数の並べ替えに対応することがわかる．これは連立 1 次方程式を行列で表現することで理解しやすくなる．(A) の連立 1 次方程式は

$$\begin{bmatrix} 1 & -2 \\ -1 & 2 \end{bmatrix} \begin{bmatrix} x \\ y \end{bmatrix} = \begin{bmatrix} -3 \\ 3 \end{bmatrix} \cdots (C)$$

と表されるが，これは

$$\begin{bmatrix} -2 & -1 \\ 2 & 1 \end{bmatrix} \begin{bmatrix} y \\ x \end{bmatrix} = \begin{bmatrix} -3 \\ 3 \end{bmatrix} \cdots (D)$$

としても同じである．(C) と (D) の拡大係数行列を比較すると，互いに第 1 列と第 2 列を入れ替えたものであることがわかる．ただし，元の連立 1 次方程式の未知数のベクトルの x, y の順番が入れ替わっていることに注意する必要がある．これを未知数の並び替えと呼ぶことにする．このことは未知数が複数ある場合でも同様である．最後に，未知数 x, y, z の三つの場合を考える．

$$(E) \quad \begin{cases} x + y + 2z = -1 \\ -2x - y + z = -3 \\ 3x + 2y - z = 4 \end{cases}$$

を行列で表現すると

$$\begin{bmatrix} 1 & 1 & 2 \\ -2 & -1 & 1 \\ 3 & 2 & -1 \end{bmatrix} \begin{bmatrix} x \\ y \\ z \end{bmatrix} = \begin{bmatrix} -1 \\ -3 \\ 4 \end{bmatrix} \cdots (G)$$

となる．(E) の連立 1 次方程式は

$$(F) \quad \begin{cases} 2z + y + x = -1 \\ z - y - 2x = -3 \\ -z + 2y + 3x = 4 \end{cases}$$

としても同じものである．(F) の連立 1 次方程式を行列で表現すると

$$\begin{bmatrix} 2 & 1 & 1 \\ 1 & -1 & -2 \\ -1 & 2 & 3 \end{bmatrix} \begin{bmatrix} z \\ y \\ x \end{bmatrix} = \begin{bmatrix} -1 \\ -3 \\ 4 \end{bmatrix} \cdots (H)$$

となる．連立 1 次方程式 (F) は連立 1 次方程式 (E) の x の項と z の項を入れ替えたものであり，これは拡大係数行列 (G), (H) における第 1 列と第 3 列の入れ替えに対応している．この入れ替えにともない，未知数のベクトルは $\begin{bmatrix} x \\ y \\ z \end{bmatrix}$ から $\begin{bmatrix} z \\ y \\ x \end{bmatrix}$ に入れ替わることがわかる．したがって，拡大係数行列の第 i 列と第 j 列の入れ替えを行うとき，未知数ベクトルの第 i 行目と第 j 行目を入れ替えることで，対応する連立 1 次方程式は同じものになることがわかる．

5.6 連立 1 次方程式の解の存在条件とランクの関連性

前節で解説したように，ランクが k である $m \times n$ 階段行列は，列の入れ替えによって k 個の m 次基本ベクトルからなる行列

$$P = [\mathbf{e}_1 \ \mathbf{e}_2 \ \cdots \ \mathbf{e}_k] = \begin{bmatrix} 1 & 0 & \cdots & 0 \\ 0 & 1 & \cdots & 0 \\ \vdots & \vdots & \ddots & 0 \\ 0 & 0 & \cdots & 1 \\ 0 & 0 & \cdots & 0 \\ \vdots & \vdots & \ddots & \vdots \\ 0 & 0 & \cdots & 0 \end{bmatrix}$$

と，階段行列の残りの $n-k$ 個の列ベクトルからなる行列

$$Q = \begin{bmatrix} q_{1,k+1} & q_{1,k+2} & \cdots & q_{1,n} \\ q_{2,k+1} & q_{2,k+2} & \cdots & q_{2,n} \\ \vdots & \vdots & \ddots & \vdots \\ q_{k,k+1} & q_{k,k+2} & \cdots & q_{k,n} \\ 0 & 0 & \cdots & 0 \\ \vdots & \vdots & \ddots & \vdots \\ 0 & 0 & \cdots & 0 \end{bmatrix}$$

を用いて

$$[P\ Q] = \begin{bmatrix} 1 & 0 & \cdots & 0 & q_{1,k+1} & q_{1,k+2} & \cdots & q_{1,n} \\ 0 & 1 & \cdots & 0 & q_{2,k+1} & q_{2,k+2} & \cdots & q_{2,n} \\ \vdots & \vdots & \ddots & 0 & \vdots & \vdots & \ddots & \vdots \\ 0 & 0 & \cdots & 1 & q_{k,k+1} & q_{k,k+2} & \cdots & q_{k,n} \\ 0 & 0 & \cdots & 0 & 0 & 0 & \cdots & 0 \\ \vdots & \vdots & \ddots & \vdots & \vdots & \vdots & \ddots & \vdots \\ 0 & 0 & \cdots & 0 & 0 & 0 & \cdots & 0 \end{bmatrix} \cdots (*)$$

と変形できることになる．(これを拡大係数行列に適用する場合は，未知数からなるベクトルの順番を入れ替える必要がある．) これを用いて連立1次方程式

$$\begin{cases} a_{11}x_1 + a_{12}x_2 + \cdots + a_{1n}x_n = b_1 \\ a_{21}x_1 + a_{22}x_2 + \cdots + a_{2n}x_n = b_2 \\ \cdots \\ a_{m1}x_1 + a_{m2}x_2 + \cdots + a_{mn}x_n = b_m \end{cases}$$

について考える．拡大係数行列は

$$[A\ \mathbf{b}] = \begin{bmatrix} a_{11} & a_{12} & \cdots & a_{1n} & b_1 \\ a_{21} & a_{22} & \cdots & a_{2n} & b_2 \\ \vdots & \vdots & \ddots & \vdots & \vdots \\ a_{m1} & a_{m2} & \cdots & a_{mn} & b_m \end{bmatrix}$$

である．拡大係数行列を $(*)$ の形の階段行列に変形すると，未知数 $x_1, x_2, \ldots, x_n$ の順番を入れ替えたものを $y_1, y_2, \ldots, y_n$ と表すことで，元の連立1次方程式は行列を用いて

$$[P\ Q] \begin{bmatrix} y_1 \\ y_2 \\ \vdots \\ y_n \end{bmatrix} = \begin{bmatrix} \beta_1 \\ \beta_2 \\ \vdots \\ \beta_m \end{bmatrix}$$

つまり，

$$\begin{bmatrix} 1 & 0 & \cdots & 0 & q_{1,k+1} & q_{1,k+2} & \cdots & q_{1,n} \\ 0 & 1 & \cdots & 0 & q_{2,k+1} & q_{2,k+2} & \cdots & q_{2,n} \\ \vdots & \vdots & \ddots & 0 & \vdots & \vdots & \ddots & \vdots \\ 0 & 0 & \cdots & 1 & q_{k,k+1} & q_{k,k+2} & \cdots & q_{k,n} \\ 0 & 0 & \cdots & 0 & 0 & 0 & \cdots & 0 \\ \vdots & \vdots & \ddots & \vdots & \vdots & \vdots & \ddots & \vdots \\ 0 & 0 & \cdots & 0 & 0 & 0 & \cdots & 0 \end{bmatrix} \begin{bmatrix} y_1 \\ y_2 \\ \vdots \\ y_n \end{bmatrix} = \begin{bmatrix} \beta_1 \\ \beta_2 \\ \vdots \\ \beta_m \end{bmatrix}$$

となる.ここで $\begin{bmatrix} \beta_1 \\ \beta_2 \\ \vdots \\ \beta_m \end{bmatrix}$ は $\begin{bmatrix} b_1 \\ b_2 \\ \vdots \\ b_m \end{bmatrix}$ の拡大係数行列における行基本変形によって得られるベクトルである.したがって,この連立 1 次方程式は

$$\begin{cases} y_1 + q_{1,k+1} y_{k+1} + \cdots + q_{1,n} y_n = \beta_1 \\ y_2 + q_{2,k+1} y_{k+1} + \cdots + q_{2,n} y_n = \beta_2 \\ \vdots \\ y_k + q_{k,k+1} y_{k+1} + \cdots + q_{k,n} y_n = \beta_k \\ 0 = \beta_{k+1} \\ \vdots \\ 0 = \beta_m \end{cases}$$

となり,もし $\beta_{k+1} = 0, \ldots, \beta_m = 0$ でなければ矛盾が生じることになり,連立 1 次方程式に解が存在しないことになる.もし $\beta_{k+1} = 0, \ldots, \beta_m = 0$ であれば拡大係数行列 $[P\ Q]$ のランクは k となり,このとき係数行列 P のランクも k となることがわかる.以上のことをまとめると以下のようになる.

定理 5.8

連立 1 次方程式 $A\mathbf{x} = \mathbf{b}$ は

$$\mathrm{rank}([A\ \mathbf{b}]) = \mathrm{rank}(A)$$

が成り立つときに限り,解をもつ.

$m \times n$ の係数行列 A のランクが m であり,未知数 $x_1, x_2, \ldots, x_n$ の個数が $n = m$ であるとき,拡大係数行列 $[A\mathbf{b}]$ の行基本変形と列の入れ替えによってできる行列 $[PQ]$ は P が m 次単位行列となり,Q はなくなるため,連立 1 次方程式は

$$\begin{bmatrix} 1 & 0 & \cdots & 0 \\ 0 & 1 & \cdots & 0 \\ \vdots & \vdots & \ddots & \vdots \\ 0 & 0 & \cdots & 1 \end{bmatrix} \begin{bmatrix} y_1 \\ y_2 \\ \vdots \\ y_m \end{bmatrix} = \begin{bmatrix} \beta_1 \\ \beta_2 \\ \vdots \\ \beta_m \end{bmatrix}$$

となるから，ただ一組の解をもつことがわかる．このときは

$$\mathrm{rank}[A\ \mathbf{b}] = \mathrm{rank}[A] = m$$

となることがわかる．また，連立 1 次方程式の解が存在して (rank[A b]=rank[A])，行列 $[PQ]$ の P が m 次単位行列とならない場合，つまり

$$\mathrm{rank}[A\ \mathbf{b}] = \mathrm{rank}[A] = k < m$$

である場合は，連立 1 次方程式の解は

$$\begin{cases} y_1 + q_{1,k+1}y_{k+1} + \cdots + q_{1,m}y_m = \beta_1 \\ y_2 + q_{2,k+1}y_{k+1} + \cdots + q_{2,m}y_m = \beta_1 \\ \vdots \\ y_k + q_{k,k+1}y_{k+1} + \cdots + q_{k,m}y_m = \beta_1 \end{cases}$$

で与えられ，$y_{k+1} = t_1, y_{k+2} = t_2, \ldots, y_m = t_{m-k}$ とおくと

$$\begin{bmatrix} y_1 \\ \vdots \\ y_k \\ y_{k+1} \\ \vdots \\ y_m \end{bmatrix} = t_1 \begin{bmatrix} -q_{1,k+1} \\ \vdots \\ -q_{k,k+1} \\ 1 \\ \vdots \\ 0 \end{bmatrix} + \cdots + t_{m-k} \begin{bmatrix} -q_{1,m} \\ \vdots \\ -q_{k,m} \\ 0 \\ \vdots \\ 1 \end{bmatrix} + \begin{bmatrix} \beta_1 \\ \vdots \\ \beta_k \\ 0 \\ \vdots \\ 0 \end{bmatrix}$$

を得る．このとき，連立 1 次方程式は $y_{k+1} = t_1, y_{k+2} = t_2, \ldots, y_m = t_{m-k}$ の決め方により無数の解をもつことになる．以上のことをまとめると以下のようになる．

定理 5.9

係数行列 A は $m \times m$ 行列で未知数の個数が m 個である連立 1 次方程式 $A\mathbf{x} = \mathbf{b}$ は

$$\mathrm{rank}([A\ \mathbf{b}]) = \mathrm{rank}(A) = m$$

が成り立つときに限り,ただ一組の解をもち,

$$\mathrm{rank}([A\ \mathbf{b}]) = \mathrm{rank}(A) < m$$

が成り立つときに限り,無数に多くの解をもつ.

行列 A が n 次正方行列で,ベクトル $\mathbf{b}$ が n 次元の零ベクトルである場合は,行列 A のランクが n であるとき,連立 1 次方程式 $A\mathbf{x} = \mathbf{b} = \mathbf{0}$ の解は $\mathbf{x} = \mathbf{0}$ しかもたないことがわかる.このような解のことを自明な解といい,第 8 章で学習する線形独立や線形従属のところで利用する.

また,$A\mathbf{x} = \mathbf{0}$ が自明な解 ($\mathbf{x} = \mathbf{0}$) 以外の解をもつなら,行列のランクが n より小さくなる必要がある.これは,第 7 章で学習する固有値の計算のときに利用する.さらに,n 次正方行列 A のランクが n のときは行列式の値は 0 とはならないが,A のランクが n より小さくなるときは行列式の値は 0 となることも重要な性質である.

5.7 ガウスの消去法による逆行列の計算

本節では,第 4 章ですでに紹介している逆行列の計算法が,本章で解説した行基本変形によるものであることを示すことで,本章を終えることにする.A を n 次正方行列,I_n を n 次単位行列とする.

$$AX = XA = I_n$$

を満足する n 次正方行列 X を行列 A の逆行列(詳細は第 4 章)という.逆行列はガウスの消去法(行基本変形)を用いて求めることができる.

$$A = \begin{pmatrix} a_{11} & a_{12} & \ldots & a_{1n} \\ a_{21} & a_{22} & \ldots & a_{2n} \\ \vdots & \vdots & \ddots & \vdots \\ a_{n1} & a_{n2} & \ldots & a_{nn} \end{pmatrix}, X = \begin{pmatrix} x_{11} & x_{12} & \ldots & x_{1n} \\ x_{21} & x_{22} & \ldots & x_{2n} \\ \vdots & \vdots & \ddots & \vdots \\ x_{n1} & x_{n2} & \ldots & x_{nn} \end{pmatrix}$$

とおいて $AX = I_n$ を満たす X を求める.いま,

$$x_1 = \begin{pmatrix} x_{11} \\ x_{21} \\ \vdots \\ x_{n1} \end{pmatrix}, x_2 = \begin{pmatrix} x_{12} \\ x_{22} \\ \vdots \\ x_{n2} \end{pmatrix}, \ldots, x_n = \begin{pmatrix} x_{1n} \\ x_{2n} \\ \vdots \\ x_{nn} \end{pmatrix},$$

$$e_1 = \begin{pmatrix} 1 \\ 0 \\ \vdots \\ 0 \end{pmatrix}, e_2 = \begin{pmatrix} 0 \\ 1 \\ \vdots \\ 0 \end{pmatrix}, \ldots, e_n = \begin{pmatrix} 0 \\ 0 \\ \vdots \\ 1 \end{pmatrix}$$

とおくと，$AX = I_n$ は n 個の連立 1 次方程式 $Ax_1 = e_1, \ldots, Ax_n = e_n$ を計算することと同じであることがわかる．これらの方程式の拡大係数行列を

$$\left[\, A \,\middle|\, e_1 \,\right], \left[\, A \,\middle|\, e_2 \,\right], \ldots, \left[\, A \,\middle|\, e_n \,\right]$$

とおいてそれぞれにガウスの消去法を適用すると

$$\left[\, I_n \,\middle|\, v_1 \,\right], \left[\, I_n \,\middle|\, v_2 \,\right], \ldots, \left[\, I_n \,\middle|\, v_n \,\right]$$

となる．この n 個の拡大係数行列を次のようにまとめて表すと

$$\left[\, A \,\middle|\, e_1 \quad e_2 \quad \cdots \quad e_n \,\right]$$

が行基本変形によって

$$\left[\, I_n \,\middle|\, v_1 \quad v_2 \quad \cdots \quad v_n \,\right]$$

となることを示している．したがって，行列 A の逆行列が存在する場合はガウスの消去法で求めることができ，

$$A^{-1} = \left[\, v_1 \quad v_2 \quad \cdots \quad v_n \,\right]$$

となることがわかる．

具体的には，例えば $A = \begin{bmatrix} 1 & 2 \\ 3 & 5 \end{bmatrix}$ の逆行列を求めるには，拡大係数行列

$$\left[\begin{array}{cc|cc} 1 & 2 & 1 & 0 \\ 3 & 5 & 0 & 1 \end{array}\right]$$

を考え行基本変形を行えばよい．

問 5.10

$A = \begin{bmatrix} 1 & 2 \\ 3 & 5 \end{bmatrix}$ の逆行列をガウスの消去法を用いて求めよ．

5.8 練習問題

次の連立 1 次方程式の解を求めよ．

(1) $\begin{cases} x - y - 2z = 0 \\ 3x + y + 2z = 12 \\ x - 2y + 2z = 3 \end{cases}$, (2) $\begin{cases} x + y + z = 78 \\ 2x + y + 2z = 106 \\ x + 2y + 4z = 176 \end{cases}$, (3) $\begin{cases} x + y + z = 2 \\ x - y + z = 4 \\ 3x + y + 3z = 8 \end{cases}$,

(4) $\begin{cases} 3x - y + 2z = -3 \\ x + y - z = 0 \\ 2x - 2y + 3z = 7 \end{cases}$

(5) ガウスの消去法を用いて次の行列の逆行列を計算せよ．

$A_1 = \begin{bmatrix} 1 & 1 \\ 2 & 3 \end{bmatrix}, A_2 = \begin{bmatrix} 1 & 0 & 2 \\ 0 & 1 & 2 \\ 1 & 0 & 1 \end{bmatrix}, A_3 = \begin{bmatrix} 1 & 0 & 0 \\ 0 & 1 & 2 \\ 2 & 1 & 1 \end{bmatrix}, A_4 = \begin{bmatrix} 1 & 2 & -1 & 0 \\ 2 & 0 & 1 & 1 \\ -1 & 1 & -1 & -1 \\ 1 & -2 & 2 & 2 \end{bmatrix}$

6　行列式

　n 次の正方行列 A に対して,

$$|A| = \sum \mathbf{sgn} \begin{pmatrix} 1 & 2 & 3 & \cdots & n \\ i_1 & i_2 & i_3 & \cdots & i_n \end{pmatrix} a_{1i_1} a_{2i_2} a_{3i_3} \cdots a_{ni_n}$$

を行列 A の行列式といい，$|A|$ や $\det A$ などと表す．定義には様々な記号が含まれているが，以降，行列式の定義を理解するための準備を進めていく．一般に，n 次の正方行列 A の行列式 $|A|$ が，$|A| \neq 0$ を満たすとき，A を正則な行列といい，正則行列は必ず逆行列 A^{-1} をもつことが示される．行列 $A = \begin{bmatrix} a_{11} & a_{12} & \cdots & a_{1n} \\ a_{21} & a_{22} & \cdots & a_{2n} \\ \vdots & \vdots & \ddots & \vdots \\ a_{n1} & a_{n2} & \cdots & a_{nn} \end{bmatrix}$ の行列式を $|A| = \begin{vmatrix} a_{11} & a_{12} & \cdots & a_{1n} \\ a_{21} & a_{22} & \cdots & a_{2n} \\ \vdots & \vdots & \ddots & \vdots \\ a_{n1} & a_{n2} & \cdots & a_{nn} \end{vmatrix}$ と表す．行列式は前章までに学習した逆行列が存在するかどうか判別するためにも重要な概念となる．

　本章の学習目標は，行列式の計算と行列式の定義に含まれる置換や互換などの基礎的な概念を理解し，以下の確認問題が解けるようになることである．

> **確認問題**
>
> (1) 置換 $\begin{pmatrix} 1 & 2 & 3 \\ 3 & 2 & 1 \end{pmatrix}$ を表す互換を次の (a)〜(c) の中から選べ.
>
> (a) $(1,2)$, (b) $(1,3)$, (c) $(2,3)$
>
> (2) 置換 $\sigma = \begin{pmatrix} 1 & 2 & 3 \\ 2 & 3 & 1 \end{pmatrix}$ を互換の積で表し,偶置換か奇置換か答えよ.また,このときの $\mathbf{sgn}(\sigma)$ の値を求めよ.
>
> (3) 次の行列の行列式を求めよ.
>
> $$A = [-1],\ B = \begin{bmatrix} 2 & 1 \\ -5 & -3 \end{bmatrix},\ C = \begin{bmatrix} 1 & 0 & -1 \\ 0 & 2 & 1 \\ -1 & 3 & -2 \end{bmatrix}$$

6.1 確認問題の解き方

(1) 置換については 6.3 節で解説する.問題の置換は 1 と 3 を入れ替えているため,(b) $(1,3)$ が求める互換である.

(2) $\sigma = \begin{pmatrix} 1 & 2 & 3 \\ 1 & 2 & 3 \end{pmatrix}$ の 1 と 2 を入れ替えると $\sigma = \begin{pmatrix} 1 & 2 & 3 \\ 2 & 1 & 3 \end{pmatrix}$ となる.これを

$$\begin{pmatrix} 1 & 2 & 3 \\ 1 & 2 & 3 \end{pmatrix} \xrightarrow[(1,2)]{} \begin{pmatrix} 1 & 2 & 3 \\ 2 & 1 & 3 \end{pmatrix}$$

となる.次に,下の行にある 1 と 3 を入れ替えるにはその上にある 2 と 3 を入れ替えればよいので,

$$\begin{pmatrix} 1 & 2 & 3 \\ 2 & 1 & 3 \end{pmatrix} \xrightarrow[(2,3)]{} \begin{pmatrix} 1 & 2 & 3 \\ 2 & 3 & 1 \end{pmatrix} = \sigma$$

となる.したがって,$\sigma = (2,3)(1,2)$ となる.置換 σ は 2 個,つまり偶数個の置換からできるため偶置換である.したがって,$\mathbf{sgn}(\sigma) = 1$ である.

(3) 1 次正方行列の行列式は,行列式の定義から,行列の成分が答えとなる.ゆえに

$$|A| = |-1| = -1$$

となる.この記号は絶対値記号とは異なる.2 次正方行列と 3 次正方行列の行列式を求めるには以下の公式を利用することができる.

使う公式 6.1

$A = \begin{bmatrix} a & b \\ c & d \end{bmatrix}, B = \begin{bmatrix} b_{11} & b_{12} & b_{13} \\ b_{21} & b_{22} & b_{23} \\ b_{31} & b_{32} & b_{33} \end{bmatrix}$ とすると

$|A| = ad - bc$

$|B| = b_{11}b_{22}b_{33} + b_{12}b_{23}b_{31} + b_{13}b_{21}b_{32} - b_{11}b_{23}b_{32} - b_{13}b_{22}b_{31} - b_{12}b_{21}b_{33}$

である.

したがって, $|B| = -1, |C| = -9$ となる.

6.2　3次までの正方行列の行列式

$n = 1, 2, 3$ のときの行列式は, 以下のように求める.

(i) $n = 1$ のとき,

行列 $A = [a]$ の行列式は, $|A| = a$ である.

(ii) $n = 2$ のとき,

行列 $A = \begin{bmatrix} a_{11} & a_{12} \\ a_{21} & a_{22} \end{bmatrix}$ の行列式は, $|A| = a_{11}a_{22} - a_{12}a_{21}$ である.

(iii) $n = 3$ のとき,

行列 $A = \begin{bmatrix} a_{11} & a_{12} & a_{13} \\ a_{21} & a_{22} & a_{23} \\ a_{31} & a_{32} & a_{33} \end{bmatrix}$ の行列式は,

$|A| = a_{11}a_{22}a_{33} + a_{12}a_{23}a_{31} + a_{13}a_{21}a_{32} - a_{13}a_{22}a_{31} - a_{11}a_{23}a_{32} - a_{12}a_{21}a_{33}$ である.

2次, 3次の行列式は, 図 6.1 のように記憶しておけば便利である (サラスの展開).

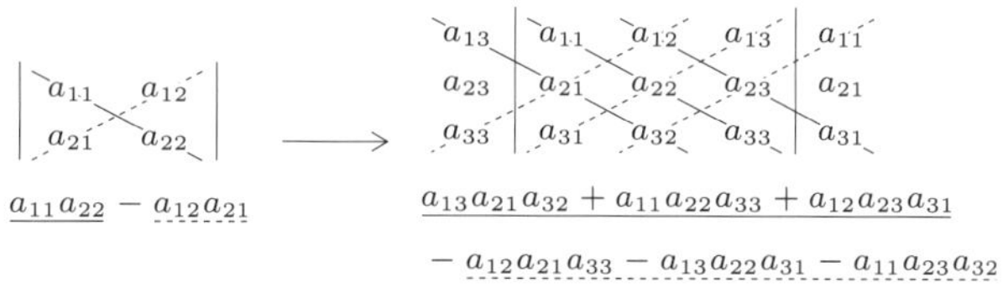

図 6.1　2次と3次の行列式の展開

問 6.1

次の行列式の値を求めよ．

$$A = [-2] \quad B = \begin{bmatrix} 1 & 3 \\ -1 & 2 \end{bmatrix} \quad C = \begin{bmatrix} 1 & 1 & -2 \\ -1 & 3 & 0 \\ 2 & 3 & 1 \end{bmatrix}$$

6.3 置換

6.3.1 置換とは？

1からnまでの自然数を，同じ1からnまでの自然数のいずれかに1対1に対応させる変換のことを置換という（図 6.2 参照）．1からnまでの自然数の集合を$M_n = \{1, 2, \ldots, n\}$とする．$M_n$の置換$\sigma$により，$\sigma(1) = i_1, \sigma(2) = i_2, \ldots, \sigma(n) = i_n$となるとき，式 (6.1) のように表す．

$$\sigma = \begin{pmatrix} 1 & 2 & \cdots & n \\ i_1 & i_2 & \cdots & i_n \end{pmatrix} \quad \text{ただし，} i_1, i_2, \ldots, i_n \text{は} 1, 2, \ldots, n \text{の並び替え} \quad (6.1)$$

例えば，$n = 3$のときのすべての置換を書き出すと，次のようになり$3! = 6$通りである．

$$\begin{pmatrix} 1 & 2 & 3 \\ 1 & 2 & 3 \end{pmatrix}, \begin{pmatrix} 1 & 2 & 3 \\ 1 & 3 & 2 \end{pmatrix}, \begin{pmatrix} 1 & 2 & 3 \\ 2 & 1 & 3 \end{pmatrix}, \begin{pmatrix} 1 & 2 & 3 \\ 2 & 3 & 1 \end{pmatrix}, \begin{pmatrix} 1 & 2 & 3 \\ 3 & 1 & 2 \end{pmatrix},$$

$$\begin{pmatrix} 1 & 2 & 3 \\ 3 & 2 & 1 \end{pmatrix}$$

ここで，置換というのは，1からnまでの自然数が，それぞれどの自然数に対応するかということを問題にしているので，上段の自然数はどのように並べても構わない．例えば，式 (6.2) である．

$$\begin{pmatrix} 1 & 2 & 3 \\ 2 & 3 & 1 \end{pmatrix} = \begin{pmatrix} 1 & 3 & 2 \\ 2 & 1 & 3 \end{pmatrix} = \begin{pmatrix} 2 & 1 & 3 \\ 3 & 2 & 1 \end{pmatrix} \quad (6.2)$$

どの表記でも，$\sigma(1) = 2, \sigma(2) = 3, \sigma(3) = 1$である．しかし，慣例として，上段の自然数

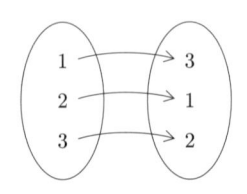

図 6.2 置換の例

は $1, 2, \ldots$ のように小さい順に並べて示すことが多い．

6.3.2 恒等置換, 逆置換

式 (6.3) のように, どの自然数も動かさない置換を恒等置換といい, ϵ で表す．また, 式 (6.4) のように, 置換 σ に対して, 下段の自然数に上段の自然数を対応させる置換を σ の逆置換といい, σ^{-1} で表す．

$$\epsilon = \begin{pmatrix} 1 & 2 & \cdots & n \\ 1 & 2 & \cdots & n \end{pmatrix} \tag{6.3}$$

$$\sigma = \begin{pmatrix} 1 & 2 & \cdots & n \\ i_1 & i_2 & \cdots & i_n \end{pmatrix}, \quad \sigma^{-1} = \begin{pmatrix} i_1 & i_2 & \cdots & i_n \\ 1 & 2 & \cdots & n \end{pmatrix} \tag{6.4}$$

問 6.2

次の逆置換を求めよ．

$$(1) \quad \sigma_1 = \begin{pmatrix} 1 & 2 & 3 \\ 2 & 3 & 1 \end{pmatrix}, \quad (2) \quad \sigma_2 = \begin{pmatrix} 1 & 2 & 3 & 4 \\ 4 & 1 & 2 & 3 \end{pmatrix}$$

6.3.3 偶置換, 奇置換

下段の自然数のうち，任意の二つだけを入れ換える置換のことを，互換という．任意のどんな置換も恒等置換に，この互換を繰り返すことによって得られる．以下の置換 σ を例に，説明する．

$$\sigma = \begin{pmatrix} 1 & 2 & 3 & 4 \\ 3 & 4 & 2 & 1 \end{pmatrix}$$

とおく．

$$\begin{pmatrix} 1 & 2 & 3 & 4 \\ 1 & 2 & 3 & 4 \end{pmatrix} \xrightarrow[(1,3)]{} \begin{pmatrix} 1 & 2 & 3 & 4 \\ 3 & 2 & 1 & 4 \end{pmatrix} \xrightarrow[(2,4)]{} \begin{pmatrix} 1 & 2 & 3 & 4 \\ 3 & 4 & 1 & 2 \end{pmatrix} \xrightarrow[(3,4)]{} \begin{pmatrix} 1 & 2 & 3 & 4 \\ 3 & 4 & 2 & 1 \end{pmatrix}$$

したがって，

$$\sigma = (3,4)(2,4)(1,3)$$

と表される．これを互換の積とい．なお，互換は入れ換えたい数の上段の数で表す．このように，互換を 3 回（奇数回）行って得られる置換を，奇置換という．同様に，互換を偶数回行って得られる置換を，偶置換という．

> **問 6.3**
>
> 次の置換 $\sigma = \begin{pmatrix} 1 & 2 & 3 \\ 2 & 3 & 1 \end{pmatrix}$ を互換の積で表せ．また，この置換は偶置換か奇置換か調べよ．

6.3.4 置換の符号

置換 σ に対して，その符号 $\mathrm{sgn}(\sigma)$ を式 (6.5) で定義する．

$$\mathrm{sgn}(\sigma) = \begin{cases} +1 & (\sigma が偶置換のとき) \\ -1 & (\sigma が奇置換のとき) \end{cases} \tag{6.5}$$

> **問 6.4**
>
> 次の置換 $\sigma = \begin{pmatrix} 1 & 2 & 3 \\ 2 & 3 & 1 \end{pmatrix}$ に対して $\mathrm{sgn}(\sigma)$ を求めよ．

6.4 n 次の正方行列の行列式

6.4.1 n 次の行列式の定義

n 次正方行列 A の行列式 $|A|$ は，式 (6.6) で定義される．

$$A = \begin{bmatrix} a_{11} & a_{12} & \cdots & a_{1n} \\ a_{21} & a_{22} & \cdots & a_{2n} \\ \vdots & \vdots & & \vdots \\ a_{n1} & a_{n2} & \cdots & a_{nn} \end{bmatrix}$$

$$|A| = \sum \mathrm{sgn} \begin{pmatrix} 1 & 2 & 3 & \cdots & n \\ i_1 & i_2 & i_3 & \cdots & i_n \end{pmatrix} a_{1i_1} a_{2i_2} a_{3i_3} \cdots a_{ni_n} \tag{6.6}$$

$n = 3$ のとき，つまり 3 次正方行列 A の行列式 $|A|$ を定義式通りに求めると，

$$\begin{aligned}
|A| &= \mathrm{sgn}\begin{pmatrix} 1 & 2 & 3 \\ 1 & 2 & 3 \end{pmatrix} a_{11}a_{22}a_{33} + \mathrm{sgn}\begin{pmatrix} 1 & 2 & 3 \\ 1 & 3 & 2 \end{pmatrix} a_{11}a_{23}a_{32} \\
&+ \mathrm{sgn}\begin{pmatrix} 1 & 2 & 3 \\ 2 & 1 & 3 \end{pmatrix} a_{12}a_{21}a_{33} + \mathrm{sgn}\begin{pmatrix} 1 & 2 & 3 \\ 2 & 3 & 1 \end{pmatrix} a_{12}a_{23}a_{31} \\
&+ \mathrm{sgn}\begin{pmatrix} 1 & 2 & 3 \\ 3 & 1 & 2 \end{pmatrix} a_{13}a_{21}a_{32} + \mathrm{sgn}\begin{pmatrix} 1 & 2 & 3 \\ 3 & 2 & 1 \end{pmatrix} a_{13}a_{22}a_{31}
\end{aligned}$$

ここで，

$$\begin{pmatrix} 1 & 2 & 3 \\ 1 & 2 & 3 \end{pmatrix}, \begin{pmatrix} 1 & 2 & 3 \\ 2 & 3 & 1 \end{pmatrix}, \begin{pmatrix} 1 & 2 & 3 \\ 3 & 1 & 2 \end{pmatrix} \text{は偶置換}$$

$$\begin{pmatrix} 1 & 2 & 3 \\ 1 & 3 & 2 \end{pmatrix}, \begin{pmatrix} 1 & 2 & 3 \\ 2 & 1 & 3 \end{pmatrix}, \begin{pmatrix} 1 & 2 & 3 \\ 3 & 2 & 1 \end{pmatrix} \text{は奇置換}$$

であるため，$|A| = a_{11}a_{22}a_{33} - a_{11}a_{23}a_{32} - a_{12}a_{21}a_{33} + a_{12}a_{23}a_{31} + a_{13}a_{21}a_{32} - a_{13}a_{22}a_{31}$
となり，サラスの展開とまったく同じ結果となることが確認できる．

6.4.2 余因子の定義

n 次正方行列 A の行列式 $|A|$ において，その第 i 行と第 j 列を取り除くと，$n-1$ 次の行列式ができる．この行列式を D_{ij} で表し，行列 A の (i,j) 小行列式という．

$$A = \begin{bmatrix} a_{11} & a_{12} & \cdots & a_{1j} & \cdots & a_{1n} \\ a_{21} & a_{22} & \cdots & a_{2j} & \cdots & a_{2n} \\ \vdots & \vdots & & \vdots & & \vdots \\ a_{i1} & a_{i2} & \cdots & a_{ij} & \cdots & a_{in} \\ \vdots & \vdots & & \vdots & & \vdots \\ a_{n1} & a_{n2} & \cdots & a_{nj} & \cdots & a_{nn} \end{bmatrix}, \quad |A| = \begin{vmatrix} a_{11} & a_{12} & \cdots & a_{1j} & \cdots & a_{1n} \\ a_{21} & a_{22} & \cdots & a_{2j} & \cdots & a_{2n} \\ \vdots & \vdots & & \vdots & & \vdots \\ a_{i1} & a_{i2} & \cdots & a_{ij} & \cdots & a_{in} \\ \vdots & \vdots & & \vdots & & \vdots \\ a_{n1} & a_{n2} & \cdots & a_{nj} & \cdots & a_{nn} \end{vmatrix}$$

$$D_{ij} = \begin{vmatrix} a_{11} & a_{12} & \cdots & a_{1j} & \cdots & a_{1n} \\ a_{21} & a_{22} & \cdots & a_{2j} & \cdots & a_{2n} \\ \vdots & \vdots & & \vdots & & \vdots \\ a_{i1} & a_{i2} & \cdots & a_{ij} & \cdots & a_{in} \\ \vdots & \vdots & & \vdots & & \vdots \\ a_{n1} & a_{n2} & \cdots & a_{nj} & \cdots & a_{nn} \end{vmatrix} \quad \text{取り除く}$$

また，D_{ij} に $(-1)^{i+j}$ を掛けたものを，行列 A の (i,j) 余因子といい，A_{ij} で表す．

$$A_{ij} = (-1)^{i+j} D_{ij}$$

問 6.5

次の行列 A の $(1,2)$ 余因子 A_{12} を求めよ．同様に，A_{23}, A_{31} を求めよ．

$$\begin{bmatrix} 1 & 2 & -1 \\ 2 & 3 & 1 \\ 4 & 1 & 3 \end{bmatrix}$$

6.4.3 余因子展開

n 次正方行列 A の行列式 $|A|$ は，以下のように余因子で展開できる．

(i) 第 i 行による展開

$$|A| = \sum_{j=1}^{n} a_{ij} A_{ij} = a_{i1} A_{i1} + a_{i2} A_{i2} + \cdots + a_{in} A_{in} \quad (i = 1, 2, \ldots, n)$$

(ii) 第 j 列による展開

$$|A| = \sum_{i=1}^{n} a_{ij} A_{ij} = a_{1j} A_{1j} + a_{2j} A_{2j} + \cdots + a_{nj} A_{nj} \qquad (j = 1, 2, \ldots, n)$$

3 次正方行列 A の行列式 $|A|$ を第 1 行で展開すると，

$$\begin{aligned}
|A| &= a_{11} A_{11} + a_{12} A_{12} + a_{13} A_{13} \\
&= a_{11}(-1)^{1+1} \begin{vmatrix} a_{22} & a_{23} \\ a_{32} & a_{33} \end{vmatrix} + a_{12}(-1)^{1+2} \begin{vmatrix} a_{21} & a_{23} \\ a_{31} & a_{33} \end{vmatrix} + a_{13}(-1)^{1+3} \begin{vmatrix} a_{21} & a_{22} \\ a_{31} & a_{32} \end{vmatrix} \\
&= a_{11} \begin{vmatrix} a_{22} & a_{23} \\ a_{32} & a_{33} \end{vmatrix} - a_{12} \begin{vmatrix} a_{21} & a_{23} \\ a_{31} & a_{33} \end{vmatrix} + a_{13} \begin{vmatrix} a_{21} & a_{22} \\ a_{31} & a_{32} \end{vmatrix}
\end{aligned}$$

となり，サラスの展開と一致することが確かめられる．

問 6.6

行列 $A = \begin{bmatrix} 1 & 2 & -1 \\ 2 & 3 & 1 \\ 4 & 1 & 3 \end{bmatrix}$ の行列式の値を，(1) 第 1 行で展開する方法と，(2) 第 3 列で展開する方法の 2 通りの方法で求めよ．

問 6.7

次の行列 A の行列式の値を求めよ．

$$A = \begin{bmatrix} 0 & 2 & 1 & 3 \\ 1 & -1 & 1 & 4 \\ 0 & 2 & 2 & 1 \\ 0 & 1 & 2 & 0 \end{bmatrix}$$

問 6.8

次の行列 A の行列式を求めよ．

$$A = \begin{bmatrix} a & x & y & z \\ 0 & b & u & v \\ 0 & 0 & c & w \\ 0 & 0 & 0 & d \end{bmatrix}$$

三角行列の行列式の値は，対角成分の積に等しくなることが，問 6.8 から確かめられる．

6.5 行列式の性質

行列式の基本的な性質を示す．簡単のため証明は，3次の行列式として行う．

定理 6.9

行列式の行と列を入れ換えても，行列式の値は変わらない．

$$\begin{vmatrix} a_{11} & a_{12} & \cdots & a_{1n} \\ a_{21} & a_{22} & \cdots & a_{2n} \\ \vdots & \vdots & \ddots & \vdots \\ a_{n1} & a_{n2} & \cdots & a_{nn} \end{vmatrix} = \begin{vmatrix} a_{11} & a_{21} & \cdots & a_{n1} \\ a_{12} & a_{22} & \cdots & a_{n2} \\ \vdots & \vdots & \ddots & \vdots \\ a_{1n} & a_{2n} & \cdots & a_{nn} \end{vmatrix}$$

すなわち，A を n 次の正方行列とすれば，$|A| = |{}^t A|$

証明

$$\begin{vmatrix} a_{11} & a_{12} & a_{13} \\ a_{21} & a_{22} & a_{23} \\ a_{31} & a_{32} & a_{33} \end{vmatrix} = \begin{vmatrix} a_{11} & a_{21} & a_{31} \\ a_{12} & a_{22} & a_{32} \\ a_{13} & a_{23} & a_{33} \end{vmatrix}$$ が成り立つことを，サラスの展開を用いて示す．

左辺 $= |A| = a_{11}a_{22}a_{33} + a_{12}a_{23}a_{31} + a_{13}a_{21}a_{32} - a_{13}a_{22}a_{31} - a_{23}a_{32}a_{11} - a_{33}a_{12}a_{21}$

右辺 $= |{}^t A| = a_{11}a_{22}a_{33} + a_{21}a_{32}a_{13} + a_{31}a_{12}a_{23} - a_{31}a_{22}a_{13} - a_{32}a_{23}a_{11} - a_{33}a_{21}a_{12}$

ゆえに，

$$|A| = |{}^t A|$$

である．行列式の行に関する性質を示す．

定理 6.10

行列式の和

$$\begin{vmatrix} a_{11} & \cdots & a_{1n} \\ \vdots & \ddots & \vdots \\ a_{k1}+b_{k1} & \cdots & a_{kn}+b_{kn} \\ \vdots & \ddots & \vdots \\ a_{n1} & \cdots & a_{nn} \end{vmatrix} = \begin{vmatrix} a_{11} & \cdots & a_{1n} \\ \vdots & \ddots & \vdots \\ a_{k1} & \cdots & a_{kn} \\ \vdots & \ddots & \vdots \\ a_{n1} & \cdots & a_{nn} \end{vmatrix} + \begin{vmatrix} a_{11} & \cdots & a_{1n} \\ \vdots & \ddots & \vdots \\ b_{k1} & \cdots & b_{kn} \\ \vdots & \ddots & \vdots \\ a_{n1} & \cdots & a_{nn} \end{vmatrix}$$

証明

$$\begin{vmatrix} a_{11} & a_{12} & a_{13} \\ a_{21}+b_{21} & a_{22}+b_{22} & a_{23}+b_{23} \\ a_{31} & a_{32} & a_{33} \end{vmatrix} = \begin{vmatrix} a_{11} & a_{12} & a_{13} \\ a_{21} & a_{22} & a_{23} \\ a_{31} & a_{32} & a_{33} \end{vmatrix} + \begin{vmatrix} a_{11} & a_{12} & a_{13} \\ b_{21} & b_{22} & b_{23} \\ a_{31} & a_{32} & a_{33} \end{vmatrix}$$

が成り立つことを行列式の定義を用いて示す．

$$
\text{左辺} = \sum \mathbf{sgn}\begin{pmatrix} 1 & 2 & 3 \\ i_1 & i_2 & i_3 \end{pmatrix} a_{1i_1}(a_{2i_2}+b_{2i_2})a_{3i_3}
$$

$$
= \sum \mathbf{sgn}\begin{pmatrix} 1 & 2 & 3 \\ i_1 & i_2 & i_3 \end{pmatrix} a_{1i_1}a_{2i_2}a_{3i_3} + \sum \mathbf{sgn}\begin{pmatrix} 1 & 2 & 3 \\ i_1 & i_2 & i_3 \end{pmatrix} a_{1i_1}b_{2i_2}a_{3i_3} = \text{右辺}
$$

定理 6.11

行列式の定数倍

$$
\begin{vmatrix} a_{11} & \cdots & a_{1n} \\ \vdots & \ddots & \vdots \\ ca_{k1} & \cdots & ca_{kn} \\ \vdots & \ddots & \vdots \\ a_{n1} & \cdots & a_{nn} \end{vmatrix} = c \begin{vmatrix} a_{11} & \cdots & a_{1n} \\ \vdots & \ddots & \vdots \\ a_{k1} & \cdots & a_{kn} \\ \vdots & \ddots & \vdots \\ a_{n1} & \cdots & a_{nn} \end{vmatrix}
$$

証明

$$
\begin{vmatrix} a_{11} & a_{12} & a_{13} \\ ca_{21} & ca_{22} & ca_{23} \\ a_{31} & a_{32} & a_{33} \end{vmatrix} = c\begin{vmatrix} a_{11} & a_{12} & a_{13} \\ a_{21} & a_{22} & a_{23} \\ a_{31} & a_{32} & a_{33} \end{vmatrix}
$$
が成り立つことを行列式の定義を用いて示す．

$$
\text{左辺} = \sum \mathbf{sgn}\begin{pmatrix} 1 & 2 & 3 \\ i_1 & i_2 & i_3 \end{pmatrix} a_{1i_1}ca_{2i_2}a_{3i_3} = c\sum \mathbf{sgn}\begin{pmatrix} 1 & 2 & 3 \\ i_1 & i_2 & i_3 \end{pmatrix} a_{1i_1}a_{2i_2}a_{3i_3}
$$

$$
= \text{右辺}
$$

定理 6.12

行列式の行の入れ換え

$$
\begin{vmatrix} a_{11} & \cdots & a_{1n} \\ \vdots & \ddots & \vdots \\ a_{k1} & \cdots & a_{kn} \\ \vdots & \ddots & \vdots \\ a_{l1} & \cdots & a_{ln} \\ \vdots & \ddots & \vdots \\ a_{n1} & \cdots & a_{nn} \end{vmatrix} = -\begin{vmatrix} a_{11} & \cdots & a_{1n} \\ \vdots & \ddots & \vdots \\ a_{l1} & \cdots & a_{ln} \\ \vdots & \ddots & \vdots \\ a_{k1} & \cdots & a_{kn} \\ \vdots & \ddots & \vdots \\ a_{n1} & \cdots & a_{nn} \end{vmatrix}
$$

すなわち，行列式の二つの行を入れ替えると，行列式の符号が変わる．

証明

$$\begin{vmatrix} a_{11} & a_{12} & a_{13} \\ a_{21} & a_{22} & a_{23} \\ a_{31} & a_{32} & a_{33} \end{vmatrix} = - \begin{vmatrix} a_{11} & a_{12} & a_{13} \\ a_{31} & a_{32} & a_{33} \\ a_{21} & a_{22} & a_{23} \end{vmatrix}$$ が成り立つことを行列式の定義を用いて示す.

$$\begin{aligned}
\text{左辺} &= \sum \operatorname{sgn}\begin{pmatrix} 1 & 2 & 3 \\ i_1 & i_2 & i_3 \end{pmatrix} a_{1i_1} a_{2i_2} a_{3i_3} \\
&= \operatorname{sgn}\begin{pmatrix} 1 & 2 & 3 \\ 1 & 2 & 3 \end{pmatrix} a_{11} a_{22} a_{33} + \operatorname{sgn}\begin{pmatrix} 1 & 2 & 3 \\ 1 & 3 & 2 \end{pmatrix} a_{11} a_{23} a_{32} \\
&\quad + \operatorname{sgn}\begin{pmatrix} 1 & 2 & 3 \\ 2 & 1 & 3 \end{pmatrix} a_{12} a_{21} a_{33} + \operatorname{sgn}\begin{pmatrix} 1 & 2 & 3 \\ 2 & 3 & 1 \end{pmatrix} a_{12} a_{23} a_{31} \\
&\quad + \operatorname{sgn}\begin{pmatrix} 1 & 2 & 3 \\ 3 & 1 & 2 \end{pmatrix} a_{13} a_{21} a_{32} + \operatorname{sgn}\begin{pmatrix} 1 & 2 & 3 \\ 3 & 2 & 1 \end{pmatrix} a_{13} a_{22} a_{31} \\
&= a_{11}a_{22}a_{33} - a_{11}a_{23}a_{32} - a_{12}a_{21}a_{33} + a_{12}a_{23}a_{31} + a_{13}a_{21}a_{32} - a_{13}a_{22}a_{31}
\end{aligned}$$

$$\begin{aligned}
\text{右辺} &= -\left\{ \sum \operatorname{sgn}\begin{pmatrix} 1 & 2 & 3 \\ i_1 & i_2 & i_3 \end{pmatrix} a_{1i_1} a_{2i_2} a_{3i_3} \right\} \\
&= -\left\{ \operatorname{sgn}\begin{pmatrix} 1 & 2 & 3 \\ 1 & 2 & 3 \end{pmatrix} a_{11} a_{22} a_{33} + \operatorname{sgn}\begin{pmatrix} 1 & 2 & 3 \\ 1 & 3 & 2 \end{pmatrix} a_{11} a_{23} a_{32} \right. \\
&\quad + \operatorname{sgn}\begin{pmatrix} 1 & 2 & 3 \\ 2 & 1 & 3 \end{pmatrix} a_{12} a_{21} a_{33} + \operatorname{sgn}\begin{pmatrix} 1 & 2 & 3 \\ 2 & 3 & 1 \end{pmatrix} a_{12} a_{23} a_{31} \\
&\quad \left. + \operatorname{sgn}\begin{pmatrix} 1 & 2 & 3 \\ 3 & 1 & 2 \end{pmatrix} a_{13} a_{21} a_{32} + \operatorname{sgn}\begin{pmatrix} 1 & 2 & 3 \\ 3 & 2 & 1 \end{pmatrix} a_{13} a_{22} a_{31} \right\} \\
&= -(a_{11}a_{23}a_{32} - a_{11}a_{22}a_{33} - a_{12}a_{23}a_{31} + a_{12}a_{21}a_{33} + a_{13}a_{22}a_{31} - a_{13}a_{21}a_{32}) \\
&= \text{左辺}
\end{aligned}$$

> **定理 6.13**
> 行列式の行と行の相等
>
> $$\begin{vmatrix} a_{11} & \cdots & a_{1n} \\ \vdots & \ddots & \vdots \\ a_{k1} & \cdots & a_{kn} \\ \vdots & \ddots & \vdots \\ a_{k1} & \cdots & a_{kn} \\ \vdots & \ddots & \vdots \\ a_{n1} & \cdots & a_{nn} \end{vmatrix} = 0$$
>
> すなわち，二つの行が等しい行列式の値は 0 である．

証明

$\begin{vmatrix} a_{11} & a_{12} & a_{13} \\ a_{21} & a_{22} & a_{23} \\ a_{21} & a_{22} & a_{23} \end{vmatrix} = 0$ が成り立つことを，定理 6.12 を用いて示す．

行列式の二つの行を入れ替えると，行列式の符号が変わるため，

$$\begin{vmatrix} a_{11} & a_{12} & a_{13} \\ a_{21} & a_{22} & a_{23} \\ a_{21} & a_{22} & a_{23} \end{vmatrix} = - \begin{vmatrix} a_{11} & a_{12} & a_{13} \\ a_{21} & a_{22} & a_{23} \\ a_{21} & a_{22} & a_{23} \end{vmatrix} \Rightarrow 2\begin{vmatrix} a_{11} & a_{12} & a_{13} \\ a_{21} & a_{22} & a_{23} \\ a_{21} & a_{22} & a_{23} \end{vmatrix} = 0$$

$$\Rightarrow \begin{vmatrix} a_{11} & a_{12} & a_{13} \\ a_{21} & a_{22} & a_{23} \\ a_{21} & a_{22} & a_{23} \end{vmatrix} = 0$$

定理 6.14

行列式の行の入れ換え

$$\begin{vmatrix} a_{11} & \cdots & a_{1n} \\ \vdots & \ddots & \vdots \\ a_{k1} & \cdots & a_{kn} \\ \vdots & \ddots & \vdots \\ a_{l1} & \cdots & a_{ln} \\ \vdots & \ddots & \vdots \\ a_{n1} & \cdots & a_{nn} \end{vmatrix} = \begin{vmatrix} a_{11} & \cdots & a_{1n} \\ \vdots & \ddots & \vdots \\ a_{k1} & \cdots & a_{kn} \\ \vdots & \ddots & \vdots \\ a_{l1} \pm ca_{k1} & \cdots & a_{ln} \pm ca_{kn} \\ \vdots & \ddots & \vdots \\ a_{n1} & \cdots & a_{nn} \end{vmatrix}$$

すなわち，ある行の定数倍を他の行に加えても（引いても），行列式の値は変わらない．

証明

$$\begin{vmatrix} a_{11} & a_{12} & a_{13} \\ a_{21} & a_{22} & a_{23} \\ a_{31} & a_{32} & a_{33} \end{vmatrix} = \begin{vmatrix} a_{11} & a_{12} & a_{13} \\ a_{21} & a_{22} & a_{23} \\ a_{31} \pm ca_{21} & a_{32} \pm ca_{22} & a_{33} \pm ca_{23} \end{vmatrix}$$

が成り立つことを，定理 6.10, 定理 6.11, 定理 6.13 を用いて示す．

$$\begin{aligned}
\text{左辺} &= \begin{vmatrix} a_{11} & a_{12} & a_{13} \\ a_{21} & a_{22} & a_{23} \\ a_{31} & a_{32} & a_{33} \end{vmatrix} \pm \begin{vmatrix} a_{11} & a_{12} & a_{13} \\ a_{21} & a_{22} & a_{23} \\ ca_{21} & ca_{22} & ca_{23} \end{vmatrix} \\
&= \begin{vmatrix} a_{11} & a_{12} & a_{13} \\ a_{21} & a_{22} & a_{23} \\ a_{31} & a_{32} & a_{33} \end{vmatrix} \pm c \begin{vmatrix} a_{11} & a_{12} & a_{13} \\ a_{21} & a_{22} & a_{23} \\ a_{21} & a_{22} & a_{23} \end{vmatrix} \\
&= \begin{vmatrix} a_{11} & a_{12} & a_{13} \\ a_{21} & a_{22} & a_{23} \\ a_{31} & a_{32} & a_{33} \end{vmatrix} \pm 0 = \text{右辺}
\end{aligned}$$

6.5.1 行列式の列に関する性質

行列式の列に関する性質を示す．定理 6.9 より $|A| = |{}^tA|$ であるため，列で成り立つ性質は，行でも成り立つ．そのため，証明は省略する．

定理 6.15

(1) $\begin{vmatrix} a_{11} & \cdots & a_{1k}+b_{1k} & \cdots & a_{1n} \\ \vdots & & \vdots & & \vdots \\ a_{n1} & \cdots & a_{nk}+b_{nk} & \cdots & a_{nn} \end{vmatrix}$

$= \begin{vmatrix} a_{11} & \cdots & a_{1k} & \cdots & a_{1n} \\ \vdots & & \vdots & & \vdots \\ a_{n1} & \cdots & a_{nk} & \cdots & a_{nn} \end{vmatrix} + \begin{vmatrix} a_{11} & \cdots & b_{1k} & \cdots & a_{1n} \\ \vdots & & \vdots & & \vdots \\ a_{n1} & \cdots & b_{nk} & \cdots & a_{nn} \end{vmatrix}$

(2) $\begin{vmatrix} a_{11} & \cdots & ca_{1k} & \cdots & a_{1n} \\ \vdots & & \vdots & & \vdots \\ a_{n1} & \cdots & ca_{nk} & \cdots & a_{nn} \end{vmatrix} = c \begin{vmatrix} a_{11} & \cdots & a_{1k} & \cdots & a_{1n} \\ \vdots & & \vdots & & \vdots \\ a_{n1} & \cdots & a_{nk} & \cdots & a_{nn} \end{vmatrix}$

(3) $\begin{vmatrix} a_{11} & \cdots & a_{1k} & \cdots & a_{1l} & \cdots & a_{1n} \\ \vdots & & \vdots & & \vdots & & \vdots \\ a_{n1} & \cdots & a_{nk} & \cdots & a_{nl} & \cdots & a_{nn} \end{vmatrix}$

$= - \begin{vmatrix} a_{11} & \cdots & a_{1l} & \cdots & a_{1k} & \cdots & a_{1n} \\ \vdots & & \vdots & & \vdots & & \vdots \\ a_{n1} & \cdots & a_{nl} & \cdots & a_{nk} & \cdots & a_{nn} \end{vmatrix}$

(4) $\begin{vmatrix} a_{11} & \cdots & a_{1k} & \cdots & a_{1k} & \cdots & a_{1n} \\ \vdots & & \vdots & & \vdots & & \vdots \\ a_{n1} & \cdots & a_{nk} & \cdots & a_{nk} & \cdots & a_{nn} \end{vmatrix} = 0$

(5) $\begin{vmatrix} a_{11} & \cdots & a_{1k} & \cdots & a_{1l} & \cdots & a_{1n} \\ \vdots & & \vdots & & \vdots & & \vdots \\ a_{n1} & \cdots & a_{nk} & \cdots & a_{nl} & \cdots & a_{nn} \end{vmatrix}$

$= - \begin{vmatrix} a_{11} & \cdots & a_{1k} & \cdots & a_{1l} \pm ca_{1k} & \cdots & a_{1n} \\ \vdots & & \vdots & & \vdots & & \vdots \\ a_{n1} & \cdots & a_{nk} & \cdots & a_{nl} \pm ca_{nk} & \cdots & a_{nn} \end{vmatrix}$

6.6 練習問題

定理 6.9〜定理 6.15 の行列の式の性質を活かして，行列式の値を求めよ．

(1) $A_1 = \begin{bmatrix} 2 & -2 & 4 & 2 \\ 2 & -1 & 6 & 3 \\ 3 & -2 & 12 & 12 \\ -1 & 3 & -4 & -4 \end{bmatrix}$, (2) $A_2 = \begin{bmatrix} 2 & -1 & 2 & 1 \\ 4 & -1 & 6 & 3 \\ 2 & -2 & 4 & 2 \\ -6 & 5 & 3 & 9 \end{bmatrix}$,

(3) $A_3 = \begin{bmatrix} 1 & 1 & 1 \\ 1 & 1+x & 1 \\ 1 & 1 & 1+y \end{bmatrix}$, (4) $A_4 = \begin{bmatrix} 1 & 1 & 1 \\ a_1 & b_1 & c_1 \\ a_2 & b_2 & c_2 \end{bmatrix}$,

(5) $A_5 = \begin{bmatrix} 2-\lambda & 3 & -1 \\ 2 & 1-\lambda & 1 \\ 1 & -1 & 4-\lambda \end{bmatrix}$, (6) $A_6 = \begin{bmatrix} a_0 & -1 & 0 & 0 \\ a_1 & x & -1 & 0 \\ a_2 & 0 & x & -1 \\ a_3 & 0 & 0 & x \end{bmatrix}$,

(7) $A_7 = \begin{bmatrix} 1 & 1 & 2 & 3 & 4 \\ 1 & 4 & 1 & 5 & 4 \\ 2 & 0 & 3 & 1 & 7 \\ -1 & 1 & 2 & 2 & 9 \\ 2 & -2 & 4 & 6 & 8 \end{bmatrix}$, (8) $A_8 = \begin{bmatrix} 1 & 1 & 1 & 1 \\ a & a^2 & a^3 & a^4 \\ b & b^2 & b^3 & b^4 \\ c & c^2 & c^3 & c^4 \end{bmatrix}$

7 固有値と固有ベクトル

n 次正方行列 A に対して $A\mathbf{x} = \lambda \mathbf{x}$ を満足する定数(ここでは主に実数を考える)λ を行列 A の固有値,n 次元ベクトル $\mathbf{x}$ を固有値 λ に対応する固有ベクトルという.

本章の学習目標は,固有値・固有ベクトルの計算法を理解し,以下の確認問題が解けるようになることである.

---- 確認問題 ----

(1) $A = \begin{bmatrix} 1 & 2 \\ -1 & 4 \end{bmatrix}$ とする.行列 A の固有値と固有ベクトルを求め,行列 A を対角化せよ.

(2) $B = \begin{bmatrix} 1 & 2 & -1 \\ 2 & 1 & -1 \\ -1 & -1 & 2 \end{bmatrix}$ とする.行列 B の固有値と固有ベクトルを求め,行列 B を対角化せよ.

(3) $C = \begin{bmatrix} 4 & 1 \\ -1 & 2 \end{bmatrix}$ とする.行列 C の固有値と固有ベクトルを求め,行列 C を対角化することができるか答えよ.

7.1 確認問題の解き方

使う公式 7.1（⇒ 7.3 節で解説）

2次正方行列 $A = \begin{bmatrix} a_{11} & a_{12} \\ a_{21} & a_{22} \end{bmatrix}$ の固有値は，以下の λ に関する方程式を解くことで求められる．

$$\begin{vmatrix} a_{11} - \lambda & a_{12} \\ a_{21} & a_{22} - \lambda \end{vmatrix} = 0$$

ここでは，二つの異なる固有値 λ_1, λ_2 が得られる場合を考える．行列 A の λ_i ($i = 1, 2$) に対する固有ベクトル $\mathbf{x}_i = \begin{bmatrix} x_1 \\ x_2 \end{bmatrix}$ を求めるには連立1次方程式

$$\begin{cases} (a_{11} - \lambda)x_1 + a_{12}x_2 = 0 \\ a_{21}x_1 + (a_{22} - \lambda)x_2 = 0 \end{cases}$$

を解くことになる．この連立1次方程式は無数の解をもつことに注意する．$\mathbf{x}_1, \mathbf{x}_2$ をそれぞれ固有値 λ_1, λ_2 に対する固有ベクトル（列ベクトルとする）とする．$P = [\mathbf{x}_1, \mathbf{x}_2]$ という2次正方行列は正則行列（逆行列が存在する）であり，$P^{-1}AP = \begin{bmatrix} \lambda_1 & 0 \\ 0 & \lambda_2 \end{bmatrix}$ を計算することで行列 A を対角行列 $\begin{bmatrix} \lambda_1 & 0 \\ 0 & \lambda_2 \end{bmatrix}$ に変形することができる．これを行列の対角化という．

---

(1) 行列 A の固有値を λ，対応する固有ベクトルを $\mathbf{x} = \begin{bmatrix} x_1 \\ x_2 \end{bmatrix}$ とする．固有値は

$$\begin{vmatrix} 1 - \lambda & 2 \\ -1 & 4 - \lambda \end{vmatrix} = 0$$

から求められる．左辺の行列式を計算することで

$$(1 - \lambda)(4 - \lambda) + 2 = 0$$

となり，$\lambda^2 - 5\lambda + 6 = 0$ という λ の2次方程式が得られる．これを解くと，$(\lambda - 3)(\lambda - 2) = 0$ より，行列 A の固有値は3と2となる．固有ベクトルを求めるには，連立1次方程式

$$\begin{cases} (1 - \lambda)x_1 + 2x_2 = 0 \\ -x_1 + (4 - \lambda)x_2 = 0 \end{cases}$$

の λ に $\lambda = 3$ または $\lambda = 2$ を代入することで求めることができる．まず，固有値 $\lambda_1 = 3$

に対応する固有ベクトル $\mathbf{x}_1 = \begin{bmatrix} x_1 \\ x_2 \end{bmatrix}$ を求める．

$$\begin{cases} -2x_1 + 2x_2 = 0 \\ -x_1 + x_2 = 0 \end{cases}$$

から $x_1 = t$ とおくと $x_2 = t$ を得る．ただし，t は定数である．これより，固有値 3 に対応する固有ベクトルは $\mathbf{x}_1 = t \begin{bmatrix} 1 \\ 1 \end{bmatrix}$ であることがわかる．一方，固有値 $\lambda = 2$ に対応する固有ベクトルは

$$\begin{cases} -x_1 + 2x_2 = 0 \\ -x_1 + 2x_2 = 0 \end{cases}$$

であるから，$x_2 = s$ とおいてみると $-x_1 + 2s = 0$ から $x_1 = 2s$ が得られる．したがって，固有値 2 に対応する固有ベクトルは $\mathbf{x}_2 = s \begin{bmatrix} 2 \\ 1 \end{bmatrix}$ である．以上のことから $P = [\mathbf{x}_1 \ \mathbf{x}_2] = \begin{bmatrix} 1 & 2 \\ 1 & 1 \end{bmatrix}$ とおくと，$P^{-1} = \begin{bmatrix} -1 & 2 \\ 1 & -1 \end{bmatrix}$ であるから，$P^{-1}AP = \begin{bmatrix} 3 & 0 \\ 0 & 2 \end{bmatrix}$ と対角化できることがわかる．

(2)

> **使う公式 7.2**
>
> 3次正方行列 $B = \begin{bmatrix} b_{11} & b_{12} & b_{13} \\ b_{21} & b_{22} & b_{23} \\ b_{31} & b_{32} & b_{33} \end{bmatrix}$ の固有値は，以下の λ に関する方程式を解くことで求められる．
>
> $$\begin{vmatrix} b_{11} - \lambda & b_{12} & b_{13} \\ b_{21} & b_{22} - \lambda & b_{23} \\ b_{31} & b_{32} & b_{33} - \lambda \end{vmatrix} = 0$$
>
> ここでは，三つの異なる固有値 $\lambda_1, \lambda_2, \lambda_3$ が得られる場合を考える．行列 B の固有値 λ に対応する固有ベクトル $\mathbf{x} = \begin{bmatrix} x_1 \\ x_2 \\ x_3 \end{bmatrix}$ を求めるには連立1次方程式
>
> $$\begin{cases} (b_{11} - \lambda)x_1 + b_{12}x_2 + b_{13}x_3 = 0 \\ b_{21}x_1 + (b_{22} - \lambda)x_2 + b_{23}x_3 = 0 \\ b_{31}x_1 + b_{32}x_2 + (b_{33} - \lambda)x_3 = 0 \end{cases}$$
>
> を解くことになる．この連立1次方程式は無数の解をもつことに注意する．$\mathbf{x}_1, \mathbf{x}_2, \mathbf{x}_3$ をそれぞれ固有値 $\lambda_1, \lambda_2, \lambda_3$ に対する固有ベクトルとする．$P = [\mathbf{x}_1 \ \mathbf{x}_2 \ \mathbf{x}_3]$ とおくと，$P^{-1}AP = \begin{bmatrix} \lambda_1 & 0 & 0 \\ 0 & \lambda_2 & 0 \\ 0 & 0 & \lambda_3 \end{bmatrix}$ が得られる．

まず固有値を求める．

$$\begin{vmatrix} 1 - \lambda & 2 & -1 \\ 2 & 1 - \lambda & -1 \\ -1 & -1 & 2 - \lambda \end{vmatrix} = 0$$

を計算すると

$$(1 - \lambda)^2(2 - \lambda) + 2 + 2 - 4(2 - \lambda) - (1 - \lambda) - (1 - \lambda) = 0$$

となる．$(\lambda - 1)(\lambda - 4)(\lambda + 1) = 0$ より，$\lambda = 4, 1, -1$ となる．したがって固有値は $\lambda_1 = 4, \lambda_2 = 1, \lambda_3 = -1$ である．次に固有ベクトル $\mathbf{x} = \begin{bmatrix} x_1 \\ x_2 \\ x_3 \end{bmatrix}$ を求める．固有値 $\lambda_1 = 4$ に対

応する固有ベクトルは連立 1 次方程式

$$\begin{cases} -3x_1 + 2x_2 - x_3 = 0 \\ 2x_1 - 3x_2 - x_3 = 0 \\ -x_1 - x_2 - 2x_3 = 0 \end{cases}$$

を解くことで，固有値 4 に対応する固有ベクトルは $\mathbf{x}_1 = t \begin{bmatrix} 1 \\ 1 \\ -1 \end{bmatrix}$ となる．固有値 $\lambda_2 = 1$ に対応する固有ベクトルは

$$\begin{cases} 0x_1 + 2x_2 - x_3 = 0 \\ 2x_1 + 0x_2 - x_3 = 0 \\ -x_1 - x_2 + x_3 = 0 \end{cases}$$

を解くことで，固有値 1 に対応する固有ベクトルは $\mathbf{x}_2 = u \begin{bmatrix} 1 \\ 1 \\ 2 \end{bmatrix}$ となる．最後に，固有値 $\lambda_3 = -1$ に対応する固有ベクトルは

$$\begin{cases} 2x_1 + 2x_2 - x_3 = 0 \\ 2x_1 + 2x_2 - x_3 = 0 \\ -x_1 - x_2 + 3x_3 = 0 \end{cases}$$

を解くことで，固有値 -1 に対応する固有ベクトルは $\mathbf{x}_3 = s \begin{bmatrix} 1 \\ -1 \\ 0 \end{bmatrix}$ となる．よって，$P = [\mathbf{x}_1\ \mathbf{x}_2\ \mathbf{x}_3] = \begin{bmatrix} 1 & 1 & 1 \\ 1 & 1 & -1 \\ -1 & 2 & 0 \end{bmatrix}$ とおくと $P^{-1}AP = \begin{bmatrix} 4 & 0 & 0 \\ 0 & 1 & 0 \\ 0 & 0 & -1 \end{bmatrix}$ が得られる．

―― 使う公式 7.3 ――――――――――――――――――――――――
行列 $C = \begin{bmatrix} c_{11} & c_{12} \\ c_{21} & c_{22} \end{bmatrix}$ の固有値が重解になる場合は行列 C を対角化することはできない． （⇒ C が対角行列の場合は除く）

行列 C の固有値を λ，対応する固有ベクトルを $\mathbf{x} = \begin{bmatrix} x_1 \\ x_2 \end{bmatrix}$ とおくと固有値は

$$\begin{vmatrix} 4-\lambda & 1 \\ -1 & 2-\lambda \end{vmatrix} = (4-\lambda)(2-\lambda) + 1 = (\lambda - 3)^2 = 0$$

より，$\lambda = 3$（重解）となる．この場合，$\lambda = 3$ に対応する固有ベクトルは

$$\begin{cases} x_1 + x_2 = 0 \\ -x_1 - x_2 = 0 \end{cases}$$

から，$\mathbf{x} = t \begin{bmatrix} 1 \\ -1 \end{bmatrix}$ と求めることができるが，対角化する際に作る行列 P は $P = \begin{bmatrix} 1 & 1 \\ -1 & -1 \end{bmatrix}$ となり，P は逆行列をもたないため，$P^{-1}AP$ を計算することはできない．したがって，行列 C は対角化することはできない．

[参考] このような場合は，対角化することはできなくても，三角化（上三角行列）することができる．

7.2 線形変換

7.2.1 線形空間と線形変換

線形変換に対する説明に入る前に線形空間について述べておく．

定義 7.1

K を四則演算（0 による除算は不可）について閉じている（四則演算の結果がまた K の要素となること．ただし，除算の場合は 0 で割ってはいけない）集合とし，ある集合 V を考える．$\mathbf{x}, \mathbf{y} \in V, k \in K$ とし，集合 V 上に和 $\mathbf{x} + \mathbf{y} \in V$ とスカラー倍 $k\mathbf{x} \in V$ が定義されていて，任意の $\mathbf{x}, \mathbf{y}, \mathbf{z} \in V, k_1, k_2 \in K$ に対して以下の (1) から (8) の条件が成り立つとき，V を K-線形空間という．

(1) 交換則：$\mathbf{x} + \mathbf{y} = \mathbf{y} + \mathbf{x}$
(2) 結合則：$(\mathbf{x} + \mathbf{y}) + \mathbf{z} = \mathbf{x} + (\mathbf{y} + \mathbf{z})$
(3) 零元の存在：$\mathbf{0} + \mathbf{x} = \mathbf{x}$ なる $\mathbf{0} \in V$ が存在
(4) 逆元の存在：$\mathbf{x} + \mathbf{a} = \mathbf{a} + \mathbf{x} = \mathbf{0}$ なる $\mathbf{a} \in V$ が存在
(5) $k_1(\mathbf{x} + \mathbf{y}) = k_1\mathbf{x} + k_1\mathbf{y}$
(6) $(k_1 + k_2)\mathbf{x} = k_1\mathbf{x} + k_2\mathbf{x}$
(7) $(k_1 k_2)\mathbf{x} = k_1(k_2\mathbf{x})$
(8) $1\mathbf{x} = \mathbf{x}$ となる $1 \in K$ が存在

線形空間の例としては，例えば，以下に示すようなものがあげられる．

- n 次元ベクトル $\mathbf{x}$ の集合：$\mathbf{R}^n$

- 実数を係数とする x の多項式の集合
- m 行 n 列行列の集合

次に，線形変換（線形写像）について述べる．

> **定義 7.2**
>
> 集合 V, W を K 上の線形空間とする．写像 $f : V \to W$ が，任意の $\mathbf{a}, \mathbf{b} \in V$，および，$k \in K$ に対して，以下の条件を満たすとき，f を V から W への線形変換（線形写像）という．
>
> $$f(\mathbf{a}+\mathbf{b}) = f(\mathbf{a}) + f(\mathbf{b})$$
> $$f(k\mathbf{a}) = kf(\mathbf{a})$$

7.2.2 行列による線形変換

本項では，ベクトル $\mathbf{x}$ に行列 A を掛ける演算 $A\mathbf{x}$ の幾何学的な意味について考えてみる．一般的に，n 次元ベクトル $\mathbf{x}, \mathbf{y}$ に $m \times n$ 行列 A を掛ける演算においても，以下に述べる内容と同様の議論が可能であるが，ここでは簡単のため，2次元ベクトルおよび 2×2 行列に限定して話を進める．前項で述べた線形変換の定義から明らかなように，$f(\mathbf{x}) = A\mathbf{x}$ という変換は，

$$A(\mathbf{x}+\mathbf{y}) = A\mathbf{x} + A\mathbf{y}$$
$$A(k\mathbf{x}) = kA\mathbf{x}$$

であるから，$f(\mathbf{x})$ は線形変換となる．例えば，$\mathbf{x} = \begin{bmatrix} 2 \\ 1 \end{bmatrix}$ に二つの行列 $A = \begin{bmatrix} 1 & 2 \\ 3 & 4 \end{bmatrix}$, $B = \begin{bmatrix} 2 & 1 \\ 1 & 1 \end{bmatrix}$ を左から掛けると $A\mathbf{x} = \begin{bmatrix} 4 \\ 10 \end{bmatrix}$, $B\mathbf{x} = \begin{bmatrix} 5 \\ 3 \end{bmatrix}$ となって，図 7.1 から，ベクトルに行列を掛けることでもとのベクトルの向きや大きさが変化することがわかる．しかしながら，常にこのようになるとは限らない．ベクトルとそれにどのような性質の行列を掛けるかによってその結果は異なってくる．例えば，$\mathbf{x}$ が零ベクトルの場合はどのような行列を掛けても変化は起こらない．以下，様々なタイプの行列とその演算結果について考えてみる．最初に，以下に示すような行列 A による操作をとりあげる．

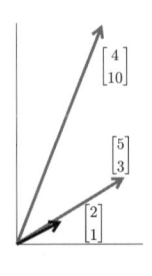

図 7.1

図 7.2

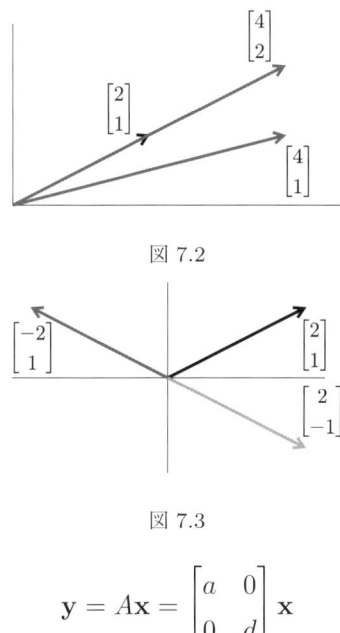

図 7.3

$$\mathbf{y} = A\mathbf{x} = \begin{bmatrix} a & 0 \\ 0 & d \end{bmatrix} \mathbf{x}$$

下の例と図 7.2 に示すように A が単位行列の場合（左）は向き，大きさとも変化しない．A が対角行列で，かつ，対角成分の値が同じ場合（中央）は大きさだけが変化する．また，対角行列で，かつ，対角成分の値が異なる場合（右）は，ベクトルの対応する成分が a および d 倍される．このように，このタイプの行列の乗算はベクトルの拡大・縮小操作に対応する．

$$\begin{bmatrix} 2 \\ 1 \end{bmatrix} = \begin{bmatrix} 1 & 0 \\ 0 & 1 \end{bmatrix} \begin{bmatrix} 2 \\ 1 \end{bmatrix}, \quad \begin{bmatrix} 4 \\ 2 \end{bmatrix} = \begin{bmatrix} 2 & 0 \\ 0 & 2 \end{bmatrix} \begin{bmatrix} 2 \\ 1 \end{bmatrix}, \quad \begin{bmatrix} 4 \\ 1 \end{bmatrix} = \begin{bmatrix} 2 & 0 \\ 0 & 1 \end{bmatrix} \begin{bmatrix} 2 \\ 1 \end{bmatrix}$$

ただし，a や d が負の場合は，拡大・縮小に加え，反転（鏡映）の操作が加わる．図 7.3 に示す例のベクトル $\begin{bmatrix} -2 \\ 1 \end{bmatrix}$ は y 軸に関するベクトル $\begin{bmatrix} 2 \\ 1 \end{bmatrix}$ の鏡映であり，ベクトル $\begin{bmatrix} 2 \\ -1 \end{bmatrix}$ は x 軸に関するベクトル $\begin{bmatrix} 2 \\ 1 \end{bmatrix}$ の鏡映である．

$$\begin{bmatrix} -2 \\ 1 \end{bmatrix} = \begin{bmatrix} -1 & 0 \\ 0 & 1 \end{bmatrix} \begin{bmatrix} 2 \\ 1 \end{bmatrix}, \quad \begin{bmatrix} 2 \\ -1 \end{bmatrix} = \begin{bmatrix} 1 & 0 \\ 0 & -1 \end{bmatrix} \begin{bmatrix} 2 \\ 1 \end{bmatrix}$$

次にとりあげるのは，剪断（スキュー）操作である．剪断操作はわかりにくい操作であるが，図形であれば図 7.4 に示すように平衡性を保ったまま図形をひずませる操作である．変換前の四角形（図 7.4 における太線の長方形）の頂点の座標を $(0,0), (2,0), (2,1), (0,1)$ とすれば原点を除いた他の頂点は次に示す例のように変換され，上の変換に対応するのが図 7.4 の太線の平行四辺形，下の変換に対応するのが図 7.4 の点線の平行四辺形になる．なお，図における $\tan \theta$ が，各々，b または c の値となる．

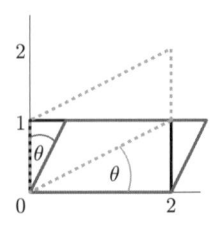

図 7.4

$$\mathbf{y} = \begin{bmatrix} 1 & b \\ 0 & 1 \end{bmatrix}\mathbf{x}, \quad \begin{bmatrix} 2 \\ 0 \end{bmatrix} = \begin{bmatrix} 1 & 0.5 \\ 0 & 1 \end{bmatrix}\begin{bmatrix} 2 \\ 0 \end{bmatrix}, \quad \begin{bmatrix} 2.5 \\ 1 \end{bmatrix} = \begin{bmatrix} 1 & 0.5 \\ 0 & 1 \end{bmatrix}\begin{bmatrix} 2 \\ 1 \end{bmatrix}, \quad \begin{bmatrix} 0.5 \\ 1 \end{bmatrix} = \begin{bmatrix} 1 & 0.5 \\ 0 & 1 \end{bmatrix}\begin{bmatrix} 0 \\ 1 \end{bmatrix}$$

$$\mathbf{y} = \begin{bmatrix} 1 & 0 \\ c & 1 \end{bmatrix}\mathbf{x}, \quad \begin{bmatrix} 2 \\ 1 \end{bmatrix} = \begin{bmatrix} 1 & 0 \\ 0.5 & 1 \end{bmatrix}\begin{bmatrix} 2 \\ 0 \end{bmatrix}, \quad \begin{bmatrix} 2 \\ 2 \end{bmatrix} = \begin{bmatrix} 1 & 0 \\ 0.5 & 1 \end{bmatrix}\begin{bmatrix} 2 \\ 1 \end{bmatrix}, \quad \begin{bmatrix} 0 \\ 1 \end{bmatrix} = \begin{bmatrix} 1 & 0 \\ 0.5 & 1 \end{bmatrix}\begin{bmatrix} 0 \\ 1 \end{bmatrix}$$

また，行列を掛けることによってベクトルの向きだけを変化させる演算も可能である．下に示す演算は，図 7.5 に示すようにベクトルを時計方向に 30 度回転した結果となる．

$$\begin{bmatrix} \cos 30° & \sin 30° \\ -\sin 30° & \cos 30° \end{bmatrix}\begin{bmatrix} 2 \\ 1 \end{bmatrix} = \begin{bmatrix} 0.866 & 0.5 \\ -0.5 & 0.866 \end{bmatrix}\begin{bmatrix} 2 \\ 1 \end{bmatrix} = \begin{bmatrix} 2.232 \\ -0.134 \end{bmatrix}$$

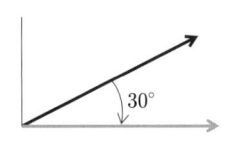

図 7.5

今までの例に挙げた行列の場合，ベクトル $\mathbf{x}$ が 2 次元空間を張れば，つまり，2 次元空間のすべてのベクトルを表現できればベクトル $\mathbf{y}$ も 2 次元空間を張ることになる．しかし，行列の種類によっては，かならずしもそのようにはならない．例えば，次に示す左側の二つの例においては，2 次元空間上のすべてのベクトルが 45 度の直線上のベクトルに変換される．つまり 45 度の直線上に射影される．また，右側の二つ例においては，すべてのベクトルが y 軸上のベクトルに射影される．このように，行列 A のランクが 2 より小さい場合は 2 次元空間の部分空間に射影されることになる．一般に，$m \times n$ 行列を掛ける演算は，n 次元ベクトルを m 次元空間（の部分空間）に射影する変換になる．

$$\begin{bmatrix} 2 & 1 \\ 2 & 1 \end{bmatrix}\begin{bmatrix} 2 \\ 1 \end{bmatrix} = \begin{bmatrix} 5 \\ 5 \end{bmatrix}, \quad \begin{bmatrix} 2 & 1 \\ 2 & 1 \end{bmatrix}\begin{bmatrix} 2 \\ 3 \end{bmatrix} = \begin{bmatrix} 7 \\ 7 \end{bmatrix}, \quad \begin{bmatrix} 0 & 0 \\ 0 & 3 \end{bmatrix}\begin{bmatrix} 2 \\ 1 \end{bmatrix} = \begin{bmatrix} 0 \\ 3 \end{bmatrix}, \quad \begin{bmatrix} 0 & 0 \\ 0 & 3 \end{bmatrix}\begin{bmatrix} 2 \\ 3 \end{bmatrix} = \begin{bmatrix} 0 \\ 9 \end{bmatrix}$$

7.2.3 アフィン変換

以上述べた行列の性質は，アフィン変換という形で，コンピュータグラフィック (CG) の分野で多く利用されている．アフィン変換は，線型変換（回転，拡大・縮小，剪断）と平行移動の組み合わせである．．したがって，

$$A\mathbf{x} + \mathbf{t}$$

の形で記述できる．ここで，$\mathbf{t}$ は平行移動量を表すベクトルである．なお，ユークリッド空間内のアフィン変換は以下に示すような性質をもつ．

1. 同一直線上にある 3 点は，アフィン変換後も同一直線上にある．
2. 同一直線上にある 3 点 A，B，C に対して，AB : BC の比が変化しない．

一般に，アフィン変換は，下に示すように，次元を一つ上げた 3 次元の行列およびベクトルで表すことが多い．この行列の左上の 2 行 2 列が行列 A を，3 列目の上二つの要素がベクトル $\mathbf{t}$ に対応する．

$$\begin{bmatrix} y_1 \\ y_2 \\ 1 \end{bmatrix} = \begin{bmatrix} a & b & t_x \\ c & d & t_y \\ 0 & 0 & 1 \end{bmatrix} \begin{bmatrix} x_1 \\ x_2 \\ 1 \end{bmatrix}$$

描画などの機能をその仕様に含んでいるプログラミング言語には，アフィン変換を実行するためのクラスや関数 (メソッド) が定義されている場合が多い．例えば，

- ActionScript における　　Transform クラス，Matrix クラス
- Java における　　AffineTransform クラス，AffineTransformOp クラス
- JavaScript における　　transform メソッド

などが該当する．

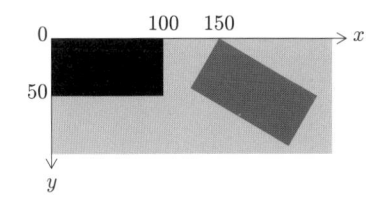

図 7.6

図 7.6 の右側の傾いている図形は，左側の図形を座標軸を (150,0) に移動した後，30 度時計方向に回転して描いた図形である．この例においては，以下に示すように，JavaScript におけるアフィン変換を実行するメソッド transform を使用している．

- `var ang = 30 * Math.PI / 180;`
- `var a = Math.cos(ang);`
- `var b = Math.sin(ang);`
- `var c = -Math.sin(ang);`
- `var d = Math.cos(ang);`
- `ctx.transform(a, b, c, d, 150, 0); //アフィン変換（移動と回転）`

7.3 固有値と固有ベクトル

前節で述べたように，A が単位行列およびそのスカラー倍の場合は，線形変換により向きは変化せず大きさだけが変化するが，一般的には，ベクトルの向きや大きさが変化する．しかし，線形変換

$$\begin{bmatrix} 4 & -2 \\ 1 & 1 \end{bmatrix} \begin{bmatrix} 2 \\ 1 \end{bmatrix} = \begin{bmatrix} 6 \\ 3 \end{bmatrix} = 3 \begin{bmatrix} 2 \\ 1 \end{bmatrix}$$

を見ると，A が上で述べた条件を満足していないにもかかわらず，大きさは変化しているが向きは同じであり，

$$A\mathbf{x} = \lambda \mathbf{x} \quad \lambda \text{ はスカラー}$$

の形となっている．このような性質をもつ λ と零ベクトルでないベクトル $\mathbf{x}$ は各行列固有のものであり，任意の n 次正方行列に対して存在し，λ をその行列の固有値，$\mathbf{x}$ を固有値 λ に対する固有ベクトルという．以下，実際に固有値と固有ベクトルを求めてみる．簡単のため，上で使用した行列 A を利用して説明していく．$A\mathbf{x} = \lambda \mathbf{x}$，つまり，$A\mathbf{x} - \lambda \mathbf{x} = 0$ の関係より，

$$A\mathbf{x} - \lambda I_2 \mathbf{x} = \begin{bmatrix} 4 & -2 \\ 1 & 1 \end{bmatrix} \mathbf{x} - \lambda \begin{bmatrix} 1 & 0 \\ 0 & 1 \end{bmatrix} \mathbf{x} = \begin{bmatrix} 4-\lambda & -2 \\ 1 & 1-\lambda \end{bmatrix} \mathbf{x} = 0 \tag{7.1}$$

の関係が得られる．この式が，$\mathbf{x} = \mathbf{0}$ 以外の解をもつためには，

$$\begin{vmatrix} 4-\lambda & -2 \\ 1 & 1-\lambda \end{vmatrix} = (4-\lambda)(1-\lambda) + 2 = \lambda^2 - 5\lambda + 6 = 0 \tag{7.2}$$

である必要がある．この方程式を行列 A の固有方程式と呼ぶ．この方程式を解くことによって，

$$\lambda_1, \lambda_2 = 2, 3$$

という二つの異なる固有値が求まる．一般的に，n 次の正方行列の場合，固有方程式の解は n 個存在し，重根や複素数になる場合もあるが，ここではそれらの場合については割愛する．次に，各固有値に対する固有ベクトルを求めてみる．まず，$\lambda_1 = 2$ に対しては，この値を式 (7.1) に代入し，$\mathbf{x} = {}^t[x_1\ x_2]$（「$t$」は転置を表す）とおくことによって，

$$\begin{bmatrix} 2 & -2 \\ 1 & -1 \end{bmatrix} \begin{bmatrix} x_1 \\ x_2 \end{bmatrix} = 0 \quad \rightarrow \quad 2x_1 - 2x_2 = 0,\ x_1 - x_2 = 0$$

という二つの式が得られる．二つの変数に対して二つの式が存在するが，明らかにこれらの式は独立ではない．したがって，$x_1 = x_2$ という条件を満たすすべてのベクトルが

$\lambda_1 = 2$ に対する固有ベクトルになるが，正規化されたベクトル（単位ベクトル．大きさが 1 のベクトル）を使用することが多い．同様の方法で，$\lambda_2 = 3$ に対する固有ベクトルを求めると，各固有値に対する固有ベクトルは以下のようになる．

$$\lambda_1 = 2 \text{ に対して} \begin{bmatrix} \frac{1}{\sqrt{2}} \\ \frac{1}{\sqrt{2}} \end{bmatrix}, \quad \lambda_2 = 3 \text{ に対して} \begin{bmatrix} \frac{2}{\sqrt{5}} \\ \frac{1}{\sqrt{5}} \end{bmatrix}$$

問 7.3

行列 $\begin{bmatrix} 1 & 0 \\ 0 & 2 \end{bmatrix}$ の固有値，および，固有ベクトルを求めよ．

7.4 固有値と固有ベクトルの性質とその応用

7.4.1 行列の対角化

一般に，定数係数線形システムは，外部からの入力項を無視すれば，以下に示すような微分方程式で表現可能である．

$$\frac{d}{dt}\mathbf{x} = A\mathbf{x} \tag{7.3}$$

ここで，A は n 次の正方行列であり，$\mathbf{x}$ はシステムの状態を表す n 次元ベクトルである．式 (7.3) で表されたシステムの挙動は行列 A の固有値によって定まるといってよい．例えば，A が 5×5 行列であり，その固有値が λ_1，λ_2（重根），$\alpha \pm i\beta$（複素根）であった場合，式 (7.3) で表される微分方程式の解は以下に示す項の線形結合で記述される．このことから，行列 A の固有値がシステムの挙動に重要な役割を果たしていることがわかる．なお，ω はシステムの初期状態から決まる定数である．

$$e^{\lambda_1 t}, \quad e^{\lambda_2 t}, \quad t e^{\lambda_2 t}, \quad e^{\alpha t} \sin(\beta t + \omega)$$

また，式 (7.3) に見るように，A が対角行列でない限り，状態 $\mathbf{x}$ のある要素が変化すれば，他の要素もその影響を受けることになる．例えば，航空機のような場合を例にとれば，旋回しようとすれば（水平方向の角速度に対応する変数の変化に相当），速さが遅くなり，高度も落ちるなどの変化が生じる．これを避けようとすれば，旋回率を変えるだけの操作ですまず，さらに複雑な操作が必要になる．しかし，行列 A が対角行列であればどうであろう．状態 $\mathbf{x}$ の各要素の変化は他の要素にまったく影響を与えない．微分方程式を解く立場からいえば，n 個の独立な微分方程式を解けばよく，また，制御を行う立場からいえば，他の要素の変化を考慮せず，各要素を独立に制御すればよくなる．

それでは，式 (7.3) を対角行列を使用した式に変更できないであろうか．いま，$\mathbf{x} = P\mathbf{y}$ となるような新たな状態変数 $\mathbf{y}$ を選択したとする．ただし，P は逆行列が存在する n 次の正方行列であるとする．この関係を式 (7.3) に代入すると，

$$P\frac{d}{dt}\mathbf{y} = AP\mathbf{y}$$

となる．さらに，この式に左から P の逆行列 P^{-1} を掛けると，

$$P^{-1}P\frac{d}{dt}\mathbf{y} = \frac{d}{dt}\mathbf{y} = P^{-1}AP\mathbf{y}$$

のようになる．このとき，$P^{-1}AP$ が対角行列になれば，つまり，行列 A を行列 P で対角化可能であれば，上で述べたようなシステムを実現できることになる．以上述べた点からも明らかなように，制御などの分野において行列の対角化は非常に重要な概念である．以下，具体的に対角化の方法について述べていく．一般に，n 次正方行列 A が異なる n 個の固有値をもっている場合，n 個の固有ベクトルは線形独立となる．このことを証明するためには，任意の固有ベクトル $\mathbf{x}_i, \mathbf{x}_j$ に対して，

$$c_i\mathbf{x}_i + c_j\mathbf{x}_j = 0 \tag{7.4}$$

を満たすのが $c_i = c_j = 0$ の場合だけであることをいえばよい．式 (7.4) の両辺に A を掛けると

$$c_iA\mathbf{x}_i + c_jA\mathbf{x}_j = 0 \tag{7.5}$$

となる．結局，固有値と固有ベクトルの関係から $c_i\lambda_i\mathbf{x}_i + c_j\lambda_j\mathbf{x}_j = 0$ となる．式 (7.4) の両辺に λ_j を掛け，式 (7.5) の変形結果からその式を引くと次の式が得られる．

$$c_i(\lambda_i - \lambda_j)\mathbf{x}_i = 0$$

$\lambda_i \neq \lambda_j$, $\mathbf{x}_i \neq \mathbf{0}$ より $c_i = 0$ となる．この結果を式 (7.4) に代入することにより，$c_j = 0$ となり，$\mathbf{x}_i$ と $\mathbf{x}_j$ が独立であることが証明される．以上より，n 個の固有ベクトルを列（行）にもつ行列 P のランクは n（正則）となり，その逆行列が存在する．さらに，以下に示すように，行列 P によって行列 A を対角化することが可能である．いま，n 個の固有値に対応する固有ベクトルを，$\mathbf{x}_1, \mathbf{x}_2, \ldots, \mathbf{x}_n$ とすると，固有値と固有ベクトルの性質より

$$\begin{aligned}AP &= A[\mathbf{x}_1\mathbf{x}_2\cdots\mathbf{x}_n] \\ &= [\lambda_1\mathbf{x}_1\lambda_2\mathbf{x}_2\cdots\lambda_n\mathbf{x}_n] \\ &= [\mathbf{x}_1\mathbf{x}_2\cdots\mathbf{x}_n]\begin{bmatrix}\lambda_1 & 0 & \ldots & 0 \\ 0 & \lambda_2 & \ldots & 0 \\ \vdots & \vdots & \ddots & \vdots \\ 0 & 0 & \ldots & \lambda_n\end{bmatrix} = P\begin{bmatrix}\lambda_1 & 0 & \ldots & 0 \\ 0 & \lambda_2 & \ldots & 0 \\ \vdots & \vdots & \ddots & \vdots \\ 0 & 0 & \ldots & \lambda_n\end{bmatrix}\end{aligned}$$

となる．この式の両辺に左側から P^{-1} を掛けると，以下に示すように行列 A は対角行列に変換される．

$$P^{-1}AP = P^{-1}P \begin{bmatrix} \lambda_1 & 0 & \ldots & 0 \\ 0 & \lambda_2 & \ldots & 0 \\ \vdots & \vdots & \ddots & \vdots \\ 0 & 0 & \ldots & \lambda_n \end{bmatrix} = \begin{bmatrix} \lambda_1 & 0 & \ldots & 0 \\ 0 & \lambda_2 & \ldots & 0 \\ \vdots & \vdots & \ddots & \vdots \\ 0 & 0 & \ldots & \lambda_n \end{bmatrix}$$

特に，対称行列，つまり，$A = {}^t A$ が成立する行列では，すべての固有ベクトルは互いに直交する．その n 個の固有ベクトルを列にもつ行列 P は，各固有ベクトルが正規化されているとき，直交行列（以後，U で記述する）となる．直交行列とは，各列ベクトルの大きさが 1 で，互いに異なる列ベクトル同士の内積が 0 となる行列のことをいう．直交行列においては，$U^{-1} = {}^t U$ という性質が存在するため，A が対称行列である場合は，以下に示すように，U^{-1} の代わりに ${}^t U$ を使用して対角化可能である．

$${}^t UAU = \begin{bmatrix} \lambda_1 & 0 & \ldots & 0 \\ 0 & \lambda_2 & \ldots & 0 \\ \vdots & \vdots & \ddots & \vdots \\ 0 & 0 & \ldots & \lambda_n \end{bmatrix}$$

7.4.2 多変量解析

世の中に起きる様々な現象は，多くの変量（変数，要因）が複雑に関係しあって起こっている．多変量解析とはこれらの変量間の種々の関係を明らかにし，現象の分析，将来に対する予測などを行おうとする学問分野である．その中で使用される多くの手法において，行列の固有値および固有ベクトルに対する考え方が重要になる．ここでは，例として，多変量解析の一手法である主成分分析をとりあげる．主成分分析とは，多くの特性をもつ多変量のデータを，少ない個数の互いに相関の無い特性値にまとめるための手法である．簡単のため，図 7.7 に示すような 2 変量のデータについて考えてみる．これらのデータにおいて，データの変動が最も大きい方向は図の右上がりの直線で示した方向である．この方向を，主成分分析では，第 1 主成分という．もし，図 7.8 に示すように，ほとんどのデータがこの方向およびその近傍にあったとすれば，この方向に沿った検討だけで得られたデータを説明できる．しかし，図 7.7 のように，そうでない場合は，第 1 主成分に直交する方向（第 2 主成分，点線の直線）の変化についても検討する必要がある．上で挙げた 2 変量の場合は，データの変動が最も大きい方向を簡単に見つけることができるが（そのような意味から，2 変量の場合に対しては主成分分析を行う意味がない），3 変量以上の場合は簡単ではない．そのようなとき，各主成分を求めるための手法が主成分分析である．具体的な主成分の求め方は以下に示すとおりである．いま，何らかの相関関係がある n 個の変量 $(x_1, x_2, \ldots, x_n)$，N 組のデータ $(x_{1k}, x_{2k}, \ldots, x_{nk})$ $(k = 1 \sim N)$ が得られたとする．例えば，n を 3 として，N 人分の（数学の点数，国語の点数，英語の点数）が得られたような場合である．このとき，n 個の変量の一次結合，

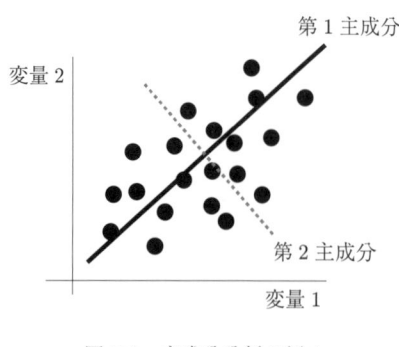

図 7.7 主成分分析の例 1

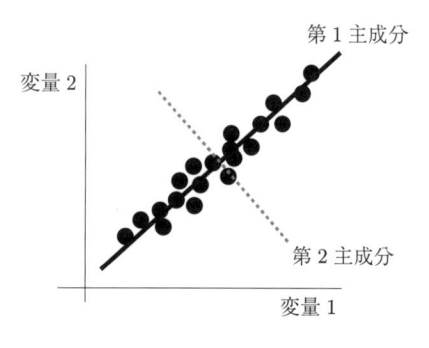

図 7.8 主成分分析の例 2

$$z = p_1 x_1 + p_2 x_2 + \cdots + p_n x_n$$

を考え,

$$\sum_{i=1}^{n} p_i^2 = 1 \tag{7.6}$$

の条件の下で, z の分散が最大になるように p_i を定める. つまり, データの変動が最も大きい方向を求めることになる. この結果得られた

$$z_1 = p_{11} x_1 + p_{12} x_2 + \cdots + p_{1n} x_n$$

を第一主成分という. 以下, 同様の手続きによって, それまでに得られたすべての主成分に無相関であることを考慮しつつ, 第 n 主成分まで求めることが可能である. 実は, 各主成分は, 変量 $(x_1, x_2, \ldots, x_n)$ に対する分散共分散行列と強い関係がある. 各変量に対する標本平均値を,

$$\bar{x}_i = \frac{1}{N} \sum_{k=1}^{N} x_{ik}$$

とすると, 分散共分散行列は以下のようになる. なお, 分散共分散行列は, その定義から, 実対称行列となるため, 各固有ベクトルは直交する.

$$V = \begin{bmatrix} \sigma_{11} & \sigma_{12} & \cdots & \sigma_{1n} \\ \sigma_{21} & \sigma_{22} & \cdots & \sigma_{2n} \\ \vdots & \vdots & \ddots & \vdots \\ \sigma_{n1} & \sigma_{n2} & \cdots & \sigma_{nn} \end{bmatrix} \quad \sigma_{ij} = \frac{1}{N-1} \sum_{k=1}^{N} (x_{ik} - \bar{x}_i)(x_{jk} - \bar{x}_j)$$

このとき, 第 j 主成分の係数からなるベクトル,

$$\mathbf{p}_j = \begin{bmatrix} p_{j1} \\ p_{j2} \\ \vdots \\ p_{jn} \end{bmatrix}$$

は，分散共分散行列の大きい方から j 番目の固有値に対する固有ベクトル（正規化されたもの）となる．では，具体的に，例を使用して主成分分析を行ってみる．まず，イメージをつかむために，2変量データを扱う．変量 (x_1, x_2) は，数学と英語に対する145人分の試験結果であり，その分散共分散行列は以下のようになったとする．

$$V = \begin{bmatrix} 734.25 & 217.83 \\ 217.83 & 217.33 \end{bmatrix}$$

この分散共分散行列の固有値および固有ベクトルは以下のようになる．

$$\lambda_1 = 813.80 \begin{bmatrix} 0.939 \\ 0.343 \end{bmatrix}, \quad \lambda_2 = 137.78 \begin{bmatrix} -0.343 \\ 0.939 \end{bmatrix}$$

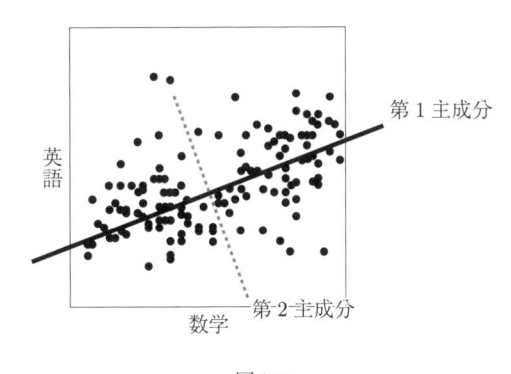

図 7.9

この結果，第1主成分は固有値 λ_1 に対応する固有ベクトル，第2主成分は固有値 λ_2 に対応する固有ベクトルとなる．データの散布図上に各主成分（太線が第1主成分，点線が第2主成分）を表示すれば図 7.9 のようになる．図や固有ベクトルからも明らかなように，第1主成分は数学の点数，第2主成分は英語の点数が主たる要因になっている．続いて，4変量データを扱ってみる．変量 (x_1, x_2, x_3, x_4) は，数学1，数学2，英語，およびプログラミングに対する68人分の試験結果とする．なお，数学1は，SPI総合適性検査における非言語分野と似た内容，数学2は線形代数である．この場合は，散布図を描くわけにはいかず，データを眺めただけで第1主成分のような因子を見つけることは困難であり，主成分分析が大きな力を発揮する．この例に対する分散共分散行列は以下のようになる．なお，数学1と英語は上で用いたデータと同じであるが，他の科目との関係から，データ数は少なくなっている．

$$V = \begin{bmatrix} 674.75 & 334.50 & 179.99 & 282.68 \\ 334.50 & 426.26 & 113.36 & 323.19 \\ 179.99 & 113.36 & 218.68 & 86.42 \\ 282.68 & 323.19 & 86.42 & 882.45 \end{bmatrix}$$

この行列に対する固有値び固有ベクトルは以下のようになり，各々，第 1 主成分から第 4 主成分に対応する．

$$\lambda_1 = 1355.88 \begin{bmatrix} 0.552 \\ 0.455 \\ 0.184 \\ 0.674 \end{bmatrix}, \quad \lambda_2 = 519.01 \begin{bmatrix} -0.644 \\ -0.164 \\ -0.245 \\ 0.706 \end{bmatrix}$$

$$\lambda_3 = 171.25 \begin{bmatrix} -0.411 \\ 0.875 \\ -0.133 \\ -0.218 \end{bmatrix}, \quad \lambda_4 = 155.99 \begin{bmatrix} -0.333 \\ -0.008 \\ 0.943 \\ 0.021 \end{bmatrix}$$

7.5 練習問題

(1) 以下の行列の固有値と固有ベクトルを求め，行列を対角化せよ．$A_1 = \begin{bmatrix} 1 & 1 \\ 0 & 2 \end{bmatrix}$, $A_2 = \begin{bmatrix} 1 & 0 & 0 \\ 0 & 3 & -1 \\ 2 & 0 & 2 \end{bmatrix}$

(2) 行列 $B = \begin{bmatrix} 1 & 1 \\ -1 & 3 \end{bmatrix}$ は対角化可能であるかどうか調べよ．

8 線形空間とその応用

本章では，線形空間における基本的な性質について紹介する．線形空間の定義は少し抽象的であり，ここで学ぶものがどのように役に立つかということを想像することは容易ではないかもしれない．そこで本章では，誤り訂正の技術への応用と照らし合わせながら線形空間の定義や性質について紹介していくことにする．

8.1 誤り訂正の理論

初めに，具体例を用いて誤り訂正の技術がどのように実現されているかということについて説明する．そのために以下のような集合と演算を定義する．

+	0	1
0	0	1
1	1	0

×	0	1
0	0	0
1	0	1

集合 $\mathbf{F}_2 = \{0, 1\}$ では，$1 + 1 = 0$ となり，1 を偶数回足すと 0 になり，1 を奇数回足すと 1 となる．別の見方をすると，この演算は論理演算の排他的論理和に対応していることがわかる．$\mathbf{F}_2^n$ で $\mathbf{F}_2$ の n 個の直積集合を表すことにする．つまり，$\mathbf{F}_2^n$ の要素は n 個の $\{0, 1\}$ の組であるとする．いま，行ベクトル $\mathbf{c} = \begin{bmatrix} 1 \\ 1 \end{bmatrix} \in \mathbf{F}_2^2$ と二つの 2×4 行列

$$G = \begin{bmatrix} 1 & 0 & 1 & 0 \\ 0 & 1 & 1 & 1 \end{bmatrix}$$

$$H = \begin{bmatrix} 1 & 1 & 1 & 0 \\ 0 & 1 & 0 & 1 \end{bmatrix}$$

を考える．2 つの行列 G, H の要素は $\mathbf{F}_2$ の要素である．行列の積 ${}^t\mathbf{c}G$ を $\mathbf{x} \in \mathbf{F}_2^4$ とおくと，

$$\mathbf{x} = \begin{bmatrix} 1 & 1 \end{bmatrix} \begin{bmatrix} 1 & 0 & 1 & 0 \\ 0 & 1 & 1 & 1 \end{bmatrix} = \begin{bmatrix} 1 \cdot 1 + 0 \cdot 1 & 1 \cdot 0 + 1 \cdot 1 & 1 \cdot 1 + 1 \cdot 1 & 1 \cdot 0 + 1 \cdot 1 \end{bmatrix}$$

$$= \begin{bmatrix} 1+0 & 0+1 & 1+1 & 0+1 \end{bmatrix} = \begin{bmatrix} 1 & 1 & 0 & 1 \end{bmatrix}$$

となる．この場合，

$$\mathbf{x}\,{}^tH = \begin{bmatrix} 1 & 1 & 0 & 1 \end{bmatrix} \begin{bmatrix} 1 & 0 \\ 1 & 1 \\ 1 & 0 \\ 0 & 1 \end{bmatrix}$$

$$= \begin{bmatrix} 0 & 0 \end{bmatrix} \in \mathbf{F}_2^2$$

が成り立つことがわかる．これが誤り訂正を行う際に必要となる計算であるが，ここで重要なことは $\mathbf{x}\,{}^tH$ の計算結果が零ベクトル $\mathbf{0}$ になることである．これ以降，ベクトル $\mathbf{x}$ と二つの行列 G, H を用いて，誤り訂正がどのように実現されるかということについて見ていくことにする．

まず，ベクトル $\mathbf{c} = \begin{bmatrix} 1 \\ 1 \end{bmatrix}$ の第 1 成分の $\{0,1\}$ を反転させてできるベクトル $\begin{bmatrix} 0 \\ 1 \end{bmatrix}$ を作り，${}^t\begin{bmatrix} 0 \\ 1 \end{bmatrix}$ の右から行列 G を掛けて，$\mathbf{y}_1 = \begin{bmatrix} 0 & 1 & 0 & 1 \end{bmatrix}$ を作る．$\mathbf{x}$ が正しいベクトルとすれば $\mathbf{y}_1$ は第 1 成分に誤りをもつベクトルである．$\mathbf{y}_1\,{}^tH$ を計算すると，

$$\mathbf{y}_1\,{}^tH = \begin{bmatrix} 0 & 1 & 0 & 1 \end{bmatrix} \begin{bmatrix} 1 & 0 \\ 1 & 1 \\ 1 & 0 \\ 0 & 1 \end{bmatrix}$$

$$= \begin{bmatrix} 1 & 0 \end{bmatrix}$$

となり，これは行列 ${}^tH$ の第 1 行である．これではまだ何も考察できないため，今度は $\mathbf{c} = \begin{bmatrix} 1 \\ 1 \end{bmatrix}$ の第 2 成分の $\{0,1\}$ を反転させてベクトル $\begin{bmatrix} 1 \\ 0 \end{bmatrix}$ を作り，${}^t\begin{bmatrix} 1 \\ 0 \end{bmatrix}$ に右側から行列 G を掛け算して $\mathbf{y}_2 = \begin{bmatrix} 1 & 0 & 0 & 1 \end{bmatrix}$ を作る．$\mathbf{y}_2$ は第 2 成分に誤りがあるベクトルである．$\mathbf{y}_1\,{}^tH$ を計算すると，

$$\mathbf{y}_2\,{}^tH = \begin{bmatrix} 1 & 0 & 0 & 1 \end{bmatrix} \begin{bmatrix} 1 & 0 \\ 1 & 1 \\ 1 & 0 \\ 0 & 1 \end{bmatrix}$$

$$= \begin{bmatrix} 1 & 1 \end{bmatrix}$$

となり，これは行列 ${}^tH$ の第 2 行である．

ここで，$\mathbf{y}_1{}^t H = \begin{bmatrix} 1 \\ 0 \end{bmatrix}$ は行列 ${}^t H$ の第 1 行（行列 H の第 1 列）であり，$\mathbf{y}_2{}^t H = \begin{bmatrix} 1 \\ 1 \end{bmatrix}$ は行列 ${}^t H$ の第 2 行（行列 H の第 2 列）となることは偶然ではなく，行列 G, H の構成の方法から必然的にこのような結果が導かれるのである．上記と同様に，ベクトル $\mathbf{x}$ の第 k 成分 ($k = 1, 2, 3, 4$) の $\{0, 1\}$ を反転させてできるベクトル $\mathbf{y}_k$ に対して $\mathbf{y}_k{}^t H$ を計算すると，その結果は必ず行列 ${}^t H$ の第 k 行（行列 H の第 k 列）となることが確認できる．

問 8.1

上記のことを確認せよ．

以上のことをまとめると，ベクトル $\mathbf{y}_k$ に対して $\mathbf{y}_k{}^t H = \mathbf{0}$ とならず，計算結果が行列 ${}^t H$ の第 k 行になる場合は，ベクトル $\mathbf{y}_k$ の第 k 成分に誤りがある（0 と 1 が反転している）と判断できることになる．

次の節以降では，上述のようなことがなぜ成り立つかということを説明していく．その際に必要となる主な知識は線形空間であり，次元，基底，直交補空間の考え方や概念が議論を進める上で必要となる．

8.2 線形空間の性質

線形空間の定義は第 7 章で紹介したが，ここではその基本的な性質を見ていくことにする．

定理 8.2

線形空間は以下の性質をもつ．
(A) $\mathbf{0} \in V$ はただ一つだけ存在する．
(B) 任意の $\mathbf{x} \in V$ に対して，$\mathbf{x} + \mathbf{a} = \mathbf{a} + \mathbf{x} = \mathbf{0}$ を満たす $\mathbf{a} \in V$ はただ一つだけ存在する．$\mathbf{a}$ を $-\mathbf{x}$ と書くことにする．
(C) 任意の $\mathbf{x} \in V$ に対して $0\mathbf{x} = \mathbf{0}$ である．
(D) 任意の $k \in K$ に対して $k\mathbf{0} = \mathbf{0}$ である．
(E) $k\mathbf{x} = \mathbf{0}$ なら $k = 0$ か $\mathbf{x} = \mathbf{0}$ である．
(F) $(-1)\mathbf{x} = -\mathbf{x}$ である．

定理 8.2 の証明 (A) と (B) の証明のみ与える．
(A) $\mathbf{x} + \mathbf{0} = \mathbf{x} \cdots (a)$ と $\mathbf{x} + \mathbf{0}' = \mathbf{x} \cdots (b)$ となる $\mathbf{0}, \mathbf{0}' \in V$ が存在するとする．(a) において $\mathbf{x} = \mathbf{0}'$ とすると

$$\mathbf{0}' + \mathbf{0} = \mathbf{0}' \cdots (a)'$$

となり，(b) において $\mathbf{x} = \mathbf{0}$ とすると
$$\mathbf{0} + \mathbf{0}' = \mathbf{0} \cdots (b)'$$
となる．$(b)'$ より，
$$\begin{aligned}\mathbf{0} &= \mathbf{0} + \mathbf{0}' \\ &= \mathbf{0}' + \mathbf{0} \quad (\text{第 7 章の線形空間の定義 (1) より}) \\ &= \mathbf{0}' \quad ((a)' \text{より})\end{aligned}$$
が得られる．

(B) $\mathbf{x} + \mathbf{a} = \mathbf{a} + \mathbf{x} = \mathbf{0}, \mathbf{x} + \mathbf{a}' = \mathbf{a}' + \mathbf{x} = \mathbf{0}$ となる $\mathbf{a}, \mathbf{a}' \in V$ が存在すると仮定する．$\mathbf{x} + \mathbf{a}' = \mathbf{0}$ の両辺に左から $\mathbf{a}$ を加えると，
$$\mathbf{a} + (\mathbf{x} + \mathbf{a}') = \mathbf{a} + \mathbf{0} \cdots (c)$$
が得られる．(c) の左辺は
$$\begin{aligned}\mathbf{a} + (\mathbf{x} + \mathbf{a}') &= (\mathbf{a} + \mathbf{x}) + \mathbf{a}' \quad (\text{線形空間の定義 (2)}) \\ &= \mathbf{0} + \mathbf{a}' \quad (\text{仮定 } \mathbf{a} + \mathbf{x} = \mathbf{0} \text{ より}) \\ &= \mathbf{a}' \quad (\text{線形空間の定義 (3) より})\end{aligned}$$
となり，(c) の右辺は
$$\mathbf{a} + \mathbf{0} = \mathbf{a} \quad (\text{線形空間の定義 (3)})$$
となるから，結局 $\mathbf{a} = \mathbf{a}'$ となることがわかる． □

8.3 部分空間

8.1 節で紹介した線形空間の符号理論への応用を見るために，今度は部分空間の概念について解説していく．W を K-線形空間の部分集合とする．一般に，W は線形空間となるとは限らない．例えば，2 次元ユークリッド空間 $\mathbf{R}^2$ は線形空間の公理を満たすが，$\mathbf{R}^2$ の部分集合
$$W_1 = \left\{ \begin{bmatrix} x \\ y \end{bmatrix} ; x + y = 1 \right\}$$
は K-線形空間でない．これを確かめるには W の適当な二つの元 $\mathbf{a} = \begin{bmatrix} x_1 \\ y_1 \end{bmatrix}, \mathbf{b} = \begin{bmatrix} x_2 \\ y_2 \end{bmatrix}$ を考え，
$$\mathbf{a} + \mathbf{b} \notin W_1$$

を示せばよい．$\mathbf{a}, \mathbf{b} \in W_1$ だから W_1 の定義より，$x_1 + y_1 = 1, x_2 + y_2 = 1$ である．$\mathbf{a}$ と $\mathbf{b}$ の和を考えると，$\mathbf{a} + \mathbf{b} = \begin{bmatrix} x_1 + x_2 \\ y_1 + y_2 \end{bmatrix}$ であるが，

$$(x_1 + x_2) + (y_1 + y_2) = 2 \neq 1$$

であるから，$\mathbf{a} + \mathbf{b} \notin W_1$ であることがわかる．したがって，W_1 は K-線形空間でない．

K-線形空間 V の部分集合 W が線形空間になるための条件は

(1) $\mathbf{x}, \mathbf{y} \in W$ ならば $\mathbf{x} + \mathbf{y} \in W$

(2) $\mathbf{x} \in W, k \in K$ ならば $k\mathbf{x} \in W$

となることが，以下のようにしてわかる．

W は V の部分集合であるから，(1) を満たすことと合わせて考えると線形空間の定義 7.1(1), (2), (5), (6), (7), (8) を満たすことは明らかである．零元（定義 7.1(3)）と逆元（定義 7.1(4)）の存在については (2) の条件を利用する．

(2) において，$k = 0$ とすれば $0\mathbf{x} \in W$ であるが定理 8.1 の (3) より $\mathbf{0} = 0\mathbf{x} \in W$ である．よって定義 7.1(3) も満たす．定義 7.1(4) の加法の逆元は (2) において $k = -1$ とすればよい．

定義 8.3

K-線形空間 V の部分集合 W が

(1) $\mathbf{x}, \mathbf{y} \in W$ なら $\mathbf{x} + \mathbf{y} \in W$

(2) $\mathbf{x} \in W, k \in K$ なら $k\mathbf{x} \in W$

を満たすとき，W を V の（線形）部分空間という．

問 8.4

(1) $\mathbf{R}^2$ の部分集合 $W = \left\{ \begin{bmatrix} x \\ y \end{bmatrix} \in \mathbf{R}^2 \,;\, x + y = 0 \right\}$ は $\mathbf{R}^2$ の部分空間となることを示せ．

(2) $\phi \neq W$ が V の部分空間であるための必要条件は任意の $\mathbf{x}, \mathbf{y} \in W$ と任意の $k_1, k_2 \in K$ に対して $k_1\mathbf{x} + k_2\mathbf{y} \in W$ となることを示せ．

8.4 線形独立と線形従属

定義 8.5

K-線形空間 V の元 $\mathbf{x}_1, \ldots, \mathbf{x}_n$ に対して

$$\mathbf{y} = k_1\mathbf{x}_1 + k_2\mathbf{x}_2 + \cdots + k_n\mathbf{x}_n$$

と表される $\mathbf{y}$ を $\mathbf{x}_1, \ldots, \mathbf{x}_n$ の線形結合といい,「$\mathbf{y}$ は $\mathbf{x}_1, \ldots, \mathbf{x}_n$ に線形従属である」という.

$$k_1\mathbf{x}_1 + k_2\mathbf{x}_2 + \cdots + k_n\mathbf{x}_n = 0$$

であるとき,常に $k_1 = k_2 = \cdots = k_n = 0$ であるなら,「$\mathbf{x}_1, \mathbf{x}_2, \ldots, \mathbf{x}_n$ は線形独立」であるという.

また,$k_1 = k_2 = \cdots = k_n = 0$ でない k_i が一つでも存在するとき,「$\mathbf{x}_1, \mathbf{x}_2, \ldots, \mathbf{x}_n$ は線形従属である」という.

定義 8.5 において以下のことが成り立つ.

定理 8.6

$\mathbf{y}, \mathbf{x}_1, \ldots, \mathbf{x}_n \in V$ であるとする.このとき「$\mathbf{y}$ が $\mathbf{x}_1, \ldots, \mathbf{x}_n$ に線形従属」なら,「$\mathbf{y}, \mathbf{x}_1, \ldots, \mathbf{x}_n$ は線形従属」である.

定理 8.6 の証明 定義 8.5 より $\mathbf{y}$ が $\mathbf{x}_1, \ldots, \mathbf{x}_n$ に線形従属であるとは $k_1, \ldots, k_n \in K$ が存在し

$$\mathbf{y} = k\mathbf{x}_1 + \cdots + k_n\mathbf{x}_n$$

と書けることを意味する.よって

$$(-1)\mathbf{y} + k_1\mathbf{x}_1 + \cdots + k_n\mathbf{x}_n = \mathbf{0}$$

と変形でき,$-1, k_1, \ldots, k_n \in K$ であるが,係数がすべて 0 でない($-1 \neq 0$ を含む)から「$\mathbf{y}, \mathbf{x}_1, \ldots, \mathbf{x}_n$」は線形従属である. □

問 8.7

$\mathbf{y}, \mathbf{x}_1, \ldots, \mathbf{x}_n$ が線形従属であるとき,「$\mathbf{y}$ は $\mathbf{x}_1, \ldots, \mathbf{x}_n$ に線形従属である」とは限らないことを示せ.

問 8.7 により,定理 8.6 の逆は成り立たない.しかし,$\mathbf{x}_1, \ldots, \mathbf{x}_n$ が線形独立であるという条件を加えれば,定理 8.6 の逆が成立することがわかる.

問 8.8

$\mathbf{x}_1, \ldots, \mathbf{x}_n$ が線形独立であり，$\mathbf{y}, \mathbf{x}_1, \ldots, \mathbf{x}_n$ が線形従属ならば，「$\mathbf{y}$ は $\mathbf{x}_1, \ldots, \mathbf{x}_n$ に線形従属」であることを示せ．

以下，線形独立に関する基本的な性質について紹介する．

定理 8.9

$V \ni \mathbf{x}_1, \ldots, \mathbf{x}_n$ は線形独立であるとする．このとき以下のことが成り立つ．
(1) 線形結合 $\mathbf{y} = k_1\mathbf{x}_1 + \cdots + k_n\mathbf{x}_n$ において，係数 $k_1, \ldots, k_n$ は一意に定まる．
(2) $1 \leq m \leq n$ を満たす任意の m に対して，$\mathbf{x}_1, \ldots, \mathbf{x}_m$ も線形独立である．

定理 8.9 の証明 (1) $\mathbf{y} = k'_1\mathbf{x}_1 + \cdots + k'_1\mathbf{x}_n$ とも書けるとする．すると

$$(k'_1 - k_1)\mathbf{x}_1 + \cdots + (k'_n - k_n)\mathbf{x}_n = \mathbf{0}$$

となるが $\mathbf{x}_1, \ldots, \mathbf{x}_n$ は線形独立だから $k'_1 - k_1 = \cdots = k'_n - k_n = 0$ となって

$$k'_1 = k_1, \ldots, k'_n = k_n.$$

(2) $k_1\mathbf{x}_1 + \cdots + k_n\mathbf{x}_n = \mathbf{0}$ とする．左辺に $n-m$ 個の零ベクトル $0 \cdot \mathbf{x}_j \ (m+1 \leq j \leq n)$ を加えると

$$k_1\mathbf{x}_1 + \cdots + k_m\mathbf{x}_m + 0 \cdot \mathbf{x}_{m+1} + \cdots + 0 \cdot \mathbf{x}_n = \mathbf{0}$$

$\mathbf{x}_1, \ldots, \mathbf{x}_n$ は線形独立だから，$k_1 = \cdots = k_n = 0$ でなければならない．□

問 8.10

$\mathbf{x}_1, \ldots, \mathbf{x}_n \in V$ が線形独立であるための必要十分条件は，この中の元が残りの $n-1$ 個の線形結合として書けないことであることを示せ．

定理 8.11

$\mathbf{x}_1, \ldots, \mathbf{x}_n \in V$ の線形結合の集合

$$W = \{k_1\mathbf{x}_1 + \cdots + k_n\mathbf{x}_n \, ; \, k_1, \ldots, k_n \in K\}$$

は V の部分空間である．

定理 8.11 の証明 $\mathbf{a}, \mathbf{b} \in W$ に対し $k\mathbf{a} + l\mathbf{b} \in W$ を示せばよい．

$$\mathbf{a} = k_{11}\mathbf{x}_1 + \cdots + k_{1n}\mathbf{x}_n$$
$$\mathbf{b} = k_{21}\mathbf{x}_1 + \cdots + k_{2n}\mathbf{x}_n$$

より，$k\mathbf{a} + l\mathbf{b} = (kk_{11} + lk_{21})\mathbf{x}_1 + \cdots + (kk_{1n} + lk_{2n})\mathbf{x}_n$. $kk_{11} + lk_{21}, \ldots, kk_{1n} + lk_{2n} \in K$

であるから $k\mathbf{a} + l\mathbf{b} \in W$. □

定理 8.11 の W を $\mathbf{x}_1, \ldots, \mathbf{x}_n$ によって生成される（または張られる）部分空間といい，

$$\langle \mathbf{x}_1, \cdots, \mathbf{x}_n \rangle$$

$\mathbf{x}_1, \ldots, \mathbf{x}_n$ をこの部分空間の生成系という．

問 8.12

$\mathbf{x}_1, \ldots, \mathbf{x}_n \in V$ によって生成される部分空間 $\langle \mathbf{x}_1, \ldots, \mathbf{x}_n \rangle$ を考える．このとき，$\langle \mathbf{x}_1, \ldots, \mathbf{x}_n \rangle$ は $\mathbf{x}_1, \ldots, \mathbf{x}_n$ を含む最小の部分空間であることを示せ．

定理 8.13

$\mathbf{y}_1, \ldots, \mathbf{y}_v \in V$ が線形独立で，$\mathbf{y}_1, \ldots, \mathbf{y}_v \in \langle \mathbf{x}_1, \ldots, \mathbf{x}_n \rangle$ とする．
このとき，$\mathbf{x}_1, \ldots, \mathbf{x}_n$ の中から適当に v 個を選んでそれを $\mathbf{y}_1, \ldots \mathbf{y}_v$ と置き換えて

$$\langle \mathbf{x}_1, \ldots, \mathbf{x}_n \rangle = \langle \mathbf{y}_1, \ldots, \mathbf{y}_v, \mathbf{x}_{v+1}, \ldots, \mathbf{x}_n \rangle$$

とすることができる．

定理 8.13 の証明　$\mathbf{y}_1, \ldots, \mathbf{y}_v \in \langle \mathbf{x}_1, \ldots, \mathbf{x}_n \rangle$ より

$$\mathbf{y}_1 = k_1 \mathbf{x}_1 + \cdots + k_n \mathbf{x}_n$$

と書ける．$\mathbf{y}_1 \neq 0$ であるから，$k_1, \ldots, k_n$ のうち少なくとも一つは 0 でない．それを $k_1 \neq 0$ とすると

$$\mathbf{x}_1 = \frac{1}{k_1} \mathbf{y}_1 + \left(-\frac{k_2}{k_1}\right) \mathbf{x}_2 + \cdots + \left(-\frac{k_n}{k_1}\right) \mathbf{x}_n = l_1 \mathbf{y}_1 + l_2 \mathbf{x}_2 + \cdots + l_n \mathbf{x}_n$$

とできるから

$$\langle \mathbf{x}_1, \ldots, \mathbf{x}_n \rangle = \langle \mathbf{y}_1, \mathbf{x}_2, \ldots, \mathbf{x}_n \rangle$$

を以下のように示すことができる．$\langle \mathbf{x}_1, \ldots, \mathbf{x}_n \rangle \subseteq \langle \mathbf{y}_1, \mathbf{x}_2, \ldots, \mathbf{x}_n \rangle$ であることは，$\mathbf{a} \in \langle \mathbf{x}_1, \ldots, \mathbf{x}_n \rangle$ とすれば

$$\begin{aligned}
\mathbf{a} &= k_1 \mathbf{x}_1 + \cdots + k_n \mathbf{x}_n \\
&= k_1 (l_1 \mathbf{y}_1 + l_2 \mathbf{x}_2 + \cdots + l_n \mathbf{x}_n) + \cdots + k_n \mathbf{x}_n \\
&\in \langle \mathbf{y}_1, \mathbf{x}_2, \ldots, \mathbf{x}_n \rangle
\end{aligned}$$

となる．逆の包含関係も同様に示すことができる．したがって

$$\mathbf{y}_2 \in \langle \mathbf{x}_1, \ldots, \mathbf{x}_n \rangle = \langle \mathbf{y}_1, \mathbf{x}_2, \ldots, \mathbf{x}_n \rangle$$

より，$\mathbf{y}_2 = l_1 \mathbf{y}_1 + l_2 \mathbf{x}_2 + \cdots + l_n \mathbf{x}_n$ で $\{\mathbf{y}_1, \mathbf{y}_2\}$ は線形独立だから $\mathbf{y}_2 \neq l_1 \mathbf{y}_1$ を利用して，$l_2, \ldots, l_n$ のうち少なくとも一つは 0 でないことがわかる．それを $l_2 \neq 0$ とすると

$$\mathbf{x}_2 = \left(-\frac{l_1}{l_2}\right)\mathbf{y}_1 + \frac{1}{l_2}\mathbf{y}_2 + \left(-\frac{l_3}{l_2}\right)\mathbf{x}_3 + \cdots + \left(-\frac{l_n}{l_2}\right)\mathbf{x}_n$$

とでき，

$$\langle \mathbf{y}_1, \mathbf{x}_2, \ldots, \mathbf{x}_n \rangle = \langle \mathbf{y}_1, \mathbf{y}_2, \mathbf{x}_3, \ldots, \mathbf{x}_n \rangle$$

となることがわかる．上記の作業を繰り返し，$v > n$ となると，$\mathbf{x}_n$ を $\mathbf{y}_n$ と書き換えたところで $\langle \mathbf{y}_1, \ldots, \mathbf{x}_n \rangle = \langle \mathbf{y}_1, \ldots, \mathbf{y}_n \rangle$ となるため $\mathbf{y}_{n+1} \in \langle \mathbf{y}_1, \ldots, \mathbf{y}_n \rangle$ となって $\mathbf{y}_1, \ldots, \mathbf{y}_v$ が線形独立であることに矛盾する．したがって，$v \leq n$ である． □

最後に，線形独立や線形従属に関する問題とその解き方を簡単に紹介する．

---

(1) $\mathbf{R}^2$ において，$\mathbf{x}_1 = \begin{bmatrix} 1 \\ -1 \end{bmatrix}, \mathbf{x}_2 = \begin{bmatrix} 2 \\ 1 \end{bmatrix}$ は線形独立であることを示せ．

(2) $\mathbf{R}^2$ において，$\mathbf{y}_1 = \begin{bmatrix} 1 \\ 2 \end{bmatrix}, \mathbf{y}_2 = \begin{bmatrix} 2 \\ 4 \end{bmatrix}$ は線形従属であることを示せ．

(3) $\mathbf{R}^2$ において，$\mathbf{p}_1 = \begin{bmatrix} 1 \\ -1 \end{bmatrix}, \mathbf{p}_2 = \begin{bmatrix} -2 \\ 3 \end{bmatrix}, \mathbf{p}_3 = \begin{bmatrix} -1 \\ 2 \end{bmatrix}$ は線形従属であることを示し，$\mathbf{p}_3$ を $\mathbf{p}_1$ と $\mathbf{p}_2$ の線形結合で表せ．

(4) $\mathbf{R}^3$ において，$\mathbf{q}_1 = \begin{bmatrix} 1 \\ 0 \\ 2 \end{bmatrix}, \mathbf{q}_2 = \begin{bmatrix} 0 \\ 1 \\ -1 \end{bmatrix}, \mathbf{q}_3 = \begin{bmatrix} 0 \\ 0 \\ 1 \end{bmatrix}$ は線形独立であることを示せ．

略解

(1) $k_1 \mathbf{x}_1 + k_2 \mathbf{x}_2 = \mathbf{0} = \begin{bmatrix} 0 \\ 0 \end{bmatrix}$ とおいたとき，$k_1 = k_2 = 0$ となることを示す．つまり，連立1次方程式 $\begin{cases} k_1 + 2k_2 = 0 \\ -k_1 + k_2 = 0 \end{cases}$ の解が $k_1 = k_2 = 0$ しかないことを示せばよい．第5章のp.132より，係数行列 $\begin{bmatrix} 1 & 2 \\ -1 & 1 \end{bmatrix}$ のランクが2であることを確認すれば，$\mathbf{x}_1$ と $\mathbf{x}_2$ は線形独立であることがわかる．

(2) (1)と同様に考えると，連立1次方程式 $\begin{cases} k_1 + 2k_2 = 0 \\ 2k_1 + 4k_2 = 0 \end{cases}$ の解について，$k_1 = 0, k_2 = 0$ 以外の解が存在することを確認すればよい．実際，係数行列 $\begin{bmatrix} 1 & 2 \\ 2 & 4 \end{bmatrix}$ のランクは1であり，$k_1 = 0, k_2 = 0$ 以外に解が存在することがわかるため $\mathbf{y}_1, \mathbf{y}_2$ は線形従属である．

(3) $k_1\mathbf{p}_1 + k_2\mathbf{p}_2 + k_3\mathbf{p}_3 = \mathbf{0}$ とおくと，$k_1 = k_2 = k_3 = 0$ 以外に，$k_1 = 1$, $k_2 = 1$, $k_3 = -1$ など無数に解をもつことがわかる．したがって，$\mathbf{p}_1$, $\mathbf{p}_2$, $\mathbf{p}_3$ は線形従属であり，$\mathbf{p}_3 = \mathbf{p}_1 + \mathbf{p}_2$ と表される．

(4) $k_1\mathbf{q}_1 + k_2\mathbf{q}_2 + k_3\mathbf{q}_3 = \mathbf{0}$ を行列で表すと，$\begin{bmatrix} 1 & 0 & 0 \\ 0 & 1 & 0 \\ 2 & -1 & 1 \end{bmatrix} \begin{bmatrix} k_1 \\ k_2 \\ k_3 \end{bmatrix} = \begin{bmatrix} 0 \\ 0 \\ 0 \end{bmatrix}$ となる．

係数行列 $\begin{bmatrix} 1 & 0 & 0 \\ 0 & 1 & 0 \\ 2 & -1 & 1 \end{bmatrix}$ のランクは 3 であるから，自明な解 $k_1 = k_2 = k_3 = 0$ しかもたないことがわかる．したがって，$\mathbf{q}_1$, $\mathbf{q}_2$, $\mathbf{q}_3$ は線形独立である．

8.5 基底と次元

ベクトルの組 $V = \langle \mathbf{x}_1, \mathbf{x}_2, \ldots, \mathbf{x}_n \rangle$ が「(1) $\mathbf{x}_1, \ldots, \mathbf{x}_n$ は線形独立である．」「(2) V の任意のベクトルは $\mathbf{x}_1, \ldots, \mathbf{x}_n$ の線形結合で表される．」という二つの条件を満たすとき，$\{\mathbf{x}_1, \ldots, \mathbf{x}_n\}$ を V の基底という．

初めに，線形空間の基底の元の成分表示について考える．例えば $\left\{ \mathbf{x}_1 = \begin{bmatrix} 1 \\ 1 \end{bmatrix}, \mathbf{x}_2 = \begin{bmatrix} 2 \\ 1 \end{bmatrix} \right\}$ を $\mathbf{R}^2$ の基底とすると，$\begin{bmatrix} 0 \\ 1 \end{bmatrix} \in \mathbf{R}^2$ は

$$\begin{bmatrix} 0 \\ 1 \end{bmatrix} = 2 \begin{bmatrix} 1 \\ 1 \end{bmatrix} - \begin{bmatrix} 2 \\ 1 \end{bmatrix}$$

と一意的に書くことができる．これは，$\begin{bmatrix} 0 \\ 1 \end{bmatrix} = a_1 \begin{bmatrix} 1 \\ 1 \end{bmatrix} + a_2 \begin{bmatrix} 2 \\ 1 \end{bmatrix}$ とおいて a_1, a_2 を連立 1 次方程式を解いて求めればよい．このことを一般的に表現すると以下のようになる．

定理 8.14

$\{\mathbf{x}_1, \mathbf{x}_2, \ldots, \mathbf{x}_n\}$ を k-線形空間 V の基底の一つとすると，V の元 $\mathbf{y}$ は

$$\mathbf{y} = k_1\mathbf{x}_1 + k_2\mathbf{x}_2 + \cdots + k_n\mathbf{x}_n$$

$$= [\mathbf{x}_1 \; \mathbf{x}_2 \; \cdots \; \mathbf{x}_n] \begin{bmatrix} k_1 \\ k_2 \\ \vdots \\ k_n \end{bmatrix}$$

の形に一意的に書ける．

これをさらに一般的に考えると次の定理が得られる．

定理 8.15

$\{\mathbf{x}_1, \mathbf{x}_2, \ldots, \mathbf{x}_n\}$ を k-線形空間 V の基底の一つとすると，V の元 $\mathbf{y}_1, \mathbf{y}_2, \ldots, \mathbf{y}_n$ は行列 A を用いて

$$[\mathbf{y}_1\ \mathbf{y}_2\ \cdots\ \mathbf{y}_n] = [\mathbf{x}_1\ \mathbf{x}_2\ \cdots\ \mathbf{x}_n]A$$

と書けるとき，以下の条件は互いに同値である．

- $\mathbf{y}_1, \mathbf{y}_2, \ldots, \mathbf{y}_n$ は V の基底
- $\mathbf{y}_1, \mathbf{y}_2, \ldots, \mathbf{y}_n$ は線形独立
- $V = \langle \mathbf{y}_1, \mathbf{y}_2, \ldots, \mathbf{y}_n \rangle$.
- A は正則

証明は省略する．

定義 8.16

線形空間，またはその部分空間 V の次元は，基底を構成するベクトルの個数として定義され，それが有限であるとき V の次元といい，$\dim V$ で表す．

線形空間の基底はいくらでも存在するため，基底のとり方によって次元が変わらないかどうかを確かめる必要がある．

定理 8.17

ベクトル空間の基底を構成する元の個数は，基底の選び方に依存しない．

定理 8.17 の証明 $\{\mathbf{u}_1, \mathbf{u}_2, \ldots, \mathbf{u}_m\}$, $\{\mathbf{v}_1, \mathbf{v}_2, \ldots, \mathbf{v}_n\}$ を線形空間の基底とする．$\mathbf{u}_1, \mathbf{u}_2, \ldots, \mathbf{u}_m$ の各元は $\mathbf{v}_1, \mathbf{v}_2, \ldots, \mathbf{v}_n$ の線形結合として表されるが，$m > n$ とすると $\mathbf{u}_1, \mathbf{u}_2, \ldots, \mathbf{u}_m$ は線形従属となり，$\{\mathbf{u}_1, \mathbf{u}_2, \ldots, \mathbf{u}_m\}$ が V の基底であることに矛盾する．したがって，$m \leq n$ が成り立つ．上と同様の議論により $n \leq m$ が成り立つため，$m = n$ が得られる．

問 8.18

(1) $V = \{\mathbf{0}\}$ をベクトル空間とするとき，$\dim V = 0$ であることを示せ．

(2) $\dim V = 0$ なら $V = \{\mathbf{0}\}$ である．

最後に，基底に関する計算例を簡単に紹介する．

(1) $\mathbf{x}_1 = \begin{bmatrix} 2 \\ 1 \end{bmatrix}, \mathbf{x}_2 = \begin{bmatrix} 1 \\ 1 \end{bmatrix}$ とすると $\{\mathbf{x}_1, \mathbf{x}_2\}$ は $\mathbf{R}^2$ の一組の基底となることを示せ．

(2) $\mathbf{y}_1 = \begin{bmatrix} 1 \\ 2 \\ 0 \end{bmatrix}, \mathbf{y}_2 = \begin{bmatrix} 0 \\ 2 \\ -1 \end{bmatrix}, \mathbf{y}_3 = \begin{bmatrix} 1 \\ 0 \\ 1 \end{bmatrix}$ とするとき，$\mathbf{R}^3$ において $\mathbf{y}_1, \mathbf{y}_2, \mathbf{y}_3$ で生成される部分空間 $V = \langle \mathbf{y}_1, \mathbf{y}_2, \mathbf{y}_3 \rangle$ の 1 組の基底と V の次元を求めよ．

略解

(1) $\mathbf{x}_1, \mathbf{x}_2$ が線形独立であることを示せばよい．$\begin{bmatrix} 2 & 1 \\ 1 & 1 \end{bmatrix}$ のランクは 2 であるから，$\{\mathbf{x}_1, \mathbf{x}_2\}$ は線形独立である．したがって，$\{\mathbf{x}_1, \mathbf{x}_2\}$ は $\mathbf{R}^2$ の一組の基底となる（$\mathbf{x}_1$ と $\mathbf{x}_2$ の線形結合は $\mathbf{R}^2$ の任意の元を作ることができる）．

(2) $\mathbf{y}_1 - \mathbf{y}_2 = \mathbf{y}_3$ が成り立つから，$\mathbf{y}_1, \mathbf{y}_2, \mathbf{y}_3$ は線形従属である．V の任意の元は $\mathbf{x} = k_1 \mathbf{y}_1 + k_2 \mathbf{y}_2 + k_3 \mathbf{y}_3$ と書けるが，$\mathbf{y}_3 = \mathbf{y}_1 - \mathbf{y}_2$ を代入すると，$\mathbf{x} = (k_1 + k_3)\mathbf{y}_1 + (k_2 - k_3)\mathbf{y}_2$ となる．$\mathbf{y}_1$ と $\mathbf{y}_2$ が線形独立であるかどうか調べると，$\begin{bmatrix} 1 & 0 \\ 2 & 2 \\ 0 & -1 \end{bmatrix} \begin{bmatrix} l_1 \\ l_2 \end{bmatrix} = \begin{bmatrix} 0 \\ 0 \\ 0 \end{bmatrix}$ となるのは $l_1 = l_2 = 0$ しかないことがわかる．ゆえに $\{\mathbf{y}_1, \mathbf{y}_2\}$ は V の一組の基底であり，$\dim V = 2$ であることがわかる．

8.6 部分空間の和集合

ここではベクトル空間の和集合とその性質について紹介する．V を $\mathbf{R}$-ベクトル空間とし，W_1, W_2 を V の部分空間とする．このとき，W_1 と W_2 の和集合 $W_1 \cup W_2$ を

$$W_1 \cup W_2 = \{\mathbf{w} \in V; \mathbf{w} \in W_1 \text{ または } \mathbf{w} \in W_2\}$$

と定義する．和集合 $W_1 \cup W_2$ は部分空間になるとは限らない．これを示すために以下のような例を考える．$V = \mathbf{R}^3$ とし，

$$W_1 = \left\{ \mathbf{w}_1 = \begin{bmatrix} x_1 \\ 0 \\ 0 \end{bmatrix} ; x_1 \in \mathbf{R} \right\},$$

$$W_2 = \left\{ \mathbf{w}_2 = \begin{bmatrix} 0 \\ x_2 \\ 0 \end{bmatrix} ; x_2 \in \mathbf{R} \right\}$$

とすると，

$$W_1 \cup W_2 = \left\{ \mathbf{w} = \begin{bmatrix} x_1 \\ x_2 \\ 0 \end{bmatrix} ; x_1 = 0 \text{ または } x_2 = 0 \right\}.$$

いま，$\mathbf{w}_1 = \begin{bmatrix} 1 \\ 0 \\ 0 \end{bmatrix}, \mathbf{w}_2 = \begin{bmatrix} 0 \\ 1 \\ 0 \end{bmatrix}$ とおくと，$\mathbf{w}_1, \mathbf{w}_2 \in W_1 \cup W_2$ であるが，

$$\mathbf{w}_1 + \mathbf{w}_2 = \begin{bmatrix} 1 \\ 0 \\ 0 \end{bmatrix} + \begin{bmatrix} 0 \\ 1 \\ 0 \end{bmatrix} = \begin{bmatrix} 1 \\ 1 \\ 0 \end{bmatrix} \notin W_1 \cup W_2$$

となるから，$W_1 \cup W_2$ は V の部分空間ではない．したがって，部分空間の和集合は必ずしも部分空間になるとは限らない．

8.7 部分空間の和空間

V, W_1, W_2 は前述の通りの定義であるとする．W_1 と W_2 の和空間 $W_1 + W_2$ を

$$W_1 + W_2 = \{\mathbf{w}_1 + \mathbf{w}_2 ; \mathbf{w}_1 \in W_1, \mathbf{w}_2 \in W_2\}$$

と定義する．以下，和空間 $W_1 + W_2$ が V の部分空間になることを示す．$\mathbf{a}_1, \mathbf{b}_1 \in W_1, \mathbf{a}_2, \mathbf{b}_2 \in W_2$ とおくと

$$\mathbf{a}_1 + \mathbf{a}_2, \mathbf{b}_1 + \mathbf{b}_2 \in W_1 + W_2$$

であり，任意の $\lambda, \mu \in \mathbf{R}$ に対して $\lambda(\mathbf{a}_1 + \mathbf{a}_2) + \mu(\mathbf{b}_1 + \mathbf{b}_2) \in W_1 + W_2$ を示せばよい．W_1 と W_2 はベクトル空間であるから，$\lambda \mathbf{a}_1 + \mu \mathbf{b}_1 \in W_1, \lambda \mathbf{a}_2 + \mu \mathbf{b}_2 \in W_2$ が成り立ち，

$$\lambda(\mathbf{a}_1 + \mathbf{a}_2) + \mu(\mathbf{b}_1 + \mathbf{b}_2) = (\lambda \mathbf{a}_1 + \mu \mathbf{b}_1) + (\lambda \mathbf{a}_2 + \mu \mathbf{b}_2) \in W_1 + W_2$$

を得る．したがって，V の部分空間 W_1, W_2 の和空間 $W_1 + W_2$ は V の部分空間である．

和集合と和空間の違いを例を用いて示す．

$$W_1 = \left\{ \begin{bmatrix} x_1 \\ x_2 \\ 0 \end{bmatrix} ; x_1, x_2 \in \mathbf{R} \right\}, W_2 = \left\{ \begin{bmatrix} x_1 \\ 0 \\ x_3 \end{bmatrix} ; x_1, x_3 \in \mathbf{R} \right\}$$

とおくと，和集合は

$$W_1 \cup W_2 = \left\{ \begin{bmatrix} x_1 \\ x_2 \\ x_3 \end{bmatrix} ; x_2 = 0 \text{ または } x_3 = 0 \right\} \neq \mathbf{R}^3$$

となり，和空間は

$$W_1 + W_2 = \left\{ \begin{bmatrix} 2x_1 \\ x_2 \\ x_3 \end{bmatrix} ; x_1, x_2, x_3 \in \mathbf{R} \right\} = \mathbf{R}^3$$

となり，

$$W_1 \cup W_2 \subset W_1 + W_2 = \mathbf{R}^3$$

という包含関係が成り立っている．つまり，和空間は和集合より広い集合となっていることがわかる．

8.8 共通部分

W_1 と W_2 の共通部分 $W_1 \cap W_2$ を

$$W_1 \cap W_2 = \{ \mathbf{w} \in V ; \mathbf{w} \in W_1, \mathbf{w} \in W_2 \}$$

と定義する．以下，$W_1 \cap W_2$ が V の部分空間になることを示す．$\mathbf{a}, \mathbf{b} \in W_1 \cap W_2$ とおくと $\mathbf{a}, \mathbf{b} \in W_1$ であり，W_1 は V の部分空間であるから任意の $\lambda, \mu \in \mathbf{R}$ に対して

$$\lambda \mathbf{a} + \mu \mathbf{b} \in W_1$$

である．同様に，$\lambda \mathbf{a} + \mu \mathbf{b} \in W_2$ でもあるから

$$\lambda \mathbf{a} + \mu \mathbf{b} \in W_1 \cap W_2$$

である．したがって，$W_1 \cap W_2$ は V の部分空間である．

共通部分の例について考える．

$$W_1 = \left\{ \begin{bmatrix} x_1 \\ x_2 \\ 0 \end{bmatrix} ; x_1, x_2 \in \mathbf{R} \right\},$$

$$W_2 = \left\{ \begin{bmatrix} x_1 \\ 0 \\ x_3 \end{bmatrix} ; x_1, x_3 \in \mathbf{R} \right\}$$

とすると

$$W_1 \cap W_2 = \left\{ \begin{bmatrix} x_1 \\ 0 \\ 0 \end{bmatrix} ; x_1 \in \mathbf{R} \right\}$$

となる.

8.9 直和

V を線形空間, W_1, W_2 を V の部分空間とする. 和空間

$$W_1 + W_2 = \{\mathbf{w}_1 + \mathbf{w}_2 ; \mathbf{w}_1 \in W_1, \mathbf{w}_2 \in W_2\}$$

において, $W_1 \cap W_2 = \{\mathbf{0}\}$ となる場合, 和空間 $W_1 + W_2$ は W_1 と W_2 の直和と呼ばれ, $W_1 \oplus W_2$ と表される.

問 8.19

(1) $W_1 \oplus W_2$ の任意の元 $\mathbf{w}$ は

$$\mathbf{w} = \mathbf{w}_1 + \mathbf{w}_2$$

の形に一意的に表されることを示せ. ただし, $\mathbf{w}_1 \in W_1, \mathbf{w}_2 \in W_2$ である.

(2) 線形空間 V の部分空間 W_1, W_2, W_3, W_4 が

$$W_1 = \left\{ \begin{bmatrix} x \\ y \\ 0 \end{bmatrix} ; x, y \in \mathbf{R} \right\}$$

$$W_2 = \left\{ \begin{bmatrix} x \\ x \\ z \end{bmatrix} ; x, z \in \mathbf{R} \right\}$$

$$W_3 = \left\{ \begin{bmatrix} x \\ 0 \\ x \end{bmatrix} ; x, y \in \mathbf{R} \right\}$$

$$W_4 = \left\{ \begin{bmatrix} x \\ -x \\ 0 \end{bmatrix} ; x, z \in \mathbf{R} \right\},$$

で定義されているとき, 和空間 $W_1 + W_2, W_3 + W_4$ は直和となるか調べよ.

8.10 直交補空間

V を線形空間とし $\mathbf{x}, \mathbf{y} \in V$ を考える. $\mathbf{x} = \begin{bmatrix} x_1 \\ x_2 \\ \vdots \\ x_n \end{bmatrix}, \mathbf{y} = \begin{bmatrix} y_1 \\ y_2 \\ \vdots \\ y_n \end{bmatrix}$ とするとき,

$$(\mathbf{x}, \mathbf{y}) = \sum_{i=1}^{n} x_i y_i = x_1 y_1 + \cdots + x_n y_n$$

を $\mathbf{x}$ と $\mathbf{y}$ の内積（またはスカラー積）という．また，$(\mathbf{x}, \mathbf{y}) = 0$ であるとき，$\mathbf{x}$ と $\mathbf{y}$ は直交するという．V の部分空間 W に対して，集合

$$W^{\perp} = \{\mathbf{a} \in V; (\mathbf{a}, \mathbf{b}) = 0, \mathbf{b} \in W\}$$

を W の直交補空間という．$W^{\perp}$ は，W の任意の元との内積が 0 になる元の集まりである．

問 8.20

直交補空間 $W^{\perp}$ は V の部分空間である．

8.11 符号理論への応用

8.11.1 線形符号

$\mathbf{F}_2^n$ は線形空間である．C を $\mathbf{F}_2^n$ の部分集合とする．

定義 8.21

C が（2元）線形符号であるとは，C が $\mathbf{F}_2^n$ の部分空間を作るものをいう．

線形符号の例を見てみよう．$\mathbf{F}_2^3$ の部分集合 $C = \mathbf{x}_1, \mathbf{x}_2, \mathbf{x}_3, \mathbf{x}_4$ を考える．ただし

$$\mathbf{x}_1 = \begin{bmatrix} 0 \\ 0 \\ 0 \end{bmatrix}, \mathbf{x}_2 = \begin{bmatrix} 0 \\ 0 \\ 1 \end{bmatrix}, \mathbf{x}_3 = \begin{bmatrix} 1 \\ 1 \\ 0 \end{bmatrix}, \mathbf{x}_4 = \begin{bmatrix} 1 \\ 1 \\ 1 \end{bmatrix}$$

とし，$k = \mathbf{F}_2$ とする．$k_1, k_2 \in \mathbf{F}_2$ とすれば任意の $k_{i,j} \in k$ で

$$k_1 \mathbf{x}_i + k_2 \mathbf{x}_j \in C$$

であることがわかる．したがって C は $\mathbf{F}_2^3$ の線型部分空間であるから，線形符号である．この部分だけ眺めてみると，線型部分空間という定義の名前があるのだからわざわざ線形

符号という定義を作る必要性がないと感じるかもしれないが，符号理論では $\mathbf{F}_2^n$ の部分集合

$$C = \left\{ \begin{bmatrix} c_1 \\ c_2 \\ \vdots \\ c_n \end{bmatrix} ; c_i \in \mathbf{F}_2 \right\}$$

のことを符号長 n の（2元）ブロック符号と呼んでいる．

C が線形空間 $\mathbf{F}_2^n$ の線型部分空間となるものを線形符号と呼んでいるため，定義 8.21 のような定義がされているのである．線形空間の定義では，線形空間 V の元 $\mathbf{x}, \mathbf{y}$ を足したり，引いたりしても，またその元は V に属することがわかる．ここで考えている例では，$\mathbf{F}_2^3$ の線型部分空間

$$C = \left\{ \begin{bmatrix} 0 \\ 0 \\ 0 \end{bmatrix}, \begin{bmatrix} 0 \\ 0 \\ 1 \end{bmatrix}, \begin{bmatrix} 1 \\ 1 \\ 0 \end{bmatrix}, \begin{bmatrix} 1 \\ 1 \\ 1 \end{bmatrix} \right\}$$

は二つのベクトル $\mathbf{x}_3 = \begin{bmatrix} 1 \\ 1 \\ 0 \end{bmatrix}$, $\mathbf{x}_4 = \begin{bmatrix} 1 \\ 1 \\ 1 \end{bmatrix}$ の $\mathbf{F}_2$ 上の線形結合で C の他の元 $\mathbf{x}_1, \mathbf{x}_2$ を作ることができる．実際

$$\mathbf{x}_1 = 0 \cdot \mathbf{x}_3 + 0 \cdot \mathbf{x}_4$$
$$\mathbf{x}_2 = 1 \cdot \mathbf{x}_3 + 1 \cdot \mathbf{x}_4$$
$$\mathbf{x}_3 = 1 \cdot \mathbf{x}_3 + 0 \cdot \mathbf{x}_4$$
$$\mathbf{x}_4 = 0 \cdot \mathbf{x}_3 + 1 \cdot \mathbf{x}_4$$

であることがわかる．つまり，C の任意の元は $\mathbf{x}_3, \mathbf{x}_4$ の線形結合 $(k_1 \mathbf{x}_3 + k_2 \mathbf{x}_4, k_1, k_2 \in \mathbf{F}_2)$ で表されることがわかる．つまり C は $\{\mathbf{x}_3, \mathbf{x}_4\}$ によって生成される $\mathbf{F}_2^3$ の線形部分空間であることがわかる．さらに，ベクトル $\mathbf{x}_3$ はベクトル $\mathbf{x}_4$ の定数倍では決して表されないことがわかる．つまり，$k_1 \neq 0$, $k_2 \neq 0$ のとき $k_1 \mathbf{x}_3 \neq k_2 \mathbf{x}_4$ である．これは

$$k_1 \mathbf{x}_3 + k_2 \mathbf{x}_4 = \mathbf{0} = \begin{bmatrix} 0 \\ 0 \\ 0 \end{bmatrix}$$

となるのは $k_1 = k_2 = 0$ の場合，つまり線形独立の場合に限ると言い換えることができる．

8.11.2 生成行列と検査行列

線形符号 $C \subset \mathbf{F}_2^k$ は k 次元の線形空間だから k 個の線形独立な行ベクトル $\mathbf{x}_1, \mathbf{x}_2, \ldots, \mathbf{x}_k$ があって，C の任意の元 c は $c = c_1\mathbf{x}_1 + \cdots c_k\mathbf{x}_k$ と表すことができる．k 個の行ベクトル $\mathbf{x}_1, \mathbf{x}_2, \ldots, \mathbf{x}_k$ からなる $k \times n$ 行列

$$G = \begin{bmatrix} \mathbf{x}_1 \\ \mathbf{x}_2 \\ \vdots \\ \mathbf{x}_k \end{bmatrix} = \begin{bmatrix} I_k & P \end{bmatrix}$$

を C の生成行列という．I_k は k 次単位行列である．生成行列の例は 8.1 節で

$$G = \begin{bmatrix} 1 & 0 & 1 & 0 \\ 0 & 1 & 1 & 1 \end{bmatrix}$$

と与えているものに対応する．最後に，線形符号 C の直交補空間

$$C^\perp = \{\mathbf{y} \in \mathbf{F}_2^n ; (\mathbf{x}, \mathbf{y}) = 0, \mathbf{x} \in C\}$$

を C の双対符号という．H を $G\,{}^tH = O$ （O は零行列）を満たすランクが $(n-k)$ となる $(n-k) \times n$ 行列とすると，H は $C^\perp$ の生成行列であり，H を C のパリティ検査行列という．パリティ検査行列 H は

$$H = \begin{bmatrix} P & I_{n-k} \end{bmatrix}$$

の形で与えられる．もしデータ $\mathbf{x}$ がノイズ $\mathbf{e}$ を含んで $\mathbf{y} = \mathbf{x} + \mathbf{e}$ となっても，${}^t\mathbf{x}H$ より，

$$ {}^t\mathbf{y}H = {}^t(\mathbf{x}+\mathbf{e})H = {}^t\mathbf{x}H + {}^t\mathbf{e}H = {}^t\mathbf{e}H$$

となって誤りを発見することができる．符号理論について以下の文献が詳しく解説している．

平澤茂一,『情報理論入門』, 培風館 (2000).

9 行列計算の応用

第7章,第8章で紹介したように行列に関する計算は様々な分野で応用されている.線形代数ではベクトルや行列の理論を扱ってきたが,我々が日常生活で取り扱う情報(データ)の多くはベクトルや行列の形で表すことができるため,応用のあらゆる場面で線形代数の知識はしばしば役に立つことになる.7.4.2項では数学と英語のテストの点数を2次元のベクトルとして表現し,主成分分析を行う具体例を紹介したが,実際の応用ではさらに多くの変量を扱うことになる.本章では,多変量のデータを扱う際に役立つベクトルや行列の計算手法について,情報理論に関連するものを中心に紹介する.

9.1 ブロック行列

大きなサイズの行列の計算や,具体的な計算でない一般的な行列計算を行う際,与えられた行列をいくつかの行列のかたまり(ブロック行列)と見なして計算すると便利な場合がある.ここでは,ブロック行列の考え方と,その応用として線形符号の理論に応用される計算例を紹介する.

行列 $A = [a_{ij}]_{1 \leq i \leq m, 1 \leq j \leq n}$ を $m \times n$ 行列とする.$1 \leq r \leq m, 1 \leq p \leq n$ として,行列 $A_{11} = [a_{ij}]_{1 \leq i \leq r, 1 \leq j \leq p}$ を考える.行列 A_{11} は行列 A の中に含まれる行列である.

$$A_{12} = [a_{ij}]_{1 \leq i \leq r, p+1 \leq j \leq n}$$
$$A_{21} = [a_{ij}]_{r+1 \leq i \leq m, 1 \leq j \leq p}$$
$$A_{22} = [a_{ij}]_{r+1 \leq i \leq m, p+1 \leq j \leq n}$$

とおくと

$$A = \begin{bmatrix} A_{11} & A_{12} \\ A_{21} & A_{22} \end{bmatrix}$$

と書くことができる.

$$A = \left[\begin{array}{ccc|ccc} a_{11} & \cdots & a_{1p} & a_{1,p+1} & \cdots & a_{1n} \\ \vdots & \ddots & \vdots & \vdots & \ddots & \vdots \\ a_{r1} & \cdots & a_{rp} & a_{r,p+1} & \cdots & a_{rn} \\ \hline a_{r+1,1} & \cdots & a_{r+1,p} & a_{r+1,p+1} & \cdots & a_{r+1,n} \\ \vdots & \ddots & \vdots & \vdots & \ddots & \vdots \\ a_{m1} & \cdots & a_{mp} & a_{m,p+1} & \cdots & a_{mn} \end{array}\right]$$

次に $n \times q$ 行列 $B = [b_{ij}]_{1 \leq i \leq n, 1 \leq j \leq q}$ を考えると,行列の積 AB の計算ができる.行列 B を

$$B_{11} = [b_{ij}]_{1 \leq i \leq p, 1 \leq j \leq s}$$
$$B_{12} = [b_{ij}]_{1 \leq i \leq p, s+1 \leq j \leq q}$$
$$B_{21} = [b_{ij}]_{p+1 \leq i \leq n, 1 \leq j \leq s}$$
$$B_{22} = [b_{ij}]_{p+1 \leq i \leq n, s+1 \leq j \leq q}$$

$$B = \left[\begin{array}{ccc|ccc} b_{11} & \cdots & b_{1s} & b_{1,s+1} & \cdots & b_{1q} \\ \vdots & \ddots & \vdots & \vdots & \ddots & \vdots \\ b_{p1} & \cdots & b_{ps} & b_{p,s+1} & \cdots & b_{pq} \\ \hline b_{p+1,1} & \cdots & b_{p+1,s} & b_{p+1,s+1} & \cdots & b_{p+1,q} \\ \vdots & \ddots & \vdots & \vdots & \ddots & \vdots \\ b_{n1} & \cdots & b_{ns} & b_{n,s+1} & \cdots & b_{nq} \end{array}\right]$$

と分割すれば

$$AB = \left[\begin{array}{cc} A_{11} & A_{12} \\ A_{21} & A_{22} \end{array}\right] \left[\begin{array}{cc} B_{11} & B_{12} \\ B_{21} & B_{22} \end{array}\right]$$
$$= \left[\begin{array}{cc} A_{11}B_{11} + A_{12}B_{21} & A_{11}B_{12} + A_{12}B_{22} \\ A_{21}B_{11} + A_{22}B_{21} & A_{21}B_{12} + A_{22}B_{22} \end{array}\right]$$

と行列の積 AB を計算することができる.

例えば,$A = \left[\begin{array}{ccc} 1 & -1 & 0 \\ 0 & 1 & 2 \\ 1 & 0 & 1 \end{array}\right], B = \left[\begin{array}{ccc} 0 & 1 & 2 \\ -1 & 1 & 0 \\ 1 & 1 & 1 \end{array}\right]$ の場合,

$$AB = \left[\begin{array}{ccc} 1 & 0 & 2 \\ 1 & 3 & 2 \\ 1 & 2 & 3 \end{array}\right]$$

となる.ここで,行列 A を

$$A = \left[\begin{array}{cc|c} 1 & -1 & 0 \\ \hline 0 & 1 & 2 \\ 1 & 0 & 1 \end{array}\right] = \left[\begin{array}{cc} A_{11} & A_{12} \\ A_{21} & A_{22} \end{array}\right],$$

行列 B を

$$B = \left[\begin{array}{cc|c} 0 & 1 & 2 \\ -1 & 1 & 0 \\ \hline 1 & 1 & 1 \end{array}\right] = \left[\begin{array}{cc} B_{11} & B_{12} \\ B_{21} & B_{22} \end{array}\right]$$

とブロック化すると,

$$AB = \left[\begin{array}{cc} A_{11} & A_{12} \\ A_{21} & A_{22} \end{array}\right]\left[\begin{array}{cc} B_{11} & B_{12} \\ B_{21} & B_{22} \end{array}\right] = \left[\begin{array}{cc} A_{11}B_{11} + A_{12}B_{21} & A_{11}B_{12} + A_{12}B_{22} \\ A_{21}B_{11} + A_{22}B_{21} & A_{21}B_{12} + A_{22}B_{22} \end{array}\right]$$

となり,

$$A_{11}B_{11} + A_{12}B_{21} = \left[\begin{array}{cc} 1 & -1 \end{array}\right]\left[\begin{array}{cc} 0 & 1 \\ -1 & 1 \end{array}\right] + [0]\left[\begin{array}{cc} 1 & 1 \end{array}\right] = \left[\begin{array}{cc} 1 & 0 \end{array}\right]$$

$$A_{11}B_{12} + A_{12}B_{22} = \left[\begin{array}{cc} 1 & -1 \end{array}\right]\left[\begin{array}{c} 2 \\ 0 \end{array}\right] + [0][1] = 2$$

$$A_{21}B_{11} + A_{22}B_{21} = \left[\begin{array}{cc} 0 & 1 \\ 1 & 0 \end{array}\right]\left[\begin{array}{cc} 0 & 1 \\ -1 & 1 \end{array}\right] + \left[\begin{array}{c} 2 \\ 1 \end{array}\right]\left[\begin{array}{cc} 1 & 1 \end{array}\right] = \left[\begin{array}{cc} 1 & 3 \\ 1 & 2 \end{array}\right]$$

$$A_{21}B_{12} + A_{22}B_{22} = \left[\begin{array}{cc} 0 & 1 \\ 1 & 0 \end{array}\right]\left[\begin{array}{c} 2 \\ 0 \end{array}\right] + \left[\begin{array}{c} 2 \\ 1 \end{array}\right][1] = \left[\begin{array}{c} 2 \\ 3 \end{array}\right]$$

からブロック化しない計算結果と同じものが得られていることが確認できる.

一般的に, $M \times N$ 行列 A を

$$\left[\begin{array}{ccc} A_{11} & \cdots & A_{1N} \\ \vdots & \ddots & \vdots \\ A_{M1} & \cdots & A_{MN} \end{array}\right]$$

とブロック化したとき,行列 A_{ij} が $m_i \times n_j$ 行列であるとき,このブロック行列を $[m_1, \ldots, m_M; n_1, \ldots, n_N]$ 型と呼ぶ. $N \times Q$ 行列 B を

$$\left[\begin{array}{ccc} B_{11} & \cdots & B_{1Q} \\ \vdots & \ddots & \vdots \\ B_{N1} & \cdots & B_{NQ} \end{array}\right]$$

と $[n_1, \ldots, n_N; q_1, \ldots, q_Q]$ 型にブロック化すると

$$AB = \begin{bmatrix} C_{11} & \cdots & B_{1Q} \\ \vdots & \ddots & \vdots \\ C_{M1} & \cdots & B_{MQ} \end{bmatrix}$$

となる．ただし，

$$C_{ij} = \sum_{k=1}^{N} A_{ik} B_{kj}$$

で与えられる．

　ブロック行列の計算方法を利用すれば，第 8 章で紹介した生成行列とパリティ検査行列の転置行列の積が零行列になることを簡単に示すことができる．

問題 9.1

G を生成行列，H をパリティ検査行列とするとき，$G\,^tH = O$ となることを示せ．ただし，行列の要素はすべて $\mathbf{F}_2$ の元とする．

9.2　交代行列と対称行列の応用

　第 5 章で，正方行列は対称行列と交代行列の和として表されることを紹介した．このような正方行列の性質が応用でどのように利用されるかということについて，多変数のガウス分布の場合の計算例を用いて紹介していく．ガウス分布は応用上非常に重要な確率分布であり，情報理論に限らず物理学などの自然科学の様々な分野を学ぶための基礎知識であるといえる．

　多変数のガウス分布を考える準備として，1 変数や 2 変数のガウス分布がどのような形をしているかということを理解することが望ましい．そこでまず 1 変数のガウス分布について紹介する．

9.2.1　1 変数のガウス分布

　1 変数のガウス分布は以下の式で定義される確率分布である．

$$f(x \mid \mu, \sigma^2) = \frac{1}{\sqrt{2\pi\sigma^2}} e^{-\frac{(x-\mu)^2}{2\sigma^2}}$$

μ, σ^2 はそれぞれガウス分布の平均，分散を表す記号であり，μ は実数，σ^2 は正の実数である．関数 $e^{-\frac{(x-\mu)^2}{2\sigma^2}}$ は直線 $x = \mu$（y 軸）で対称な関数，つまり偶関数であり，$x \to \infty$ または $x \to -\infty$ のときに 0 に収束する．ガウス分布の分母の式 $\sqrt{2\pi\sigma^2}$ は以下のガウス積分において $a = \frac{1}{2\sigma^2}$ とおくことで求められるものである．

$$I = \int_{-\infty}^{\infty} e^{-ax^2} dx = \sqrt{\frac{\pi}{a}}$$

なお，このガウス積分を計算するために必要となる微分積分や線形代数の基礎知識は，本節の後半部分で簡単に解説する．

9.2.2　2変数のガウス分布

2変数のガウス分布は一変数のガウス分布と比較するとさらに複雑な形となる．2変数のガウス分布は以下のように定義される．

$$f(x_1, x_2) = \frac{1}{\sqrt{2\pi\sigma_1^2}\sqrt{2\pi\sigma_2^2}\sqrt{1-\rho^2}} e^{-\frac{1}{2(1-\rho^2)}\left\{\frac{(x_1-\mu_1)^2}{\sigma_1^2} - 2\rho\frac{(x_1-\mu_1)(x_2-\mu_2)}{\sigma_1\sigma_2} + \frac{(x_2-\mu_2)^2}{\sigma_2^2}\right\}}$$

μ_1, μ_2 は平均，$\sigma_1^2, \sigma_2^2, \sigma_1\sigma_2$ は分散・共分散，ρ は相関係数である．多変数のガウス分布では1変数の場合と異なり，共分散という変数間の関連性を扱うため，1変数の場合と比べると確率分布を定義するための式が若干複雑な形となる．多変数になると指数関数の指数部分の式がさらに複雑になるが，この部分をベクトルと行列を用いて表すことでガウス分布の定義式を整理することができる．

いま，

$$\mathbf{x} = \begin{bmatrix} x_1 \\ x_2 \end{bmatrix}, \boldsymbol{\mu} = \begin{bmatrix} \mu_1 \\ \mu_2 \end{bmatrix}, \boldsymbol{\Sigma} = \begin{bmatrix} \sigma_1^2 & \sigma_1\sigma_2\rho \\ \sigma_2\sigma_1\rho & \sigma_2^2 \end{bmatrix}$$

とおくと，$f(x_1, x_2)$ の指数部分，$-\frac{1}{2(1-\rho^2)}\left\{\frac{(x_1-\mu_1)^2}{\sigma_1^2} - 2\rho\frac{(x_1-\mu_1)(x_2-\mu_2)}{\sigma_1\sigma_2} + \frac{(x_2-\mu_2)^2}{\sigma_2^2}\right\}$ は

$$-\frac{1}{2}{}^t[\mathbf{x} - \boldsymbol{\mu}]\sigma^{-1}[\mathbf{x} - \boldsymbol{\mu}]$$

と行列の積として表現することができる．実際，

$$\boldsymbol{\Sigma}^{-1} = \frac{1}{\sigma_1^2\sigma_2^2(1-\rho^2)} \begin{bmatrix} \sigma_2^2 & -\sigma_1\sigma_2\rho \\ -\sigma_2\sigma_1\rho & \sigma_1^2 \end{bmatrix}$$

であるから，

$$
\begin{aligned}
{}^t[\mathbf{x}-\boldsymbol{\mu}]\Sigma^{-1}[\mathbf{x}-\boldsymbol{\mu}] &= {}^t[\mathbf{x}-\boldsymbol{\mu}]\frac{1}{\sigma_1^2\sigma_2^2(1-\rho^2)}\begin{bmatrix} \sigma_2^1 & -\sigma_1\sigma_2\rho \\ -\sigma_2\sigma_1\rho & \sigma_1^2 \end{bmatrix}[\mathbf{x}-\boldsymbol{\mu}] \\
&= \frac{1}{\sigma_2^2\sigma_2^2(1-\rho^2)}{}^t[\mathbf{x}-\boldsymbol{\mu}]\begin{bmatrix} \sigma_2^2(x_1-\mu_1)+-\sigma_1\sigma_2\rho(x_2-\mu_2) \\ -\sigma_2\sigma_1\rho(x_1-\mu_1)+\sigma_1^2(x_2-\mu_2) \end{bmatrix} \\
&= \frac{1}{\sigma_1^2\sigma_2^2(1-\rho^2)}\Big\{\sigma_2^2(x_1-\mu_1)^2-\sigma_1\sigma_2\rho(x_1-\mu_1)(x_2-\mu_2) \\
&\qquad -\sigma_2\sigma_1\rho(x_2-\mu_2)(x_1-\mu_1)+\sigma_1^2(x_2-\mu_2)^2\Big\} \\
&= -\frac{1}{2(1-\rho^2)}\left\{\frac{(x_1-\mu_1)^2}{\sigma_1^2}-2\rho\frac{(x_1-\mu_1)(x_2-\mu_2)}{\sigma_1\sigma_2}+\frac{(x_2-\mu_2)^2}{\sigma_2^2}\right\}
\end{aligned}
$$

となる．一方，$f(x_1,x_2)$ の分布にある $\sqrt{2\pi\sigma_1^2}\sqrt{2\pi\sigma_2^2}\sqrt{1-\rho^2}$ も，$\boldsymbol{\Sigma}$ の行列式 $|\boldsymbol{\Sigma}|$ を計算することで

$$\sqrt{(2\pi)^2}\sqrt{|\boldsymbol{\Sigma}|}=\sqrt{2\pi\sigma_1^2}\sqrt{2\pi\sigma_2^2}\sqrt{1-\rho^2}$$

となることが確認できる．したがって，2変数ガウス分布 $f(\mathbf{x_1},\mathbf{x_2})$ は

$$f(\mathbf{x_1},\mathbf{x_2}\mid\boldsymbol{\mu},\boldsymbol{\Sigma})=\frac{1}{\sqrt{(2\pi)^2}}\frac{1}{\sqrt{|\boldsymbol{\Sigma}|}}e^{-\frac{1}{2}{}^t[\mathbf{x}-\boldsymbol{\mu}]\boldsymbol{\Sigma}^{-1}[\mathbf{x}-\boldsymbol{\mu}]}$$

と表されることがわかる．$\boldsymbol{\mu}$ は平均ベクトル，$\boldsymbol{\Sigma}$ は共分散行列と呼ばれる．このように行列を利用することで，一般の多変数ガウス分布も以下のように定義することができる．

$$f(\mathbf{x}\mid\boldsymbol{\mu},\boldsymbol{\Sigma})=\frac{1}{\sqrt{(2\pi)^d}}\frac{1}{\sqrt{|\boldsymbol{\Sigma}|}}e^{-\frac{1}{2}{}^t[\mathbf{x}-\boldsymbol{\mu}]\boldsymbol{\Sigma}^{-1}[\mathbf{x}-\boldsymbol{\mu}]}$$

ただし，$\mathbf{x},\boldsymbol{\mu}$ は d 次元ベクトルで，$\boldsymbol{\Sigma}$ は $d\times d$ の共分散行列である．

9.2.3 多変数のガウス分布をより簡潔に表す方法

多変数ガウス分布（ここでは変数の数を d とする）は

$$f(\mathbf{x}\mid\boldsymbol{\mu},\boldsymbol{\Sigma})=\frac{1}{\sqrt{(2\pi)^d}}\frac{1}{\sqrt{|\boldsymbol{\Sigma}|}}e^{-\frac{1}{2}{}^t[\mathbf{x}-\boldsymbol{\mu}]\boldsymbol{\Sigma}^{-1}[\mathbf{x}-\boldsymbol{\mu}]}$$

と定義される．ここで1変数のガウス分布を d 個掛け合わせたもの

$$f(\mathbf{y})=\prod_{i=1}^{d}\frac{1}{\sqrt{2\pi\lambda_i}^d}e^{-\frac{y_i^2}{2\lambda_i}}$$

を考える．多変数ガウス分布の式は1変数のガウス分布を d 個掛け合わせたものとは異なるものである．しかし，正方行列が対称行列と交代行列の和として（一意的に）表されることと，固有値・固有ベクトルを求める計算手法を応用することで，多変数のガウス分布を d 個の独立な1変数ガウス分布の積の形に変形することができる．

ポイントとなるのは，以下の計算例が示す通り，ガウス分布の指数部分において交代行

列による計算の部分が 0 になることである．$W = \begin{bmatrix} 1 & 2 \\ 4 & 3 \end{bmatrix}, \mathbf{x} = \begin{bmatrix} x_1 \\ x_2 \end{bmatrix}$ とおいて ${}^t\mathbf{x}W\mathbf{x}$ を計算すると

$$\begin{aligned}
{}^t\mathbf{x}W\mathbf{x} &= \begin{bmatrix} x_1 & x_2 \end{bmatrix} \begin{bmatrix} 1 & 2 \\ 4 & 3 \end{bmatrix} \begin{bmatrix} x_1 \\ x_2 \end{bmatrix} \\
&= \begin{bmatrix} x_1 & x_2 \end{bmatrix} \begin{bmatrix} x_1 + 2x_2 \\ 4x_1 + 3x_2 \end{bmatrix} \\
&= x_1^2 + 2x_1 x_2 + 4x_2 x_1 + 3x_2^2 \\
&= x_1^2 + 6x_1 x_2 + 3x_2^2
\end{aligned}$$

となる．一方，$W = \begin{bmatrix} 1 & 2 \\ 4 & 3 \end{bmatrix}$ を交代行列 W^a と対称行列 W^s の和で表すと，W_a の (i,j) 成分 w_{ij}^a は

$$w_{ij}^a = \frac{w_{ij} - w_{ji}}{2} = -w_{ji}^a,$$

W^s の (i,j) 成分 w_{ij}^s は

$$w_{ij}^s = \frac{w_{ij} + w_{ji}}{2} = w_{ji}^s$$

と求めることができ，

$$W^a = \begin{bmatrix} \frac{1-1}{2} & \frac{2-4}{2} \\ \frac{4-2}{2} & \frac{3-3}{2} \end{bmatrix} = \begin{bmatrix} 0 & -1 \\ 1 & 0 \end{bmatrix}$$

$$W^s = \begin{bmatrix} \frac{1+1}{2} & \frac{2+4}{2} \\ \frac{4+2}{2} & \frac{3+3}{2} \end{bmatrix} = \begin{bmatrix} 1 & 3 \\ 3 & 3 \end{bmatrix}$$

となるから

$$\begin{bmatrix} 1 & 2 \\ 4 & 3 \end{bmatrix} = \begin{bmatrix} 0 & -1 \\ 1 & 0 \end{bmatrix} + \begin{bmatrix} 1 & 3 \\ 3 & 3 \end{bmatrix}$$

とできることがわかる．${}^t\mathbf{x}W^a\mathbf{x}$ を計算すると

$$
{}^t\mathbf{x}W^a\mathbf{x} = \begin{bmatrix} x_1 & x_2 \end{bmatrix} \begin{bmatrix} 0 & -1 \\ 1 & 0 \end{bmatrix} \begin{bmatrix} x_1 \\ x_2 \end{bmatrix}
$$

$$
= \begin{bmatrix} x_1 & x_2 \end{bmatrix} \begin{bmatrix} -x_2 \\ x_1 \end{bmatrix}
$$

$$
= -x_1 x_2 + x_1 x_2
$$

$$
= 0
$$

となる．また，${}^t\mathbf{x}W^s\mathbf{x}$ を計算すると

$$
{}^t\mathbf{x}W^s\mathbf{x} = \begin{bmatrix} x_1 & x_2 \end{bmatrix} \begin{bmatrix} 1 & 3 \\ 3 & 3 \end{bmatrix} \begin{bmatrix} x_1 \\ x_2 \end{bmatrix}
$$

$$
= \begin{bmatrix} x_1 & x_2 \end{bmatrix} \begin{bmatrix} x_1 + 3x_2 \\ 3x_1 + 3x_2 \end{bmatrix}
$$

$$
= x_1^2 + 3x_1 x_2 + 3x_2 x_1 + 3x_2^2
$$

$$
= x_1^2 + 6x_1 x_2 + 3x_2^2
$$

となって ${}^t\mathbf{x}W\mathbf{x}$ の計算結果と一致することがわかる．一般の場合は次のように計算して確認することができる．共分散行列 $\boldsymbol{\Sigma}$ は正方行列であるから，その逆行列 $\boldsymbol{\Sigma}^{-1}$ も正方行列で，$\boldsymbol{\Sigma}^{-1}$ は交代行列 $\boldsymbol{\Sigma}_a$ と対称行列 $\boldsymbol{\Sigma}_s$ の和で表される．これによりガウス分布の指数部分は

$$
{}^t[\mathbf{x}-\boldsymbol{\mu}]\boldsymbol{\Sigma}^{-1}[\mathbf{x}-\boldsymbol{\mu}] = {}^t[\mathbf{x}-\boldsymbol{\mu}][\boldsymbol{\Sigma}_a + \boldsymbol{\Sigma}_s][\mathbf{x}-\boldsymbol{\mu}]
$$

$$
= {}^t[\mathbf{x}-\boldsymbol{\mu}]\boldsymbol{\Sigma}_a[\mathbf{x}-\boldsymbol{\mu}] + {}^t[\mathbf{x}-\boldsymbol{\mu}]\boldsymbol{\Sigma}_s[\mathbf{x}-\boldsymbol{\mu}]
$$

となる．ここで $\boldsymbol{\Sigma}_a$ は交代行列であるから，対角成分はすべて 0 であり，$\boldsymbol{\Sigma}_a$ の (i,j) 成分を w_{ij} とおくと

$$
w_{ij} = -w_{ji}
$$

が成り立ち，${}^t[\mathbf{x}-\boldsymbol{\mu}]\boldsymbol{\Sigma}_a[\mathbf{x}-\boldsymbol{\mu}] = 0$ となることから，

$$
{}^t[\mathbf{x}-\boldsymbol{\mu}]\boldsymbol{\Sigma}^{-1}[\mathbf{x}-\boldsymbol{\mu}] = {}^t[\mathbf{x}-\boldsymbol{\mu}]\boldsymbol{\Sigma}_s[\mathbf{x}-\boldsymbol{\mu}]
$$

となる．これにより，$\boldsymbol{\Sigma}_s$ は対称行列であるから，一般性を失うことなく $\boldsymbol{\Sigma}^{-1}$ は対称行列としてもよいことがわかる．

以上の議論から，多変数ガウス分布 $f(\mathbf{x}|\boldsymbol{\mu},\boldsymbol{\Sigma})$ の指数部分 ${}^t[\mathbf{x}-\boldsymbol{\mu}]\boldsymbol{\Sigma}^{-1}[\mathbf{x}-\boldsymbol{\mu}]$ に含まれる行列 $\boldsymbol{\Sigma}^{-1}$ は実対称行列となることがわかる．実対称行列 $\boldsymbol{\Sigma}$ の固有値 λ_i に対応する大きさが 1 の固有ベクトルを $\mathbf{u}_i$ とする，つまり，$\boldsymbol{\Sigma}\mathbf{u}_0 = \lambda_i \mathbf{u}_0$ とすると

$$\mathbf{\Sigma} = \sum_{i=1}^{d} \lambda_i \mathbf{u}_i {}^t\mathbf{u}_i$$

と表すことができる．さらに，共分散行列の逆行列 $\mathbf{\Sigma}^{-1}$ は

$$\mathbf{\Sigma}^{-1} = \sum_{i=1}^{d} \frac{1}{\lambda_i} \mu_i {}^t\mathbf{u}_i$$

と表される．以上の性質から，多変数のガウス分布は一変数のガウス分布の d 個の積として表されることがわかる．

問題 9.2

正方行列は対称行列と交代行列の和として一意的に表されることを証明せよ．

9.2.4 ガウス積分について

本節の最後にガウス積分の計算に必要な微分積分や線形代数の計算について紹介する．ガウス積分

$$I = \int_{-\infty}^{\infty} e^{-ax^2} dx = \sqrt{\frac{\pi}{a}}$$

はガウス分布の正規化定数 $\sqrt{2\pi\sigma^2}$ を求める際に現れる．ガウス分布

$$f(x\,|\,\mu, \sigma^2) = \frac{1}{\sqrt{2\pi\sigma^2}} e^{-\frac{(x-\mu)^2}{2\sigma^2}}$$

は実数上に定義される実数値関数であるが，確率分布となる条件を満たすために実数全体の区間（$-\infty$ から ∞ まで）における定積分の値が 1 になるようにする必要がある．ガウス分布の形状を決定するのは関数 $e^{-\frac{(x-\mu)^2}{2\sigma^2}}$ の部分である．関数 $e^{-\frac{(x-\mu)^2}{2\sigma^2}}$ は連続で，直線 $x = \mu$（y 軸）で対称な関数，つまり偶関数であり，$x \to \infty$ または $x \to -\infty$ のときに 0 に収束する．また，関数 $e^{-\frac{(x-\mu)^2}{2\sigma^2}}$ は実数全体の区間で積分しても有限の値をとり，その値は $\sqrt{2\pi\sigma^2}$ となる．これはガウス積分の式において $a = \frac{1}{2\sigma^2}$ とおくことで得られる．関数 $e^{-\frac{(x-\mu)^2}{2\sigma^2}}$ を正規化することでガウス分布が得られる．

最後に，ガウス積分の計算に線形代数の知識が必要になることを紹介して本節を終えることにする．ガウス積分を計算するには以下のような線形代数の知識が必要となる．

(u,v) 平面の領域 D から (x,y) 平面への関数 $g(u,v) = (g_1(u,v), g_2(u,v))$ が全単射かつ連続で，1 回微分可能で 1 次導関数も連続であり，行列式

$$\left|\frac{\partial(x,y)}{\partial(u,v)}\right| = \begin{vmatrix} \frac{\partial g_1}{\partial u}(u,v) & \frac{\partial g_1}{\partial v}(u,v) \\ \frac{\partial g_2}{\partial u}(u,v) & \frac{\partial g_2}{\partial v}(u,v) \end{vmatrix}$$

が 0 にならないとき，

$$\iint_{g(D)} f(x,y)dxdy = \iint_D f(g(u,v)) \left|\frac{\partial(x,y)}{\partial(u,v)}\right| dudv$$

となる．行列式 $\left|\frac{\partial(x,y)}{\partial(u,v)}\right|$ を変換 $x = g_1(u,v), y = g_2(u,v)$ のヤコビアンという．

記述は難しく見えるが，ガウス積分を計算するには三角関数の微分と行列式の計算が必要となるだけである．必要となる三角関数の基礎知識は $\sin\theta$ を θ で微分すると $\cos\theta$ となり，$\cos\theta$ を θ で微分すると $-\sin\theta$ となることと $\sin^2\theta + \cos^2\theta = 1$ となることである．

ガウス積分は $I = \int_{-\infty}^{\infty} e^{-ay^2}dx$ とおいて，

$$I^2 = \left(\int_{-\infty}^{\infty} e^{-ax^2}dx\right)^2 = \int_{-\infty}^{\infty}\int_{-\infty}^{\infty} e^{-a(x^2+y^2)}dxdy$$

を考え，$x = r\cos\theta, y = r\sin\theta$ と極座標に変数変換することで

$$I^2 = \int_0^{\infty}\int_0^{2\pi} \left|\begin{array}{cc}\frac{\partial x}{\partial r} & \frac{\partial x}{\partial \theta} \\ \frac{\partial y}{\partial r} & \frac{\partial y}{\partial \theta}\end{array}\right| e^{-ar^2(\cos^2\theta+\sin^2\theta)}drd\theta$$

を計算することで求められる．ここで，行列式

$$\left|\begin{array}{cc}\frac{\partial x}{\partial r} & \frac{\partial x}{\partial \theta} \\ \frac{\partial y}{\partial r} & \frac{\partial y}{\partial \theta}\end{array}\right|$$

のヤコビアンは

$$\left|\begin{array}{cc}\frac{\partial x}{\partial r} & \frac{\partial x}{\partial \theta} \\ \frac{\partial y}{\partial r} & \frac{\partial y}{\partial \theta}\end{array}\right| = \left|\begin{array}{cc}\cos\theta & -r\sin\theta \\ \sin\theta & r\cos\theta\end{array}\right| = r(\cos^2\theta + \sin^2\theta) = r$$

となるから，

$$I^2 = 2\pi\int_0^{\infty} re^{-ar^2}dr = \frac{\pi}{a}$$

が得られる．

9.3 推定のための計算

9.3.1 行列の微分

多変数の関数を扱う場合，ベクトルや行列の形の微分を考えることで計算が便利になることがある．ここでは，ベクトルや行列の微分の計算方法について簡単に紹介する．

A を $m \times n$ 行列，$f(A)$ をスカラー（行列 A の成分を変数とする関数）とするとき，

$$\frac{\partial f(A)}{\partial A} = \begin{bmatrix} \frac{\partial f(A)}{\partial a_{11}} & \frac{\partial f(A)}{\partial a_{12}} & \cdots & \frac{\partial f(A)}{\partial a_{1n}} \\ \frac{\partial f(A)}{\partial a_{21}} & \frac{\partial f(A)}{\partial a_{22}} & \cdots & \frac{\partial f(A)}{\partial a_{2n}} \\ \vdots & \vdots & \ddots & \vdots \\ \frac{\partial f(A)}{\partial a_{m1}} & \frac{\partial f(A)}{\partial a_{m2}} & \cdots & \frac{\partial f(A)}{\partial a_{mn}} \end{bmatrix}$$

と定義する．行列の積 AB を x で微分すると（行列の微分のライプニッツ則）

$$\frac{\partial}{\partial x} AB = \left(\frac{\partial}{\partial x} A\right) B + A \left(\frac{\partial}{\partial x} B\right)$$

となる．

ここで，計算例を挙げる．
$A = \begin{bmatrix} a_{11} & a_{12} \\ a_{21} & a_{22} \end{bmatrix}, f(A) = f(a_{11}, a_{12}, a_{21}, a_{22}) = a_{11} a_{12} a_{21} a_{22}$ とすると，

$$\frac{\partial f(A)}{\partial A} = \begin{bmatrix} \frac{\partial}{\partial a_{11}} f(A) & \frac{\partial}{\partial a_{12}} f(A) \\ \frac{\partial}{\partial a_{21}} f(A) & \frac{\partial}{\partial a_{22}} f(A) \end{bmatrix} = \begin{bmatrix} \frac{\partial}{\partial a_{11}} a_{11} a_{12} a_{21} a_{22} & \frac{\partial}{\partial a_{12}} a_{11} a_{12} a_{21} a_{22} \\ \frac{\partial}{\partial a_{21}} a_{11} a_{12} a_{21} a_{22} & \frac{\partial}{\partial a_{22}} a_{11} a_{12} a_{21} a_{22} \end{bmatrix}$$

$$= \begin{bmatrix} a_{12} a_{21} a_{22} & a_{11} a_{21} a_{22} \\ a_{11} a_{12} a_{22} & a_{11} a_{12} a_{21} \end{bmatrix} \quad \text{となる．}$$

9.3.2 多変数ガウス分布の最尤学習

多変数ガウス分布は

$$f(\mathbf{x} \mid \boldsymbol{\mu}, \boldsymbol{\Sigma}) = \frac{1}{\sqrt{2\pi}^d} \frac{1}{\sqrt{|\boldsymbol{\Sigma}|}} e^{-\frac{1}{2} {}^t[\mathbf{x} - \boldsymbol{\mu}] \boldsymbol{\Sigma}^{-1} [\mathbf{x} - \boldsymbol{\mu}]}$$

と定義される．ただし，$\mathbf{x}, \boldsymbol{\mu}$ は d 次元列ベクトル，$\boldsymbol{\Sigma}$ は $d \times d$ 行列である．N 個のサンプル $X = \{\mathbf{x}_1, \mathbf{x}_2, \cdots, \mathbf{x}_N\}$ が独立に得られたとき，対数尤度関数は

$$L(\boldsymbol{\mu}, \boldsymbol{\Sigma}) = \log \prod_{i=1}^{N} f(\mathbf{x}_i \mid \boldsymbol{\mu}, \boldsymbol{\Sigma})$$

$$= -\frac{dN}{2} \log(2\pi) - \frac{N}{2} \log |\boldsymbol{\Sigma}| - \frac{1}{2} \sum_{i=1}^{N} {}^t[\mathbf{x}_i - \boldsymbol{\mu}] \boldsymbol{\Sigma}^{-1} [\mathbf{x}_i - \boldsymbol{\mu}] \quad \cdots (1)$$

となる．この場合の対数尤度関数は，ガウス分布 $f(\mathbf{x} \mid \boldsymbol{\mu}, \boldsymbol{\Sigma})$ に $\mathbf{x}_1, \ldots, \mathbf{x}_n$ を代入して掛け合わせて対数をとったものである．初めに，ベクトル $\boldsymbol{\mu}$ の最尤推定量を計算する．（対数）尤度関数を最大化するパラメータ $\boldsymbol{\mu}, \boldsymbol{\Sigma}$ のことを最尤推定量といい，多くの推定に関する問題に利用されている．その際，ベクトルの偏微分を行うことになる．まず，式 (1) の具体的な計算について，以下に一例を示し確認する．

式 (1) の計算例

$\mathbf{\Sigma} = \begin{bmatrix} 2 & 5 \\ 1 & 3 \end{bmatrix}, {}^t\mathbf{x}_i = [x_{1i}, x_{2i}], {}^t\boldsymbol{\mu} = [\mu_1, \mu_2]$ とする．このとき $d = 2$ である．

$$L(\boldsymbol{\mu}, \mathbf{\Sigma}) = \log \prod_{i=1}^{N} f(\mathbf{x}_i \mid \boldsymbol{\mu}, \mathbf{\Sigma})$$

$$= -\frac{dN}{2} \log(2\pi) - \frac{N}{2} \log |\mathbf{\Sigma}| - \frac{1}{2} \sum_{i=1}^{N} {}^t[\mathbf{x}_i - \boldsymbol{\mu}] \mathbf{\Sigma}^{-1} [\mathbf{x}_i - \boldsymbol{\mu}]$$

$d = 2$ を代入する．

$$= -N \log(2\pi) - \frac{N}{2} \log |\mathbf{\Sigma}| - \frac{1}{2} \sum_{i=1}^{N} {}^t[\mathbf{x}_i - \boldsymbol{\mu}] \mathbf{\Sigma}^{-1} [\mathbf{x}_i - \boldsymbol{\mu}]$$

$|\mathbf{\Sigma}| = 1$ であるから

$$= -N \log(2\pi) - \frac{N}{2} \times 0 - \frac{1}{2} \sum_{i=1}^{N} {}^t[\mathbf{x}_i - \boldsymbol{\mu}] \mathbf{\Sigma}^{-1} [\mathbf{x}_i - \boldsymbol{\mu}]$$

$\mathbf{\Sigma}^{-1} = \begin{bmatrix} 3 & -5 \\ -1 & 2 \end{bmatrix}$ であるから

$$= -N \log(2\pi) - \frac{1}{2} \sum_{i=1}^{N} (x_{1i} - \mu_1, x_{2i} - \mu_2) \begin{bmatrix} 3 & -5 \\ -1 & 2 \end{bmatrix} \begin{bmatrix} x_{1i} - \mu_1 \\ x_{2i} - \mu_2 \end{bmatrix}$$

$$= N \log(2\pi) - \frac{1}{2} \sum_{i=1}^{N} [3x_{1i}^2 - 6\mu_1 x_{1i} - 6x_{1i} x_{2i} + 6\mu_2 x_{1i} + 3\mu_1^2$$
$$+ 6x_{2i}\mu_1 - 6\mu_1\mu_2 - 4\mu_2 x_{2i} + 2x_{2i}^2 + 2\mu_2^2]$$

行列の計算部分に着目すると

$$\begin{aligned}{}^t[\mathbf{x}_i - \boldsymbol{\mu}] \mathbf{\Sigma}^{-1} [\mathbf{x}_i - \boldsymbol{\mu}] &= {}^t[\mathbf{x}_i - \boldsymbol{\mu}](\mathbf{\Sigma}^{-1} \mathbf{x}_i - \mathbf{\Sigma}^{-1} \boldsymbol{\mu}) \\ &= {}^t[\mathbf{x}_i - \boldsymbol{\mu}] \mathbf{\Sigma}^{-1} \mathbf{x}_i - {}^t[\mathbf{x}_i - \boldsymbol{\mu}] \mathbf{\Sigma}^{-1} \boldsymbol{\mu} \\ &= {}^t\mathbf{x}_i \mathbf{\Sigma}^{-1} \mathbf{x}_i - {}^t\boldsymbol{\mu} \mathbf{\Sigma}^{-1} \mathbf{x}_i - {}^t\mathbf{x}_i \mathbf{\Sigma}^{-1} \boldsymbol{\mu} + {}^t\boldsymbol{\mu} \mathbf{\Sigma}^{-1} \boldsymbol{\mu} \quad \cdots (2)\end{aligned}$$

となり，$\mathrm{tr}(\mathbf{\Sigma}^{-1} \mathbf{x} {}^t\mathbf{x}) = {}^t\mathbf{x} \mathbf{\Sigma}^{-1} \mathbf{x}$（問 9.4）となることを利用して，

$$\sum_{i=1}^{N} {}^t[\mathbf{x}_i - \boldsymbol{\mu}] \mathbf{\Sigma}^{-1} [\mathbf{x}_i - \boldsymbol{\mu}] = \mathrm{tr}\left(\mathbf{\Sigma}^{-1} \sum_{i=1}^{N} \mathbf{x}_i {}^t\mathbf{x}_i\right) - \left(\sum_{i=1}^{N} {}^t\mathbf{x}_i\right) \mathbf{\Sigma}^{-1} \boldsymbol{\mu} - {}^t\boldsymbol{\mu} \mathbf{\Sigma}^{-1} \left(\sum_{i=1}^{n} {}^t\mathbf{x}_i\right)$$
$$+ N {}^t\boldsymbol{\mu} \mathbf{\Sigma}^{-1} \boldsymbol{\mu}$$

とできることがわかる．式 (1) の確認と同様の具体例をもって，式 (2) の計算を以下に示す．

式 (2) の計算例

$\boldsymbol{\Sigma} = \begin{bmatrix} 2 & 5 \\ 1 & 3 \end{bmatrix}, \boldsymbol{\Sigma}^{-1} = \begin{bmatrix} 3 & -5 \\ -1 & 2 \end{bmatrix}$ であるから,式 (2) の各項は以下のように計算できる.

第 1 項

$$
{}^t\mathbf{x}_i \boldsymbol{\Sigma}^{-1} \mathbf{x}_i = \begin{bmatrix} x_{1i} & x_{2i} \end{bmatrix} \begin{bmatrix} 3 & -5 \\ -1 & 2 \end{bmatrix} \begin{bmatrix} x_{1i} \\ x_{2i} \end{bmatrix}
$$
$$
= 3x_{1i}^2 + x_{2i}x_{1i} - 5x_{1i}x_{2i} + 2x_{2i}^2
$$

第 2 項

$$
{}^t\boldsymbol{\mu} \boldsymbol{\Sigma}^{-1} \mathbf{x}_i = \begin{bmatrix} \mu_1 & \mu_2 \end{bmatrix} \begin{bmatrix} 3 & -5 \\ -1 & 2 \end{bmatrix} \begin{bmatrix} x_{1i} \\ x_{2i} \end{bmatrix}
$$
$$
= 3\mu_1 x_{1i} + \mu_2 x_{1i} - 5\mu_1 x_{2i} + 2\mu_2 x_{2i}
$$

第 3 項

$$
{}^t\mathbf{x}_i \boldsymbol{\Sigma}^{-1} \boldsymbol{\mu} = \begin{bmatrix} x_{1i} & x_{2i} \end{bmatrix} \begin{bmatrix} 3 & -5 \\ -1 & 2 \end{bmatrix} \begin{bmatrix} \mu_1 \\ \mu_2 \end{bmatrix}
$$
$$
= 3x_{1i}\mu_1 + x_{2i}\mu_1 - 5x_{1i}\mu_2 + 2x_{2i}\mu_2
$$

第 4 項

$$
{}^t\boldsymbol{\mu} \boldsymbol{\Sigma}^{-1} \boldsymbol{\mu} = \begin{bmatrix} \mu_1 & \mu_2 \end{bmatrix} \begin{bmatrix} 3 & -5 \\ -1 & 2 \end{bmatrix} \begin{bmatrix} \mu_1 \\ \mu_2 \end{bmatrix}
$$
$$
= 3\mu_1^2 + \mu_1\mu_2 - 5\mu_1\mu_2 + 2\mu_2^2
$$

このとき式 (2) は,

$$
\begin{aligned}
{}^t[\mathbf{x}_i - \boldsymbol{\mu}] \boldsymbol{\Sigma}^{-1} [\mathbf{x}_i - \boldsymbol{\mu}] &= {}^t\mathbf{x}_i \boldsymbol{\Sigma}^{-1} \mathbf{x}_i - {}^t\boldsymbol{\mu} \boldsymbol{\Sigma}^{-1} \mathbf{x}_i - {}^t\mathbf{x}_i \boldsymbol{\Sigma}^{-1} \boldsymbol{\mu} + {}^t\boldsymbol{\mu} \boldsymbol{\Sigma}^{-1} \boldsymbol{\mu} \\
&= \{3x_{1i}^2 + x_{2i}x_{1i} - 5x_{1i}x_{2i} + 2x_{2i}^2\} \\
&\quad - \{3\mu_1 x_{1i} + \mu_2 x_{1i} - 5\mu_1 x_{2i} + 2\mu_2 x_{2i}\} \\
&\quad - \{3x_{1i}\mu_1 + x_{2i}\mu_1 - 5x_{1i}\mu_2 + 2x_{2i}\mu_2\} \\
&\quad + \{3\mu_1^2 + \mu_1\mu_2 - 5\mu_1\mu_2 + 2\mu_2^2\} \\
&= 3x_{1i}^2 - 6\mu_1 x_{1i} - 6x_{1i}x_{2i} + 6\mu_2 x_{1i} + 3\mu_1^2 \\
&\quad + 6x_{2i}\mu_1 - 6\mu_1\mu_2 - 4\mu_2 x_{2i} + 2x_{2i}^2 + 2\mu_2^2
\end{aligned}
$$

となり,式 (1) の第 3 項と一致する.

> **問題 9.3**
> $d=2$ の場合に等式 (2) が成り立つことを確認せよ．

> **問題 9.4**
> 任意の d 次正方行列 A に対して $\mathrm{tr}(A\mathbf{x}{}^t\mathbf{x}) = {}^t\mathbf{x}A\mathbf{x}$ が成り立つことを示せ．

対数尤度関数 $L(\boldsymbol{\mu},\boldsymbol{\Sigma})$ の $\boldsymbol{\Sigma}$ の部分を定数と見なすと，μ が含まれるのは $-\frac{1}{2}\sum_{i=1}^N {}^t[\mathbf{x}_i - \boldsymbol{\mu}]\boldsymbol{\Sigma}^{-1}[\mathbf{x}_i - \boldsymbol{\mu}]$ の部分だけであり，この部分は $\mu_1, \ldots, \mu_d$ の 2 次の多項式であることから，対数尤度関数 $L(\boldsymbol{\mu},\boldsymbol{\Sigma})$ を最大化するパラメータ μ は

$$\frac{\partial L(\boldsymbol{\mu},\boldsymbol{\Sigma})}{\partial \boldsymbol{\mu}} = 0$$

を満足する μ であることがわかる．この偏微分はベクトルの微分を考えていることに注意する．したがって，問題 9.5 の結果を利用して

$$\frac{\partial L(\boldsymbol{\mu},\boldsymbol{\Sigma})}{\partial \boldsymbol{\mu}} = \frac{\partial}{\partial \boldsymbol{\mu}}\left(-\frac{1}{2}\sum_{i=1}^N {}^t[\mathbf{x}_i - \boldsymbol{\mu}]\boldsymbol{\Sigma}^{-1}[\mathbf{x}_i - \mathbf{u}]\right) \quad \cdots (3)$$

$$= \frac{1}{2}\sum_{i=1}^N \left\{\left(\boldsymbol{\Sigma}^{-1} + {}^t(\boldsymbol{\Sigma}^{-1})\right)[\mathbf{x}_i - \boldsymbol{\mu}]\right\} \quad \cdots (4)$$

とできる．再び，式 (1) と同様の例をもって，式 (3) と式 (4) が等しくなることを以下に示す．

式 (3) と式 (4) の計算例

$\boldsymbol{\Sigma} = \begin{bmatrix} 2 & 5 \\ 1 & 3 \end{bmatrix}, \boldsymbol{\Sigma}^{-1} = \begin{bmatrix} 3 & -5 \\ -1 & 2 \end{bmatrix}$ として式 (3) は，

$$\frac{\partial L(\boldsymbol{\mu},\boldsymbol{\Sigma})}{\partial \boldsymbol{\mu}} = \frac{\partial}{\partial \boldsymbol{\mu}}\left(-\frac{1}{2}\sum_{i=1}^N {}^t[\mathbf{x}_i - \boldsymbol{\mu}]\boldsymbol{\Sigma}^{-1}[\mathbf{x}_i - \mathbf{u}]\right)$$

$$= -\frac{1}{2}\sum_{i=1}^N \frac{\partial}{\partial \boldsymbol{\mu}}[3x_{1i}^2 - 6\mu_1 x_{1i} - 6x_{1i}x_{2i} + 6\mu_2 x_{1i} + 3\mu_1^2$$

$$+ 6x_{2i}\mu_1 - 6\mu_1\mu_2 - 4\mu_2 x_{2i} + 2x_{2i}^2 + 2\mu_2^2]$$

$\dfrac{\partial f}{\partial \boldsymbol{\mu}} = \left[\dfrac{\partial f}{\partial \mu_1}, \dfrac{\partial f}{\partial \mu_2}\right]$ であるから

$$= -\frac{1}{2}\sum_{i=1}^N[(-6x_{1i} + 6\mu_1 + 6x_{2i} - 6\mu_2, 6x_{1i} - 6\mu_1 - 4x_{2i} + 4\mu_2)^T]$$

となる．一方，式 (4) は，

$$\frac{\partial L(\boldsymbol{\mu}, \boldsymbol{\Sigma})}{\partial \boldsymbol{\mu}} = \frac{1}{2} \sum_{i=1}^{N} \left\{ (\boldsymbol{\Sigma}^{-1} +{}^t(\boldsymbol{\Sigma}^{-1}))[\mathbf{x}_i - \boldsymbol{\mu}] \right\}$$

$$= \frac{1}{2} \sum_{i=1}^{N} \left\{ \begin{bmatrix} 6 & -6 \\ -6 & 4 \end{bmatrix} \begin{bmatrix} x_{1i} & -\mu_1 \\ x_{2i} & -\mu_2 \end{bmatrix} \right\}$$

$$= -\frac{1}{2} \sum_{i=1}^{N} [(-6x_{1i} + 6\mu_1 + 6x_{2i} - 6\mu_2, 6x_{1i} - 6\mu_1 - 4x_{2i} + 4\mu_2)^T]$$

となるから，$(3) = (4)$ が成り立つ．

> **問題 9.5**
> 任意の d 次正方行列 A に対して $\frac{\partial}{\partial \mu}{}^t\mu A\mu = (A + {}^tA)\mu$ が成り立つことを示せ．

したがって，

$$\frac{1}{2} \sum_{i=1}^{N} \left(\boldsymbol{\Sigma}^{-1} + {}^t(\boldsymbol{\Sigma}^{-1})\right)[\mathbf{x}_i - \boldsymbol{\mu}] = \frac{1}{2} \left(\boldsymbol{\Sigma}^{-1} + {}^t(\boldsymbol{\Sigma}^{-1})\right) \left(\sum_{i=1}^{N} \mathbf{x}_i - N\boldsymbol{\mu}\right)$$

となり，$\frac{\partial L(\boldsymbol{\mu},\boldsymbol{\Sigma})}{\partial \boldsymbol{\mu}} = 0$ を満足する $\boldsymbol{\mu}$ は，$\boldsymbol{\Sigma}$ の成分が正であることから

$$\boldsymbol{\mu} = \frac{1}{N} \sum_{i=1}^{d} \mathbf{x}_i \quad \cdots (1)'$$

となり，これが多変数ガウス分布の平均ベクトルの最尤推定量である．

次に，d 次正方行列 $\boldsymbol{\Sigma}$ の最尤推定量を計算する．今度は行列の偏微分を考える．

$$L(\boldsymbol{\mu}, \boldsymbol{\Sigma}) = -\frac{dN}{2}\log(2\pi) - \frac{N}{2}\log|\boldsymbol{\Sigma}| - \frac{1}{2}\sum_{i=1}^{N}{}^t[\mathbf{x}_i - \boldsymbol{\mu}]\boldsymbol{\Sigma}^{-1}[\mathbf{x}_i - \boldsymbol{\mu}]$$

であるから，$\mathbf{y}_i = [\mathbf{x}_i - \boldsymbol{\mu}]$ とおくと

$$\frac{dL}{d\boldsymbol{\Sigma}}(\boldsymbol{\mu}, \boldsymbol{\Sigma}) = \frac{dL}{d\boldsymbol{\Sigma}}\left(-\frac{N}{2}\log|\boldsymbol{\Sigma}| - \frac{1}{2}\sum_{i=1}^{N}{}^t\mathbf{y}_i\boldsymbol{\Sigma}^{-1}\mathbf{y}\right)$$

$$= \frac{dL}{d\boldsymbol{\Sigma}}\left(-\frac{N}{2}\log|\boldsymbol{\Sigma}| - \frac{1}{2}\mathrm{tr}\left(\boldsymbol{\Sigma}\left(\sum_{i=1}^{N}\mathbf{y}_i{}^t\mathbf{y}_i\right)\right)\right)$$

$$= -\frac{dL}{d\boldsymbol{\Sigma}}\left(-\frac{N}{2}\log|\boldsymbol{\Sigma}|\right) - \frac{dL}{d\boldsymbol{\Sigma}}\left(\frac{1}{2}\mathrm{tr}\left(\boldsymbol{\Sigma}\left(\sum_{i=1}^{N}\mathbf{y}_i{}^t\mathbf{y}_i\right)\right)\right)$$

となる．第 1 項については，問題 9.6 の結果を利用して

$$-\frac{dL}{d\boldsymbol{\Sigma}}\left(-\frac{N}{2}\log|\boldsymbol{\Sigma}|\right) = -N{}^t(\boldsymbol{\Sigma}^{-1}) \quad \cdots (5)$$

となる．例をもって，式 (5) の両辺が等しいことを以下に示す．

式 (5) の計算例

$\mathbf{\Sigma} = \begin{bmatrix} a & b \\ c & d \end{bmatrix}$ として，左辺は

$$\frac{\partial L}{\partial \mathbf{\Sigma}}(-N \log(ad - bc))$$
$$= -N \begin{bmatrix} \frac{\partial}{\partial a} \log(ad - bc) & \frac{\partial}{\partial b} \log(ad - bc) \\ \frac{\partial}{\partial c} \log(ad - bc) & \frac{\partial}{\partial d} \log(ad - bc) \end{bmatrix}$$
$$= -N \begin{bmatrix} \frac{d}{ab-bc} & \frac{-c}{ab-bc} \\ \frac{-b}{ab-bc} & \frac{a}{ab-bc} \end{bmatrix}$$
$$= \frac{-N}{(ad-bc)} \begin{bmatrix} d & -c \\ -b & a \end{bmatrix}$$

となり，右辺は

$$-N\,{}^t(\mathbf{\Sigma}^{-1}) = -N \cdot \frac{1}{(ad-bc)}\,{}^t\begin{bmatrix} d & -b \\ -c & a \end{bmatrix}$$
$$= \frac{-N}{(ad-bc)} \begin{bmatrix} d & -c \\ -b & a \end{bmatrix}$$

となる．したがって，左辺＝右辺 が成り立つ．

問題 9.6

任意の d 次正方行列 A に対して $\frac{d}{dA} \log|A| = {}^t(A^{-1})$ が成り立つことを示せ．

第 2 項については，$Y = \sum_{i=1}^{N} \mathbf{y}_i\,{}^t\mathbf{y}_i$ とおくと

$$\frac{d}{d\mathbf{\Sigma}} \mathrm{tr}(\mathbf{\Sigma}^{-1}Y) = \begin{bmatrix} \frac{\partial}{\partial \Sigma_{11}} \mathrm{tr}(\mathbf{\Sigma}^{-1}Y) & \cdots & \frac{\partial}{\partial \Sigma_{1d}} \mathrm{tr}(\mathbf{\Sigma}^{-1}Y) \\ \vdots & \ddots & \vdots \\ \frac{\partial}{\partial \Sigma_{d1}} \mathrm{tr}(\mathbf{\Sigma}^{-1}Y) & \cdots & \frac{\partial}{\partial \Sigma_{dd}} \mathrm{tr}(\mathbf{\Sigma}^{-1}Y) \end{bmatrix} \quad \cdots (6)$$

であることから $\frac{\partial}{\partial \mathbf{\Sigma}_{ij}} \mathrm{tr}(\mathbf{\Sigma}^{-1}Y)$ について計算を進めると，問題 9.7 の結果を利用して

$$\frac{\partial}{\partial \mathbf{\Sigma}_{ij}} \mathrm{tr}(\mathbf{\Sigma}^{-1}Y) = \mathrm{tr}\left(\frac{\partial}{\partial \mathbf{\Sigma}_{ij}} \mathbf{\Sigma}^{-1} Y\right)$$
$$= -\mathrm{tr}\left(\mathbf{\Sigma}^{-1} \left(\frac{\partial}{\partial \mathbf{\Sigma}_{ij}} \mathbf{\Sigma}\right) \mathbf{\Sigma}^{-1} Y\right)$$
$$= -\mathrm{tr}\left(\left(\frac{\partial}{\partial \mathbf{\Sigma}_{ij}} \mathbf{\Sigma}\right) \mathbf{\Sigma}^{-1} Y \mathbf{\Sigma}^{-1}\right)$$
$$= -\left[\mathbf{\Sigma}^{-1} Y \mathbf{\Sigma}^{-1}\right]_{ij} \quad \cdots (7)$$

となる.ここで,$[\boldsymbol{\Sigma}^{-1}Y\boldsymbol{\Sigma}^{-1}]_{ij}$ は行列 $\boldsymbol{\Sigma}^{-1}Y\boldsymbol{\Sigma}^{-1}$ の (i,j) 成分である.式 (5) と同様の例をもって,式 (6) と式 (7) が等しいことを示す.同様の手順で計算できるため,$\frac{\partial}{\partial \boldsymbol{\Sigma}_{11}}\mathrm{tr}(\boldsymbol{\Sigma}^{-1}Y)$ についてのみ示す.

式 (6) と式 (7) の計算例

$\boldsymbol{\Sigma} = \begin{bmatrix} a & b \\ c & d \end{bmatrix}$, $\boldsymbol{\Sigma}^{-1} = \frac{1}{ad-bc}\begin{bmatrix} d & -b \\ -c & a \end{bmatrix}$ であるから,式 (6) は,

$$\mathrm{tr}(\boldsymbol{\Sigma}^{-1}Y) = \mathrm{tr}\left(\frac{1}{ad-bc}\begin{bmatrix} d & -b \\ -c & a \end{bmatrix}\begin{bmatrix} Y_{11} & Y_{12} \\ Y_{21} & Y_{22} \end{bmatrix}\right)$$
$$= \frac{1}{ad-bc}\mathrm{tr}\begin{bmatrix} dY_{11} - bY_{21} & dY_{12} - bY_{22} \\ -cY_{11} + aY_{21} & -cY_{12} + aY_{22} \end{bmatrix}$$
$$= \frac{1}{ad-bc}(dY_{11} - bY_{21} - cY_{12} + aY_{22})$$

と計算でき,

$$\frac{\partial}{\partial a}\mathrm{tr}(\boldsymbol{\Sigma}^{-1}Y) = \frac{Y_{22}(ad-bc) - (dY_{11} - bY_{21} - cY_{12} + aY_{22})d}{(ad-bc)^2}$$
$$= \frac{1}{(ad-bc)^2}(-d^2 Y_{11} + bdY_{21} + cdY_{12} - bcY_{22})$$

となる.一方,式 (7) は,

$-[\boldsymbol{\Sigma}^{-1}Y\boldsymbol{\Sigma}^{-1}]$
$= -\frac{1}{(ad-bc)^2}\begin{bmatrix} a & -b \\ -c & d \end{bmatrix}\begin{bmatrix} Y_{11} & Y_{12} \\ Y_{21} & Y_{22} \end{bmatrix}\begin{bmatrix} d & -b \\ -c & a \end{bmatrix}$
$= -\frac{1}{(ad-bc)^2}\begin{bmatrix} d^2 Y_{11} - bdY_{21} - cdY_{12} + bcY_{22} & -bdY_{11} + b^2 Y_{21} + daY_{12} - baY_{22} \\ -cdY_{11} - adY_{21} + c^2 Y_{12} - caY_{22} & cbY_{11} - abY_{21} - acY_{12} + a^2 Y_{22} \end{bmatrix}$

となり,(6) = (7) となる.

問題 9.7

任意の d 次正方行列 A に対して $\frac{\partial}{\partial a_{ij}}A^{-1} = -A^{-1}\left(\frac{\partial}{\partial a_{ij}}A\right)A^{-1}$ が成り立つことを示せ.

問題 9.8

$A = \begin{bmatrix} a & b \\ c & d \end{bmatrix}$ であるとき,$\frac{\partial}{\partial a}A^{-1} = A^{-1}\left(\frac{\partial}{\partial a}A\right)A^{-1}$ となることを確認せよ.

問題 9.9

$\mathrm{tr}(AB) = \mathrm{tr}(BA)$ が成り立つことを示せ．

ゆえに
$$-\frac{d}{d\mathbf{\Sigma}}\mathrm{tr}(\mathbf{\Sigma}^{-1}Y) = \mathbf{\Sigma}^{-1}Y\mathbf{\Sigma}^{-1}$$
となるから，
$$\frac{dL}{d\mathbf{\Sigma}}(\boldsymbol{\mu}, \mathbf{\Sigma}) = \frac{1}{2}\left(-N{}^t(\mathbf{\Sigma}^{-1}) + \mathbf{\Sigma}^{-1}Y\mathbf{\Sigma}^{-1}\right)$$
となり，$\frac{dL}{d\mathbf{\Sigma}}(\boldsymbol{\mu}, \mathbf{\Sigma}) = O$ (O は零行列) を解くと
$$-N{}^t(\mathbf{\Sigma}^{-1}) + \mathbf{\Sigma}^{-1}Y\mathbf{\Sigma}^{-1} = (-N + \mathbf{\Sigma}^{-1}Y)\mathbf{\Sigma}^{-1}$$
であるから
$$-N + \mathbf{\Sigma}^{-1}Y = O$$
を計算すればよい．両辺に左から $\mathbf{\Sigma}$ を掛けると
$$-N\mathbf{\Sigma} + Y = O$$
より
$$\mathbf{\Sigma} = \frac{1}{N}Y = \frac{1}{N}\sum_{i=1}^{N}\mathbf{y}_i{}^t\mathbf{y}_i$$
となり，$\mathbf{y}_i = \mathbf{x}_i - \boldsymbol{\mu}$ であるから
$$\mathbf{\Sigma} = \frac{1}{N}\sum_{i=1}^{N}[\mathbf{x}_i - \boldsymbol{\mu}]^t[\mathbf{x}_i - \boldsymbol{\mu}] \quad \cdots (2)'$$
が求める最尤推定量となる．最尤推定量の計算例を以下に示す．

---

1 変数の場合の最尤推定量

3 つの観測データ $x_1 = 2, x_2 = -1$ が与えられたときの 1 変数ガウス分布 $f(x\,|\,\mu, \sigma^2) = \frac{1}{\sqrt{2\pi\sigma^2}}e^{-\frac{(x-\mu)^2}{2\sigma^2}}$ の最尤推定量は，対数尤度関数
$$L(\mu, \sigma^2) = \log\left\{\frac{1}{\sqrt{2\pi\sigma^2}}e^{-\frac{(x_1-\mu)^2}{2\sigma^2}}\right\}\left\{\frac{1}{\sqrt{2\pi\sigma^2}}e^{-\frac{(x_2-\mu)^2}{2\sigma^2}}\right\}$$
を最大にする $\mu = \mu_{M.L}$, $\sigma^2 = \sigma^2_{M.L}$ である．$\mu_{M.L}$ と $\sigma^2_{M.L}$ は式 (1)′, および式 (2)′ より，

$$\mu_{M.L} = \frac{x_1 + x_2}{2} = \frac{2-1}{2} = \frac{1}{2}$$

$$\sigma^2_{M.L} = \frac{(x_1 - \mu_{M.L})^2 + (x_2 - \mu_{M.L})^2}{2} = \frac{(\frac{3}{2})^2 + (-\frac{1}{2})^2}{2} = \frac{5}{4}$$

となり，最尤推定法から得られる

$$f(x \mid \mu_{M.L}, \sigma^2_{M.L}) = \frac{1}{\sqrt{2\pi \cdot \frac{5}{4}}} e^{-\frac{(x-\frac{1}{2})^2}{2 \cdot \frac{5}{4}}}$$

を用いて予測を行うことができる．

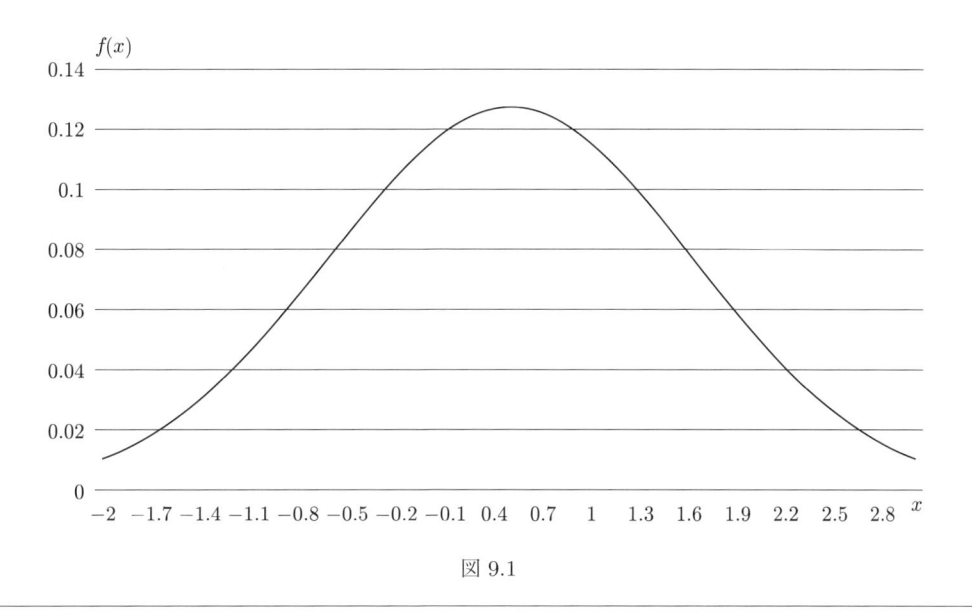

図 9.1

2 変数の場合の最尤推定量

2 つの観測データ $\mathbf{x_1} = (2, 3)$, $\mathbf{x_2} = (-4, -1)$, $\mathbf{x_3} = (-1, -2)$ が与えられたときの 2 変数ガウス分布 $f(\mathbf{x} \mid \boldsymbol{\mu}, \boldsymbol{\Sigma}) = \frac{1}{\sqrt{2\pi}^2} \frac{1}{\sqrt{|\boldsymbol{\Sigma}|}} e^{-\frac{1}{2}{}^t[\mathbf{x} - \boldsymbol{\mu}] \boldsymbol{\Sigma}^{-1} [\mathbf{x} - \boldsymbol{\mu}]}$ の最尤推定量は，対数尤度関数

$$L(\mu, \Sigma^2) = \log \Big\{ \Big(\frac{1}{\sqrt{2\pi}^2} \frac{1}{\sqrt{|\boldsymbol{\Sigma}|}} e^{-\frac{1}{2}{}^t[\mathbf{x_1} - \boldsymbol{\mu}] \boldsymbol{\Sigma}^{-1} [\mathbf{x_1} - \boldsymbol{\mu}]} \Big) \Big(\frac{1}{\sqrt{2\pi}^2} \frac{1}{\sqrt{|\boldsymbol{\Sigma}|}} e^{-\frac{1}{2}{}^t[\mathbf{x_2} - \boldsymbol{\mu}] \boldsymbol{\Sigma}^{-1} [\mathbf{x_2} - \boldsymbol{\mu}]} \Big) \\ \Big(\frac{1}{\sqrt{2\pi}^2} \frac{1}{\sqrt{|\boldsymbol{\Sigma}|}} e^{-\frac{1}{2}{}^t[\mathbf{x_3} - \boldsymbol{\mu}] \boldsymbol{\Sigma}^{-1} [\mathbf{x_3} - \boldsymbol{\mu}]} \Big) \Big\}$$

を最大にする $\boldsymbol{\mu} = \boldsymbol{\mu}_{M.L}$, $\boldsymbol{\Sigma} = \boldsymbol{\Sigma}_{M.L}$ である．$\boldsymbol{\mu}_{M.L}$ と $\boldsymbol{\Sigma}_{M.L}$ は式 (1)′，および式 (2)′ より，

$$\boldsymbol{\mu}_{M.L} = \frac{\mathbf{x_1} + \mathbf{x_2} + \mathbf{x_3}}{3} = \frac{(2,3) + (-4,-1) + (-1,-2)}{3} = (-1, 0)$$

$$\boldsymbol{\Sigma}_{M.L} = \frac{1}{2}\{[\mathbf{x_1} - \boldsymbol{\mu}_{M.L}]^t[\mathbf{x_1} - \boldsymbol{\mu}_{M.L}] + [\mathbf{x_2} - \boldsymbol{\mu}_{M.L}]^t[\mathbf{x_2} - \boldsymbol{\mu}_{M.L}]$$
$$+ [\mathbf{x_3} - \boldsymbol{\mu}_{M.L}]^t[\mathbf{x_3} - \boldsymbol{\mu}_{M.L}]\}$$
$$= \frac{1}{3}\{(3,3)^t(3,3) + (-3,-1)^t(-3,-1) + (0,-2)^t(0,-2)\}$$
$$= \frac{1}{3}\left\{\begin{bmatrix} 9 & 9 \\ 9 & 9 \end{bmatrix} + \begin{bmatrix} 9 & 3 \\ 3 & 1 \end{bmatrix} + \begin{bmatrix} 0 & 0 \\ 0 & 4 \end{bmatrix}\right\}$$
$$= \begin{bmatrix} 6 & 4 \\ 4 & \frac{14}{3} \end{bmatrix}$$

となり,

$$\boldsymbol{\Sigma}_{M.L}^{-1} = \begin{bmatrix} \frac{7}{18} & -\frac{1}{3} \\ -\frac{1}{3} & \frac{1}{2} \end{bmatrix}, \quad |\boldsymbol{\Sigma}_{M.L}| = 36$$

となる.すなわち,最尤推定法から得られる,

$$f(\mathbf{x} \,|\, \boldsymbol{\mu}_{M.L}, \boldsymbol{\Sigma}_{M.L}) = \frac{1}{\sqrt{2\pi}^2}\frac{1}{6}e^{-\frac{1}{2}{}^t[\mathbf{x}-(-1,0)]\begin{bmatrix} \frac{7}{18} & -\frac{1}{3} \\ -\frac{1}{3} & \frac{1}{2} \end{bmatrix}[\mathbf{x}-(-1,0)]}$$

を用いて予測を行うことができる.

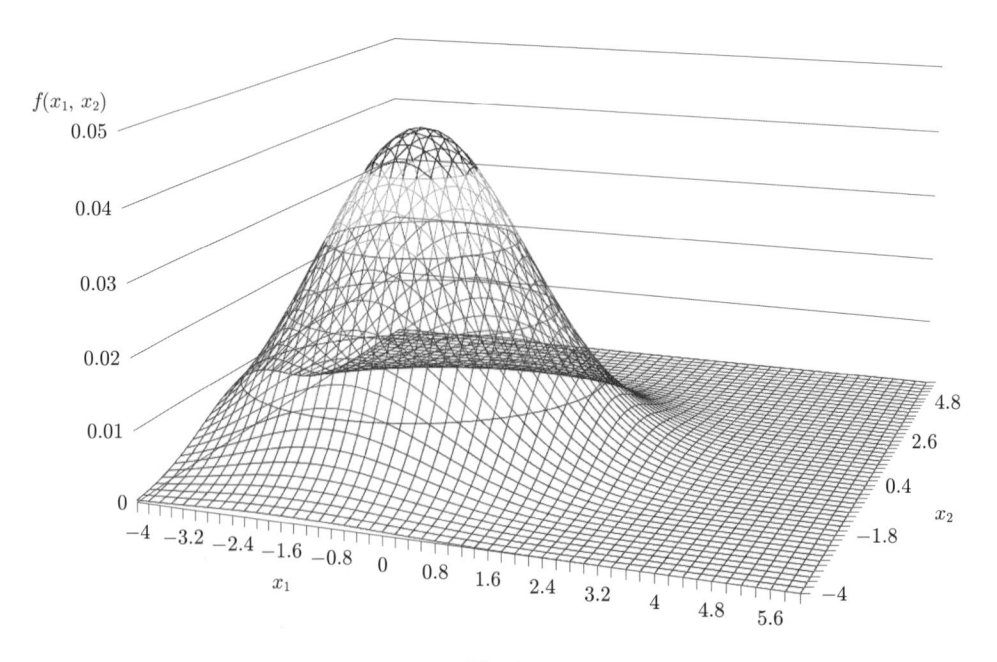

図 9.2

9.4 本章で扱えなかった内容

最後に，本章で紹介することができなかった重要な内容について手短に解説する．

9.4.1 逆行列の存在

逆行列については第4章で扱ったが，逆行列が存在するかどうかは，その行列の行列式を計算することで判別することができる．この事実を確認するには，第6章で学習した内容に加えて行列式のその他の性質を理解する必要がある．A, B を n 次正方行列とすると

$$|AB| = |A||B|$$

が成り立つ．実際，$C = AB$ とおき，$\mathbf{c}_i$ を行列 C の第 i 列，$\mathbf{a}_j$ を行列 A の第 j 列とすると $\mathbf{c}_i = \sum_{j=1}^{n} \mathbf{a}_j b_{ji}$ となる．ここで定理6.14を繰り返し使うことにより

$$|C| = \sum_{i_1=1}^{n} b_{1i_1}|\mathbf{a}_{i_1} \ \mathbf{c}_2 \ \cdots \ \mathbf{c}_n| = \cdots = \sum_{i_1, i_2, \cdots, i_n = 1}^{n} b_{1i_1} b_{1i_2} \cdots b_{1i_n} |\mathbf{a}_{i_1} \ \mathbf{a}_{i_2} \ \cdots \ \mathbf{a}_{i_n}|$$

となる．添え字の $i_1, \ldots, i_n$ の中で等しいものがあれば $|\mathbf{a}_{i_1} \ \mathbf{a}_{i_2} \ \cdots \ \mathbf{a}_{i_n}| = 0$ となることに注意すれば $|C| = |A||B|$ を示すことができる．この事実と単位行列 I の行列式が1であることを利用すれば，行列 A の逆行列 X が存在するとき $AX = I$ であるから $|A||X| = 1$ となり，行列の成分が実数であるなら $|A| \neq 0$ が成り立つことがわかる．

9.4.2 余因子と逆行列

次の3次正方行列の行列式は $\begin{vmatrix} a_{11} & a_{12} & 0 \\ a_{21} & a_{22} & 0 \\ a_{31} & a_{32} & 1 \end{vmatrix} = \sum_{\sigma} \mathrm{sgn}(\sigma) a_{1\sigma(1)} a_{2\sigma(2)} a_{3\sigma(3)}$ で $\sigma(3) = 3$ のときだけ1でそれ以外のときは0となるから，

$$\sum_{\sigma} \mathrm{sgn}(\sigma) a_{1\sigma(1)} a_{2\sigma(2)} a_{3\sigma(3)} = \sum_{\sigma} \mathrm{sgn}(\sigma) a_{1\sigma(1)} a_{2\sigma(2)} 1 = \begin{vmatrix} a_{11} & a_{12} \\ a_{21} & a_{22} \end{vmatrix}$$

となる．したがって，

$$\begin{vmatrix} a_{11} & a_{12} & 0 \\ a_{21} & a_{22} & 0 \\ a_{31} & a_{32} & a_{33} \end{vmatrix} = a_{33} \begin{vmatrix} a_{11} & a_{12} \\ a_{21} & a_{22} \end{vmatrix}$$

となる．得られた行列式 $\begin{vmatrix} a_{11} & a_{12} \\ a_{21} & a_{22} \end{vmatrix} = (-1)^{3+3} \begin{vmatrix} a_{11} & a_{12} \\ a_{21} & a_{22} \end{vmatrix}$ を $(3, 3)$ 余因子という．一般に，n 次正方行列 A の i 行と j 列を取り除いてできる行列式に $(-1)^{i+j}$ を掛けたもの

を行列 A の (i,j) 余因子といい A_{ij} で表す．これを応用すれば定理 6.12 から

$$\begin{vmatrix} a_{11} & a_{12} & 0 \\ a_{21} & a_{22} & a_{23} \\ a_{31} & a_{32} & 0 \end{vmatrix} = - \begin{vmatrix} a_{11} & a_{12} & 0 \\ a_{31} & a_{32} & 0 \\ a_{21} & a_{22} & a_{23} \end{vmatrix} = -a_{23} \begin{vmatrix} a_{11} & a_{12} \\ a_{31} & a_{32} \end{vmatrix}$$

$$\begin{vmatrix} a_{11} & a_{12} & a_{13} \\ a_{21} & a_{22} & 0 \\ a_{31} & a_{32} & 0 \end{vmatrix} = (-1)^2 \begin{vmatrix} a_{21} & a_{22} & 0 \\ a_{31} & a_{32} & 0 \\ a_{11} & a_{12} & a_{13} \end{vmatrix} = a_{13} \begin{vmatrix} a_{21} & a_{22} \\ a_{31} & a_{32} \end{vmatrix}$$

となり，定理 6.14 から

$$\begin{vmatrix} a_{11} & a_{12} & a_{13} \\ a_{21} & a_{22} & a_{23} \\ a_{31} & a_{32} & a_{33} \end{vmatrix} = \begin{vmatrix} a_{11} & a_{12} & a_{13} \\ a_{21} & a_{22} & 0 \\ a_{31} & a_{32} & 0 \end{vmatrix} + \begin{vmatrix} a_{11} & a_{12} & 0 \\ a_{21} & a_{22} & a_{23} \\ a_{31} & a_{32} & 0 \end{vmatrix} + \begin{vmatrix} a_{11} & a_{12} & 0 \\ a_{21} & a_{22} & 0 \\ a_{31} & a_{32} & a_{33} \end{vmatrix}$$

$$= a_{13}A_{13} - a_{23}A_{23} + a_{33}A_{33}$$

となる．このような行列式の変形を余因子展開と呼ぶ．一般的に，n 次正方行列 A の第 k 列の余因子展開と j 行の余因子展開はそれぞれ

$$|A| = \sum_{i=1}^{n} (-1)^{i+k} a_{ik} A_{ik}$$

$$|A| = \sum_{i=1}^{n} (-1)^{j+i} a_{ji} A_{ji}$$

で求めることができる．さらに，k 列の余因子展開の式を以下のように拡張することができる．

$$\sum_{i=1}^{n} (-1)^{i+k} a_{im} A_{ik} = \delta_{mk} |A|$$

実際，$m = j$ のとき $\delta_{mk} = 1$ とすれば余因子展開の式と同じである．$m \neq j$ のとき $\delta_{mk} = 0$ とすると右辺は 0 で，左辺は A の行列式で k 列の列ベクトルを m 列の列ベクトルに置き換えてできる行列式となり，定理 6.13 よりこの行列式は 0 となることがわかる．これにより，

$$\begin{bmatrix} a_{11} & a_{12} & \cdots & a_{1n} \\ a_{21} & a_{22} & \cdots & a_{2n} \\ \vdots & \vdots & \ddots & \vdots \\ a_{n1} & a_{n2} & \cdots & a_{nn} \end{bmatrix} \begin{bmatrix} (-1)^{1+1}A_{11} & (-1)^{1+2}A_{12} & \cdots & (-1)^{1+n}A_{1n} \\ (-1)^{2+1}A_{21} & (-1)^{2+2}A_{22} & \cdots & (-1)^{2+n}A_{2n} \\ \vdots & \vdots & \ddots & \vdots \\ (-1)^{n+1}A_{n1} & (-1)^{n+2}A_{n2} & \cdots & (-1)^{n+n}A_{nn} \end{bmatrix}$$

$$= \begin{bmatrix} |A| & 0 & \cdots & 0 \\ 0 & |A| & \cdots & 0 \\ \vdots & \vdots & \ddots & \vdots \\ 0 & 0 & \cdots & |A| \end{bmatrix} = |A|I_n$$

が得られる．同様に行の余因子展開を拡張することで

$$\begin{bmatrix} (-1)^{1+1}A_{11} & (-1)^{1+2}A_{12} & \cdots & (-1)^{1+n}A_{1n} \\ (-1)^{2+1}A_{21} & (-1)^{2+2}A_{22} & \cdots & (-1)^{2+n}A_{2n} \\ \vdots & \vdots & \ddots & \vdots \\ (-1)^{n+1}A_{n1} & (-1)^{n+2}A_{n2} & \cdots & (-1)^{n+n}A_{nn} \end{bmatrix} \begin{bmatrix} a_{11} & a_{12} & \cdots & a_{1n} \\ a_{21} & a_{22} & \cdots & a_{2n} \\ \vdots & \vdots & \ddots & \vdots \\ a_{n1} & a_{n2} & \cdots & a_{nn} \end{bmatrix}$$

$$= \begin{bmatrix} |A| & 0 & \cdots & 0 \\ 0 & |A| & \cdots & 0 \\ \vdots & \vdots & \ddots & \vdots \\ 0 & 0 & \cdots & |A| \end{bmatrix} = |A|I_n$$

となることを確認することができる．行列

$$\begin{bmatrix} (-1)^{1+1}A_{11} & (-1)^{1+2}A_{12} & \cdots & (-1)^{1+n}A_{1n} \\ (-1)^{2+1}A_{21} & (-1)^{2+2}A_{22} & \cdots & (-1)^{2+n}A_{2n} \\ \vdots & \vdots & \ddots & \vdots \\ (-1)^{n+1}A_{n1} & (-1)^{n+2}A_{n2} & \cdots & (-1)^{n+n}A_{nn} \end{bmatrix}$$

は A の余因子行列と呼ばれ，これを $\tilde{A}$ とすると $A\tilde{A} = \tilde{A}A = |A|I_n$ より，A の逆行列は

$$A^{-1} = \frac{1}{|A|}\tilde{A}$$

と表されることがわかる．

─ 問題 9.10 ─

$A = \begin{bmatrix} 5 & -1 & -2 \\ 1 & 0 & -1 \\ -4 & 1 & 2 \end{bmatrix}$ の余因子行列を求め，行列 A の逆行列を求めよ．

9.4.3 グラム・シュミットの直交化法

n 次元の線形空間の基底 $\{\mathbf{x}_1, \mathbf{x}_2, \ldots, \mathbf{x}_n\}$ がすべての i で $\|\mathbf{x}_i\| = 1$ であり,かつ $i \neq j$ であるとき $(\mathbf{x}_i, \mathbf{x}_j) = 0$ を満たすとき,正規直交基底という.グラム・シュミットの直交化法は任意の基底から正規直交基底を作るためのアルゴリズムであり,計算の手順は以下のように与えられる.

$\{\mathbf{x}_1, \mathbf{x}_2, \ldots, \mathbf{x}_n\}$ から正規直交基底 $\{\mathbf{e}_1, \mathbf{e}_2, \ldots, \mathbf{e}_n\}$ を作る.

Step1: $\mathbf{a}_1 = \mathbf{x}_1$ とおき,$\mathbf{e}_1 = \frac{\mathbf{a}_1}{\|\mathbf{a}_1\|}$ を計算

Step2: $\mathbf{a}_2 = \mathbf{x}_2 - (\mathbf{x}_2, \mathbf{e}_1)\mathbf{e}_1$ とおき,$\mathbf{e}_2 = \frac{\mathbf{a}_2}{\|\mathbf{a}_2\|}$ を計算

Step3 以降: $\mathbf{a}_n = \mathbf{x}_n - \sum_{i=1}^{n-1}(\mathbf{x}_n, \mathbf{e}_i)\mathbf{e}_i$ とおき,$\mathbf{e}_n = \frac{\mathbf{a}_n}{\|\mathbf{a}_n\|}$ を計算

問題 9.11

$\mathbf{x}_1 = \begin{bmatrix} 1 \\ -1 \\ 0 \end{bmatrix}, \mathbf{x}_2 = \begin{bmatrix} 1 \\ 0 \\ 1 \end{bmatrix}, \mathbf{x}_3 = \begin{bmatrix} 0 \\ -1 \\ 1 \end{bmatrix}$ で与えられる $\mathbf{R}^3$ の基底から正規直交基底を作れ.

9.4.4 線形写像

集合 X から集合 Y への写像とは,集合 X の各元に集合 Y のただ一つの元を対応させる規則のことをいい,$f : X \to Y$ のように表す.写像 f によって $x \in X$ が $y \in Y$ に対応するとき,$y = f(x)$ と表し,y を f による x の像という.また,$A \subset X$ に対して $f(A) = \{f(a); a \in A\}$ を f による A の像という.特に,$f(X) \subset Y$ である.もし $f(X) = Y$ が成り立つとき,f を上への写像,または全射という.例えば,m を整数とし,$f : \mathbf{R} \to \mathbf{R}$ が $f(x) = x^m$ で与えられているとする.m が 2 で割り切れるときは $\{x^m \geq 0\} \subset \mathbf{R}$ となるから全射ではないが,m が 2 で割り切れない場合は全射になることが確かめられる.また,$x_1, x_2 \in X$ に対して $f(x_1) = f(x_2)$ ならば $x_1 = x_2$ となるとき,f を 1 対 1 の写像,または単射という.$f(x) = x^m$ は m が 2 で割り切れるときは単射でない.例えば,$m = 2$ のときは $x_1^2 = x_2^2$ より $x_1 = \pm x_2$ となって単射でないことがわかる.しかし m が 2 で割り切れない場合,$\mathbf{R}$ では方程式 $x_1^m = x_2^m$ は $x_1 = x_2$ 以外の解をもたないため単射となる.

$\mathbf{R}$-線形空間 $\mathbf{R}^n$ から $\mathbf{R}$-線形空間 $\mathbf{R}^m$ への写像 $f : \mathbf{R}^n \to \mathbf{R}^m$ が線形写像であるとは,$\mathbf{x}, \mathbf{y} \in \mathbf{R}^n, \lambda, \mu \in \mathbf{R}$ に対して,(1) $f(\mathbf{x}+\mathbf{y}) = f(\mathbf{x}) + f(\mathbf{y})$,(2) $f(\lambda \mathbf{x}) = \lambda f(\mathbf{x})$ が成り立つときにいう.この二つの条件は

$$f(\lambda \mathbf{x} + \mu \mathbf{y}) = \lambda f(\mathbf{x}) + \mu f(\mathbf{y})$$

と一つにまとめることができる.実際,(1) から $f(\lambda \mathbf{x} + \mu \mathbf{y}) = f(\lambda \mathbf{x}) + f(\mu \mathbf{y})$ となり,これに (2) を適用して $f(\lambda \mathbf{x}) + f(\mu \mathbf{y}) = \lambda f(\mathbf{x}) + \mu f(\mathbf{y})$ となる.逆に,$f(\lambda \mathbf{x} + \mu \mathbf{y}) = \lambda f(\mathbf{x}) + \mu f(\mathbf{y})$ において $\lambda = \mu = 1$ とすれば (1) が,$\mu = 0$ とおけば (2) が導かれる.

ここで具体的な線形写像の例について考える．$\mathbf{x} = \begin{bmatrix} x_1 \\ x_2 \\ x_3 \end{bmatrix}, \mathbf{y} = \begin{bmatrix} y_1 \\ y_2 \end{bmatrix} = \begin{bmatrix} x_1 - 2x_2 \\ x_2 - x_3 \end{bmatrix}$

とおいて，$f: \mathbf{R}^3 \to \mathbf{R}^2$ を $f(\mathbf{x}) = \mathbf{y}$ と定めると f は線形写像である．実際

$\mathbf{a} = \begin{bmatrix} a_1 \\ a_2 \\ a_3 \end{bmatrix}, \mathbf{b} = \begin{bmatrix} b_1 \\ b_2 \\ b_3 \end{bmatrix}$ とおけば $\lambda \mathbf{a} + \mu \mathbf{b} = \begin{bmatrix} \lambda a_1 + \mu b_1 \\ \lambda a_2 + \mu b_2 \\ \lambda a_3 + \mu b_3 \end{bmatrix}$ であり，

$f(\lambda \mathbf{a} + \mu \mathbf{b}) = \begin{bmatrix} \lambda(a_1 - 2a_2) + \mu(b_1 - 2b_2) \\ \lambda(a_2 - a_3) + \mu(b_2 - b_3) \end{bmatrix} = \lambda \begin{bmatrix} a_1 - 2a_2 \\ a_2 - a_3 \end{bmatrix} + \mu \begin{bmatrix} b_1 - 2b_2 \\ b_2 - b_3 \end{bmatrix}$ が得られることがわかる．また，

$$\begin{bmatrix} y_1 \\ y_2 \end{bmatrix} = \begin{bmatrix} x_1 - 2x_2 \\ x_2 - x_3 \end{bmatrix} = \begin{bmatrix} 1 & -2 & 0 \\ 0 & 1 & -1 \end{bmatrix} \begin{bmatrix} x_1 \\ x_2 \\ x_3 \end{bmatrix}$$

と表されるから，$A = \begin{bmatrix} 1 & -2 & 0 \\ 0 & 1 & -1 \end{bmatrix}$ とおけば，この線形写像 $f(\mathbf{x}) = \mathbf{y}$ は $f(\mathbf{x}) = A\mathbf{x}$ で表されることがわかる．このように，線形写像は行列の積で表現することができ，このような行列を線形写像の表現行列という．

線形写像 $f: \mathbf{R}^n \to \mathbf{R}^m$ に対して，

$$\operatorname{Im} f = \{f(\mathbf{x}) \in \mathbf{R}^m ; \mathbf{x} \in \mathbf{R}^n\}$$
$$\operatorname{Ker} f = \{\mathbf{x} \in \mathbf{R}^n ; f(\mathbf{x}) = 0\}$$

をそれぞれ f の像，f の核という．f は線形写像であるから，$\lambda f(\mathbf{x}) + \mu f(\mathbf{y}) = f(\lambda \mathbf{x} + \mu \mathbf{y}) \in \operatorname{Im} f$ となって $\operatorname{Im} f$ は $\mathbf{R}^m$ の部分空間である．また，$\mathbf{x}, \mathbf{y} \in \operatorname{Ker} f$ とすると $f(\mathbf{x}) = f(\mathbf{y}) = 0$ であるから，$f(\lambda \mathbf{x} + \mu \mathbf{y}) = \lambda f(\mathbf{x}) + \mu f(\mathbf{y}) = 0$ より $\operatorname{Ker} f$ は $\mathbf{R}^n$ の部分空間である．線形写像 $f: \mathbf{R}^n \to \mathbf{R}^m$ に対して

$$n - \dim(\operatorname{Ker} f) = \dim(\operatorname{Im} f)$$

が成り立ち，$n = m$ であっても，$\operatorname{Ker} f = \{\mathbf{0}\}$ でなければ $\operatorname{Im} f$ の次元は小さくなることがわかる．この概念は代数学を学ぶ上で重要である．最後に，$\operatorname{Ker} f$ が $\{\mathbf{0}\}$ にならない例を紹介して本章を終えることにする．

線形写像 $f: \mathbf{R}^2 \to \mathbf{R}^2$ を $f(\mathbf{x}) = A\mathbf{x}$ で与える．ただし，$\mathbf{x} = \begin{bmatrix} x_1 \\ x_2 \end{bmatrix} \in \mathbf{R}^2, A = \begin{bmatrix} a_{11} & a_{12} \\ a_{21} & a_{22} \end{bmatrix}, a_{11}a_{22} - a_{12}a_{21} = 0$ とする．A の成分はすべて実数である．このとき，

$$A\mathbf{x} = \begin{bmatrix} a_{11}x_1 + a_{12}x_2 \\ a_{21}x_1 + a_{22}x_2 \end{bmatrix}$$
となるが, $a_{11}a_{22} - a_{12}a_{21} = 0$ は比 $a_{11} : a_{12} = a_{21} : a_{22}$ と同値であり, $k \in \mathbf{R}$ とすると $a_{21} = ka_{11}, a_{22} = ka_{12}$ で表される. したがって, $f(\mathbf{x}) = \mathbf{0}$ を満足する $\mathbf{x}$ を計算すると

$$\begin{bmatrix} a_{11}x_1 + a_{12}x_2 \\ a_{21}x_1 + a_{22}x_2 \end{bmatrix} = \begin{bmatrix} a_{11}x_1 + a_{12}x_2 \\ ka_{11}x_1 + ka_{12}x_2 \end{bmatrix} = \begin{bmatrix} 0 \\ 0 \end{bmatrix}$$

となるから,

$$\mathrm{Ker}\, f = \{(x_1, x_2)\,;\, a_{11}x_1 + a_{12}x_2 = 0\} \supset \{\mathbf{c}\}$$

となることがわかる. したがって, $\mathrm{Ker}\, f$ は直線 $a_{11}x_1 + a_{12}x_2 = 0$ となり $\dim(\ker f) = 1$ である. また, この場合は $\mathrm{Im}\, f$ は

$$\begin{bmatrix} y_1 \\ y_2 \end{bmatrix} = \begin{bmatrix} a_{11}x_1 + a_{12}x_2 \\ ka_{11}x_1 + ka_{12}x_2 \end{bmatrix}$$

とおいて $y_2 = ky_1$ となるから, $\mathrm{Im}\, f$ は直線 $y_2 = ky_1$ となり $\dim(\mathrm{Im}\, f) = 1$ である. したがって, $n = 2, \dim(\mathrm{Ker}\, f) = 1, \dim(\mathrm{Im}\, f) = 1$ より, $n - \dim(\mathrm{Ker}\, f) = \dim(\mathrm{Im}\, f)$ が成り立っていることがわかる.

問題の解答

紙面の都合上，一部は略解のみとする．

はじめにの確認問題

(1) 12　(2) 4　(3) 5　(4) $y=2x-5$　(5) $(1,1)$　(6) $(1,-1)$　(7) $(5,-2)$　(8) $\sqrt{2}$　(9) 0

第1章の問と練習問題

問の解答

問 1.1: A(-10), B(15)　　問 1.3: AB=$|-10-15|=25$　　問 1.6: $\frac{-1+3}{2}=1$

問 1.8: P$(\frac{3-12}{2+1})=(-3)$, Q$(\frac{-6-6}{1-2})=(12)$

問 1.9: 求める点の座標を x とおくと $\frac{-10+x}{2}=-2$ より $x=6$

問 1.10: Q(5,5), Q の x 座標は 5, y 座標は 5, Q は第 1 象限の座標

問 1.12: PQ=$\sqrt{(5-2)^2+(5-1)^2}=\sqrt{9+16}=5$

問 1.15: $(\frac{-2+4}{2},\frac{4+8}{2})=(1,6)$

問 1.17: P$\left(\frac{-6+24}{4+3},\frac{12-8}{4+3}\right)=(\frac{18}{7},\frac{4}{7})$, Q$\left(\frac{6+24}{4-3},\frac{-12-8}{4-3}\right)=(30,-20)$

問 1.18: $(\frac{-2+4}{2},\frac{x+8}{2})=(1,7)$ より $x=6$

問 1.20: AB=$\sqrt{(0+1)^2+(1-0)^2+(2-1)^2}=\sqrt{3}$　　問 1.22: $y=2(x-1)-1$ より $y=2x-3$

問 1.23: y 軸上の点は x 座標の値が常に 0 であるから $x=0$

問 1.25: (1) $1:-2=2:a$ より $a=-4$　　(2) $2k+3=-1$ より $k=-2$

問 1.27: $-2a=-1$ より $a=\frac{1}{2}$　　問 1.28: (b,a)

問 1.30: (1) $\sin 30°=\frac{1}{2}, \sin 210°=-\frac{1}{2}, \cos 315°=\frac{1}{\sqrt{2}}$　(2) $\cos^2 15°=1-\left(\frac{\sqrt{6}-\sqrt{2}}{4}\right)^2$ より $\cos 15°=\frac{\sqrt{6}+\sqrt{2}}{4}$

問 1.31: $\frac{15}{180}\pi=\frac{\pi}{12}$　　問 1.32: $r=\sqrt{1^2+\sqrt{3}^2}=2, \cos\theta=\frac{1}{2}, \sin\theta=\frac{\sqrt{3}}{2}$ より $(r,\theta)=(2,\frac{\pi}{3})$

問 1.35: $\cos\frac{\pi}{3}=\frac{1}{2}, \sin\frac{\pi}{3}=\frac{\sqrt{3}}{2}$ より，$\left(1-\frac{3\sqrt{3}}{2},\frac{2\sqrt{3}+3}{2}\right)$ となる

問 1.37: $\frac{|-2-2+3|}{\sqrt{(-2)^2+1^2}}=\frac{1}{\sqrt{5}}$

練習問題の解答

(1) C$(\frac{-3+7}{2})=(2)$　P$(\frac{-9+14}{2+3})=(1)$　Q$(\frac{9+14}{2-3})=(-23)$　R$(\frac{6+21}{3-2})=(27)$　距離は 10 である　(2) C の座標を x とすると $\frac{-2+x}{2}=6$ より $x=14$　C(14)

(3) AB=$\sqrt{(2-1)^2+(6-2)^2}=\sqrt{17}$, C$(\frac{1+2}{2},\frac{2+6}{2})=(\frac{3}{2},4)$　P$(\frac{3+2}{1+3},\frac{6+6}{1+3})=(\frac{5}{4},3)$　Q$\left(\frac{-3+2}{1-3},\frac{-6+6}{1-3}\right)=(\frac{1}{2},0)$　R$\left(\frac{-1+6}{3-1},\frac{-2+18}{3-1}\right)=(\frac{5}{2},8)$

(4) $(\frac{x+2}{2},\frac{6+y}{2})=(-1,5)$ より $x=-4, y=4$

(5) $y=-(x-2)-1$ より $y=-x+1$, $y=\frac{-6-0}{4+2}(x+2)$ より $y=-x-2$

(6) 平行: $\frac{a}{3}=\frac{4}{a+1}$ より $a^2+a-12=0, (a+4)(a-3)=0$ となるから $a=3,-4$　垂直: $\frac{a}{3}\frac{4}{a+1}=-1$ より $4a=-3a-3$ となるから $a=\frac{-3}{7}$

(7) B(a,b) とおくと，A,B の中点 $(\frac{3+a}{2},\frac{2+b}{2})$ は $y=x+1$ 上の点だから $\frac{2+b}{2}=\frac{3+a}{2}+1, b=3+a$ また直線 AB と $y=x+1$ は垂直に交わるから $\frac{b-2}{a-3}\times 1=-1, b-2=3-a$ となり，これらを解いて $a=1, b=4$ を得る．ゆえに B(1,4)

(8) $\frac{11}{12}\pi=\frac{8}{12}\pi+\frac{3}{12}\pi=\frac{2}{3}\pi+\frac{1}{4}\pi$ である．$\cos\frac{2}{3}\pi=\frac{-1}{2}, \sin\frac{2}{3}\pi=\frac{\sqrt{3}}{2}, \cos\frac{\pi}{4}=\sin\frac{\pi}{4}=\frac{\sqrt{2}}{2}$ となるから，加法定理より $\sin\frac{11}{12}\pi=\sin(\frac{2}{3}\pi+\frac{1}{4}\pi)=\sin\frac{2}{3}\pi\cos\frac{1}{4}\pi+\cos\frac{2}{3}\pi+\sin\frac{1}{4}\pi=\frac{\sqrt{6}-\sqrt{2}}{4}$

(9) $(2,3)$ の極座標: $r=\sqrt{2^2+3^2}=\sqrt{13}$ より $(\sqrt{13},\theta)$ が求める極座標である．ただし，θ は $\cos\theta=\frac{2}{\sqrt{13}}, \sin\theta=\frac{3}{\sqrt{13}}$ を満足する実数である．

$(2,\frac{2}{3}\pi)$ の xy 平面の座標: $\cos\frac{2}{3}\pi=-\frac{1}{2}, \sin\frac{2}{3}\pi=\frac{\sqrt{3}}{2}$ であるから $(x,y)=(r\cos\frac{2\pi}{3},r\sin\frac{2\pi}{3})=(-1,\sqrt{3})$

(10) $\frac{1+6-3}{\sqrt{(-1)^2+2^2}}=\frac{4}{\sqrt{5}}$

第2章の問と練習問題

問の解答

問 2.2: $\overrightarrow{OB} = (2, -1), ||\overrightarrow{OB}|| = \sqrt{2^2 + (-1)^2} = \sqrt{5}, \overrightarrow{OC} = (-3, 3), ||\overrightarrow{OC}|| = \sqrt{(-3)^2 + 3^3} = 3\sqrt{2}$

問 2.4: B(2, -1)　　問 2.5: A(-2, -1), B(-1, -1), C(-5, 1)

問 2.7: $||\mathbf{x}|| = \sqrt{(-1)^2 + (-2)^2 + 3^2} = \sqrt{14}, ||\mathbf{y}|| = 5, ||\mathbf{z}|| = 5$

問 2.9: $||\mathbf{a}|| = \sqrt{1^2 + 2^2 + 0^2 + (-1)^2} = \sqrt{6}, ||\mathbf{b}|| = \sqrt{(-1)^2 + 0^2 + (-1)^2 + 0^2 + 1^2} = \sqrt{3}, ||\mathbf{c}|| = \sqrt{22}$

問 2.11: $3\mathbf{b} = {}^t[-6\ 3], -5\mathbf{b} = {}^t[0\ -15], ||3\mathbf{b}|| = 3\sqrt{5}, ||-5\mathbf{c}|| = 15$

問 2.13: $-2\mathbf{b} = {}^t[2\ -2\ 0], 3\mathbf{c} = {}^t[0\ 6\ 15\ -9], ||-2\mathbf{b}|| = 2\sqrt{2}, ||3\mathbf{c}|| = 3\sqrt{38}$

問 2.15: $\mathbf{c} + \mathbf{d} = {}^t[2\ -2], ||\mathbf{c} + \mathbf{d}|| = 2\sqrt{2}, ||\mathbf{c}|| = 1, ||\mathbf{d}|| = \sqrt{13}$ で, $2\sqrt{2} = \sqrt{8} < \sqrt{13}$ であるから，三角不等式 $||\mathbf{c} + \mathbf{d}|| < ||\mathbf{c}|| + ||\mathbf{d}||$ が成り立っている．

問 2.16: $\mathbf{c} - \mathbf{d} = {}^t[-3\ -2], \mathbf{d} - \mathbf{c} = {}^t[3\ 2]$

問 2.18: 1. $\mathbf{c} + \mathbf{d} = {}^t[-5\ -3\ 8], \mathbf{c} - \mathbf{d} = {}^t[-1\ -5\ 2], \mathbf{d} - \mathbf{c} = {}^t[1\ 5\ -2]$
2. $\mathbf{x} + \mathbf{y} = {}^t[-5\ -2\ 3\ 2], \mathbf{x} - \mathbf{y} = {}^t[-5\ 2\ 1\ -4], \mathbf{y} - \mathbf{x} = {}^t[5\ -2\ -1\ 4]$

問 2.20: $||\mathbf{a}|| = 3$ となるから, $\mathbf{e} = \frac{1}{3}{}^t[0\ \sqrt{5}\ 2] = {}^t[0\ \frac{\sqrt{5}}{3}\ \frac{2}{3}]$ となる. $\mathbf{e} = \sqrt{0 + \frac{5}{9} + \frac{4}{9}} = 1$ である.

問 2.22: 1. $(\mathbf{c}, \mathbf{d}) = 3 - 1 = 2$　　2. $||\mathbf{c}|| = 2, ||\mathbf{d}|| = 2$ となるから, $2 = 4\cos\theta$ を解いて $\theta = \frac{\pi}{3}$, よって $\cos\theta = \frac{1}{2}$

問 2.24: 1. $(\mathbf{c}, \mathbf{d}) = 2$ となる. また $||\mathbf{c}|| = \sqrt{5}, ||\mathbf{d}|| = \sqrt{2}$ より θ は $\cos\theta = \frac{2}{\sqrt{10}}$ を満足する角度である. 2. 省略

練習問題の解答

(1) $||\mathbf{a}|| = \sqrt{10}\ \mathbf{e} = {}^t[\frac{1}{\sqrt{10}}, \frac{3}{\sqrt{10}}]$　　(2) $2\mathbf{a} - 3\mathbf{b} = (-8, 11, -3)$ であるから $||2\mathbf{a} - 3\mathbf{b}|| = \sqrt{194}$

(3) $(\mathbf{a}, \mathbf{b}) = 0, \theta = 90°$　　(4) $(\mathbf{a}, \mathbf{b}) = 2 \times 3 \times \cos\frac{\pi}{3} = 3$

(5) $||\mathbf{a} + \mathbf{b}||^2 = (\mathbf{a} + \mathbf{b}, \mathbf{a} + \mathbf{b}) = (\mathbf{a}, \mathbf{a}) + 2(\mathbf{a}, \mathbf{b}) + (\mathbf{b}, \mathbf{b}) = ||\mathbf{a}||^2 + 2(\mathbf{ab}) + ||\mathbf{b}||^2$ であるから, $(\mathbf{a}, \mathbf{b}) = -2$

(6) 定数 c に対して $\mathbf{a} = c\mathbf{b}$ とならないように x を定めれば $\mathbf{a}$ と $\mathbf{b}$ は線形独立となる．したがって，$1 = -2c, x = 3c$ より求める条件は $x \neq \frac{-3}{2}$ となる．

第3章の問と練習問題

問の解答

問 3.6: $x = 11, y = 8, z = 20, w = 15$

練習問題の解答

(1) $x = 10, y = 20$　(2) $x = 5, y = 5$　(3) 解なし　(4) $x = t, y = \frac{t-2}{2}$ (t:定数)

(5) キーホルダーの数を y, ステッカーの数を x とすると, $y = 4x, 400x + 250y = 4200$ となり $400x + 1000x = 4200$ より $x = 3, y = 12$, よってステッカーの枚数は 3 枚

第4章の問と練習問題

問の解答

問 4.2: B の行数は 4, 列数は 2, C の行数は 3, 列数は 3, D の行数は 1, 列数は 3　　問 4.4: $A = D, B = C$

問 4.6: $tr(D) = 1 + 3 - 3 - 1 = 0$

問 4.8: $-3B = \begin{bmatrix} -3 & -9 \\ 6 & -15 \end{bmatrix}, 2B = \begin{bmatrix} 2 & 6 \\ -4 & 10 \end{bmatrix}, -4C = \begin{bmatrix} 8 & 0 & -20 \\ 0 & -4 & -36 \\ 0 & 0 & -4 \end{bmatrix}, 5C = \begin{bmatrix} -10 & 0 & 25 \\ 0 & 5 & 45 \\ 0 & 0 & 5 \end{bmatrix}$

問 4.10: $C + D = \begin{bmatrix} 4 & 3 & 5 \\ 7 & 0 & 2 \\ 5 & 4 & -2 \end{bmatrix}, C - D = \begin{bmatrix} -10 & 1 & 5 \\ -7 & 2 & -2 \\ 5 & 0 & -4 \end{bmatrix}$

問 4.11: $A + B$ を先に計算してその結果に C を足したものと, A に $B + C$ の計算結果を加えたものは等しくなる．計算省略．

問 4.12: $\begin{bmatrix} 8 \\ 4 \end{bmatrix}$　　問 4.13: $\begin{bmatrix} -2 \\ -1 \\ -1 \end{bmatrix}$

問 4.15: 1. $\begin{bmatrix} -27 & 9 \\ -63 & -63 \end{bmatrix} = 9\begin{bmatrix} -3 & 1 \\ -7 & -7 \end{bmatrix}$ 2. $\begin{bmatrix} 6 & -1 & 8 \\ -2 & 1 & 1 \\ 0 & 2 & 1 \end{bmatrix}$

問 4.17: $x_1 = 0, x_2 = 0$ 問 4.19: $AI = \begin{bmatrix} a_{11} & a_{12} \\ a_{21} & a_{22} \end{bmatrix}, IA = \begin{bmatrix} a_{11} & a_{12} \\ a_{21} & a_{22} \end{bmatrix}$

問 4.21: 1. 省略 2. $A^{-1} = \begin{bmatrix} 1 & 1 \\ 0 & 1 \end{bmatrix}$

問 4.22: $AB = \begin{bmatrix} -2 & -8 \\ -6 & -15 \end{bmatrix}$, ${}^t B {}^t A = \begin{bmatrix} -2 & -6 \\ -8 & 15 \end{bmatrix}$ より ${}^t(AB) = {}^t B {}^t A$ である．また，$S = \frac{1}{2}(A + {}^t A)$ $= \begin{bmatrix} 1 & \frac{5}{2} \\ \frac{5}{2} & 4 \end{bmatrix}$ であるから S は対称行列である．

問 4.23: $X = \frac{1}{2}(B + {}^t B) = \begin{bmatrix} 0 & -3 \\ 3 & 0 \end{bmatrix}$ となるから交代行列である．

練習問題の解答

(1) 行列の横の並びは行，縦の並びは列 (2) $m = 2, n = 3$，第 1 行ベクトルは $[1\ 2\ -1]$, $(2,3)$ 成分は 2
(3) $a = 3, b = 3$
(4) $-A + 2B = \begin{bmatrix} -5 & -2 \\ 6 & 3 \end{bmatrix}$ (5) $2A = \begin{bmatrix} 4 & 2 \\ 6 & 10 \end{bmatrix}$ より $A = \begin{bmatrix} 2 & 1 \\ 3 & 5 \end{bmatrix}$, $2B = \begin{bmatrix} -2 & 4 \\ 4 & 4 \end{bmatrix}$ より $B = \begin{bmatrix} -1 & 2 \\ 2 & 2 \end{bmatrix}$

(6) $BA = \begin{bmatrix} 4 \\ 6 \end{bmatrix}$, ${}^t AB = \begin{bmatrix} 2 & 7 \end{bmatrix}$, $B {}^t C = \begin{bmatrix} 7 \\ 3 \end{bmatrix}$, $AC = \begin{bmatrix} 3 & 1 \\ 6 & 2 \end{bmatrix}$, $CA = 5$

(7) 成り立たない．例えば，$\begin{bmatrix} 1 & 0 \\ 2 & 1 \end{bmatrix} \begin{bmatrix} 0 & 1 \\ 0 & 0 \end{bmatrix} = \begin{bmatrix} 0 & 1 \\ 0 & 2 \end{bmatrix}$ であるが，$\begin{bmatrix} 0 & 1 \\ 0 & 0 \end{bmatrix} \begin{bmatrix} 1 & 0 \\ 2 & 1 \end{bmatrix} = \begin{bmatrix} 2 & 1 \\ 0 & 0 \end{bmatrix}$ である．(8) A, B を n 次正方行列とし，O を零行列とする．一般に $AB = O$ なら $A = O$ または $B = O$ は成り立たない．実際 $A = \begin{bmatrix} 1 & 1 \\ 0 & 0 \end{bmatrix}$, $B = \begin{bmatrix} 0 & 1 \\ 0 & -1 \end{bmatrix}$ とおくと，

$$AB = \begin{bmatrix} 1 & 1 \\ 0 & 0 \end{bmatrix} \begin{bmatrix} 0 & 1 \\ 0 & -1 \end{bmatrix}$$
$$= \begin{bmatrix} 1 \cdot 0 + 1 \cdot 0 & 1 \cdot 1 + 1 \cdot (-1) \\ 0 \cdot 0 + 0 \cdot 0 & 0 \cdot 1 + 0 \cdot (-1) \end{bmatrix} = \begin{bmatrix} 0 & 0 \\ 0 & 0 \end{bmatrix} = O$$

である．したがって，$AB = O$ でも，$A = \begin{bmatrix} 1 & 1 \\ 0 & 0 \end{bmatrix} \neq O$, $B = \begin{bmatrix} 0 & 1 \\ 0 & -1 \end{bmatrix} \neq O$ となる例が存在する．

(9) I, A を n 次正方行列とする．$IA = AI = A$ を満たす行列 I を n 次単位行列という．

(10) X, A を n 次正方行列とし，I を n 次単位行列とする．$XA = AX = I$ を満たす行列 X を行列 A の逆行列という．よって X は A の逆行列である．

第 5 章の問と練習問題

問の解答

問 5.5: 階段行列の三つの条件 (1), (2), (3) すべての条件を満たしている．

問 5.10: $\begin{bmatrix} 1 & 2 & | & 1 & 0 \\ 3 & 5 & | & 0 & 1 \end{bmatrix} \to \begin{bmatrix} 1 & 2 & | & 1 & 0 \\ 0 & -1 & | & -3 & 1 \end{bmatrix} \to \begin{bmatrix} 1 & 2 & | & -5 & 2 \\ 0 & 1 & | & 3 & -1 \end{bmatrix} \to \begin{bmatrix} 1 & 0 & | & -5 & 2 \\ 0 & 1 & | & 3 & -1 \end{bmatrix}$ となり $A^{-1} = \begin{bmatrix} -5 & 2 \\ 3 & -1 \end{bmatrix}$

練習問題の解答

(1) $x=3, y=1, z=1$, (2) $x=12, y=50, z=16$, (3) 拡大係数行列は $\begin{bmatrix} 1 & 1 & 1 & | & 2 \\ 1 & -1 & 1 & | & 4 \\ 3 & 1 & 3 & | & 8 \end{bmatrix} \to$

$\begin{bmatrix} 1 & 1 & 1 & | & 2 \\ 0 & -2 & 0 & | & 2 \\ 0 & -2 & 0 & | & 2 \end{bmatrix} \to \begin{bmatrix} 1 & 1 & 1 & | & 2 \\ 0 & -2 & 0 & | & 2 \\ 0 & 0 & 0 & | & 0 \end{bmatrix}$ となるから, $x+y+z=2, -2y=2$ となる. $z=t$ とおけ

ば, 解は $(x,y,z) = t(-1,0,1) + (3,-1,0)$. (4) 拡大係数行列は $\begin{bmatrix} 3 & -1 & 2 & | & -3 \\ 1 & 1 & -1 & | & 0 \\ 2 & -2 & 3 & | & 7 \end{bmatrix} \to$

$\begin{bmatrix} 1 & 1 & -1 & | & 0 \\ 3 & -1 & 2 & | & -3 \\ 2 & -2 & 3 & | & 7 \end{bmatrix} \to \begin{bmatrix} 1 & 1 & -1 & | & 0 \\ 0 & -4 & 5 & | & -3 \\ 0 & 0 & 0 & | & 10 \end{bmatrix}$ となるから, この連立1次方程式には解は存在しない.

(5) $\begin{bmatrix} 1 & 1 & | & 1 & 0 \\ 2 & 3 & | & 0 & 1 \end{bmatrix} \to \begin{bmatrix} 1 & 0 & | & 3 & -1 \\ 0 & 1 & | & -2 & 1 \end{bmatrix}$ より $A_1^{-1} = \begin{bmatrix} 3 & -1 \\ -2 & 1 \end{bmatrix}$, $\begin{bmatrix} 1 & 0 & 2 & | & 1 & 0 & 0 \\ 0 & 1 & 2 & | & 0 & 1 & 0 \\ 1 & 0 & 1 & | & 0 & 0 & 1 \end{bmatrix} \to$

$\begin{bmatrix} 1 & 0 & 0 & | & -1 & 0 & 2 \\ 0 & 1 & 0 & | & -2 & 1 & 2 \\ 0 & 0 & 1 & | & 1 & 0 & -1 \end{bmatrix}$ より $A_2^{-1} = \begin{bmatrix} -1 & 0 & 2 \\ -2 & 1 & 2 \\ 1 & 0 & -1 \end{bmatrix}$, $\begin{bmatrix} 1 & 0 & 0 & | & 1 & 0 & 0 \\ 0 & 1 & 2 & | & 0 & 1 & 0 \\ 2 & 1 & 1 & | & 0 & 0 & 1 \end{bmatrix} \to$

$\begin{bmatrix} 1 & 0 & 0 & | & 1 & 0 & 0 \\ 0 & 1 & 0 & | & -4 & -1 & 2 \\ 0 & 0 & 1 & | & 2 & 1 & -1 \end{bmatrix}$, $\begin{bmatrix} 1 & 2 & -1 & 0 & | & 1 & 0 & 0 & 0 \\ 2 & 0 & 1 & 1 & | & 0 & 1 & 0 & 0 \\ -1 & 1 & -1 & -1 & | & 0 & 0 & 1 & 0 \\ 1 & -2 & 2 & 2 & | & 0 & 0 & 0 & 1 \end{bmatrix} \to$

$\begin{bmatrix} 1 & 2 & -1 & 0 & | & 1 & 0 & 0 & 0 \\ 0 & -4 & 3 & 1 & | & -2 & 1 & 0 & 0 \\ 0 & 3 & -2 & -1 & | & 1 & 0 & 1 & 0 \\ 0 & -4 & 3 & 2 & | & -1 & 0 & 0 & 1 \end{bmatrix} \to \begin{bmatrix} 1 & 2 & -1 & 0 & | & 1 & 0 & 0 & 0 \\ 0 & 1 & -1 & 0 & | & 1 & -1 & -1 & 0 \\ 0 & 3 & -2 & -1 & | & 1 & 0 & 1 & 0 \\ 0 & -4 & 3 & 2 & | & -1 & 0 & 0 & 1 \end{bmatrix} \to$

$\begin{bmatrix} 1 & 0 & 1 & 0 & | & -1 & 2 & 2 & 0 \\ 0 & 1 & -1 & 0 & | & 1 & -1 & -1 & 0 \\ 0 & 0 & 1 & -1 & | & -2 & 3 & 4 & 0 \\ 0 & 0 & -1 & 2 & | & 3 & -4 & -4 & 1 \end{bmatrix} \to \begin{bmatrix} 1 & 0 & 0 & 1 & | & 1 & -1 & -2 & 0 \\ 0 & 1 & 0 & -1 & | & -1 & 2 & 3 & 0 \\ 0 & 0 & 1 & -1 & | & -2 & 3 & 4 & 0 \\ 0 & 0 & 0 & 1 & | & 1 & -1 & 0 & 1 \end{bmatrix} \to$

$\begin{bmatrix} 1 & 0 & 0 & 1 & | & 0 & 0 & -2 & -1 \\ 0 & 1 & 0 & -1 & | & 0 & 1 & 3 & 1 \\ 0 & 0 & 1 & -1 & | & -1 & 2 & 4 & 1 \\ 0 & 0 & 0 & 1 & | & 1 & -1 & 0 & 1 \end{bmatrix}$ より $A_4^{-1} = \begin{bmatrix} 0 & 0 & -2 & -1 \\ 0 & 1 & 3 & 1 \\ -1 & 2 & 4 & 1 \\ 1 & -1 & 0 & 1 \end{bmatrix}$ となる.

第6章の問と練習問題

問の解答

問 6.1: $|A| = -2, |B| = 1 \cdot 2 - 3 \cdot (-1) = 5$,
$|C| = 1 \cdot 3 \cdot 1 + 1 \cdot 0 \cdot 2 + (-2) \cdot (-1) \cdot 3 - (-2) \cdot 3 \cdot 2 - 0 \cdot 3 \cdot 1 - 1 \cdot 1 \cdot (-1) = 3 + 6 + 12 + 1 = 22$

問 6.2: (1) $\sigma_1^{-1} = \begin{pmatrix} 2 & 3 & 1 \\ 1 & 2 & 3 \end{pmatrix} = \begin{pmatrix} 1 & 2 & 3 \\ 3 & 1 & 2 \end{pmatrix}$, (2) $\sigma_2^{-1} = \begin{pmatrix} 4 & 1 & 2 & 3 \\ 1 & 2 & 3 & 4 \end{pmatrix} = \begin{pmatrix} 1 & 2 & 3 & 4 \\ 2 & 3 & 4 & 1 \end{pmatrix}$

問 6.3: $\begin{pmatrix} 1 & 2 & 3 \\ 1 & 2 & 3 \end{pmatrix} \xrightarrow[(1,3)]{} \begin{pmatrix} 1 & 2 & 3 \\ 3 & 2 & 1 \end{pmatrix} \xrightarrow[(1,2)]{} \begin{pmatrix} 1 & 2 & 3 \\ 2 & 3 & 1 \end{pmatrix}$ とできるから, 互換の積は $\sigma = (1,2)(1,3)$ となる. したがって, 偶置換である.

問 6.4: 問 6.3 より σ は偶置換であったから, $\mathbf{sgn}(\sigma) = 1$ である.

問 6.5: $A_{12} = (-1)^{1+2} \begin{vmatrix} 2 & 1 \\ 4 & 3 \end{vmatrix} = (-1) \cdot (6-4) = -2, A_{23} = (-1)^{2+3} \begin{vmatrix} 1 & 2 \\ 4 & 1 \end{vmatrix} = (-1) \cdot (1-8) = 7, A_{31} = (-1)^{3+1} \begin{vmatrix} 2 & -1 \\ 3 & 1 \end{vmatrix} = (1) \cdot (2+3) = 5$

問 6.6:

(1) $|A| = a_{11}A_{11} + a_{12}A_{12} + a_{13}A_{13}$

$= 1 \cdot (-1)^{1+1} \begin{vmatrix} 3 & 1 \\ 1 & 3 \end{vmatrix} + 2 \cdot (-1)^{1+2} \begin{vmatrix} 2 & 1 \\ 4 & 3 \end{vmatrix} + (-1) \cdot (-1)^{1+3} \begin{vmatrix} 2 & 3 \\ 4 & 1 \end{vmatrix}$

$= 1 \cdot (9-1) + (-2) \cdot (6-4) + (-1) \cdot (2-12) = 8 - 4 + 10 = 14$

(2) $|A| = a_{13}A_{13} + a_{23}A_{23} + a_{33}A_{33}$

$= (-1) \cdot (-1)^{1+3} \begin{vmatrix} 2 & 3 \\ 4 & 1 \end{vmatrix} + 1 \cdot (-1)^{2+3} \begin{vmatrix} 1 & 2 \\ 4 & 1 \end{vmatrix} + 3 \cdot (-1)^{3+3} \begin{vmatrix} 1 & 2 \\ 2 & 3 \end{vmatrix}$

$= (-1) \cdot (2-12) + (-1) \cdot (1-8) + 3 \cdot (3-4) = 10 + 7 - 3 = 14$

問 6.7: 第 1 列は，$(2,1)$ 成分のみが 1 で，他の成分は 0 なので，第 1 列で展開すると計算が楽である．

$|A| = a_{11}A_{11} + a_{21}A_{21} + a_{31}A_{31} + a_{41}A_{41}$

$= 0 \cdot A_{11} + 1 \cdot A_{21} + 0 \cdot A_{31} + 0 \cdot A_{41}$

$= 1 \cdot (-1)^{2+1} \begin{vmatrix} 2 & 1 & 3 \\ 2 & 2 & 1 \\ 1 & 2 & 0 \end{vmatrix} = (-1) \cdot (0 + 1 + 12 - 6 - 4 - 0) = -1 \cdot 3 = -3$

問 6.8:

$|A| = a_{11}A_{11} + a_{21}A_{21} + a_{31}A_{31} + a_{41}A_{41}$

$= a \cdot A_{11} + 0 \cdot A_{21} + 0 \cdot A_{31} + 0 \cdot A_{41} = a \cdot (-1)^{1+1} \begin{bmatrix} b & u & v \\ 0 & c & w \\ 0 & 0 & d \end{bmatrix} = abcd$

行列 A のような行列を三角行列という．

練習問題の解答

(1) 解

次の操作を順に行う．

・第 1 行から 2 をくくりだす．
・第 3 列から 2 をくくりだす．
・第 2 行に第 1 行の -2 倍を，第 3 行に第 1 行の -3 倍を，第 4 行に第 1 行を加える．
・第 1 列で余因子展開する．
・第 2 行に第 1 行の -1 倍を，第 3 行に第 1 行の -1 倍を加える．
・第 1 列で余因子展開する．

この手順で計算を行うと

$|A| = \begin{vmatrix} 2 & -2 & 4 & 2 \\ 2 & -1 & 6 & 3 \\ 3 & -2 & 12 & 12 \\ -1 & 3 & -4 & -4 \end{vmatrix} = 2 \begin{vmatrix} 1 & -1 & 2 & 1 \\ 2 & -1 & 6 & 3 \\ 3 & -2 & 12 & 12 \\ -1 & 3 & -4 & -4 \end{vmatrix} = 4 \begin{vmatrix} 1 & -1 & 1 & 1 \\ 2 & -1 & 3 & 3 \\ 3 & -2 & 6 & 12 \\ -1 & 3 & -2 & -4 \end{vmatrix}$

$= 4 \begin{vmatrix} 1 & -1 & 1 & 1 \\ 0 & 1 & 1 & 1 \\ 0 & 1 & 3 & 9 \\ 0 & 2 & -1 & -3 \end{vmatrix} = 4 \times 1 \times (-1)^{1+1} \begin{vmatrix} 1 & 1 & 1 \\ 1 & 3 & 9 \\ 2 & -1 & -3 \end{vmatrix} = 4 \begin{vmatrix} 1 & 1 & 1 \\ 0 & 2 & 8 \\ 0 & -3 & -5 \end{vmatrix}$

$= 4 \times 1 \times (-1)^{1+1} \begin{vmatrix} 2 & 8 \\ -3 & -5 \end{vmatrix} = 4(-10 + 24) = 56$

(2) 解

次の操作を順に行う．

- 第 3 行から 2 をくくりだす．
- 第 2 行に第 1 行の -2 倍を，第 3 行に第 1 行を，第 4 行に第 1 行の 3 倍を加える．
- 第 1 列で余因子展開する．
- 第 2 行に第 1 行の -1 倍を，第 3 行に第 1 行の-2 倍を加える．
- 第 1 列で余因子展開する．

$$|A| = \begin{vmatrix} 2 & -1 & 2 & 1 \\ 4 & -1 & 6 & 3 \\ -2 & 2 & 4 & 2 \\ -6 & 5 & 3 & 9 \end{vmatrix} = 2 \begin{vmatrix} 1 & -1 & 2 & 1 \\ 2 & -1 & 6 & 3 \\ -1 & 2 & 4 & 2 \\ -3 & 5 & 3 & 9 \end{vmatrix} = 2 \begin{vmatrix} 1 & -1 & 2 & 1 \\ 0 & 1 & 2 & 1 \\ 0 & 1 & 6 & 3 \\ 0 & 2 & 9 & 12 \end{vmatrix}$$

$$= 2 \times 1 \times (-1)^{1+1} \begin{vmatrix} 1 & 2 & 1 \\ 1 & 6 & 3 \\ 2 & 9 & 12 \end{vmatrix} = 2 \begin{vmatrix} 1 & 2 & 1 \\ 1 & 6 & 3 \\ 2 & 9 & 12 \end{vmatrix} = 2 \begin{vmatrix} 1 & 2 & 1 \\ 0 & 4 & 2 \\ 0 & 5 & 10 \end{vmatrix}$$

$$= 2 \times 1 \times (-1)^{1+1} \begin{vmatrix} 4 & 2 \\ 5 & 10 \end{vmatrix} = 20(40-10) = 60$$

(3) 解
以下は手順を省略する．

$$|A| = \begin{vmatrix} 1 & 1 & 1 \\ 1 & 1+x & 1 \\ 1 & 1 & 1+y \end{vmatrix} = \begin{vmatrix} 1 & 1 & 1 \\ 0 & x & 0 \\ 0 & 0 & y \end{vmatrix} = xy$$

（三角行列の値は，対角成分の積に等しい）

(4) 解

$$|A| = \begin{vmatrix} 1 & 1 & 1 \\ a_1 & b_1 & c_1 \\ a_2 & b_2 & c_2 \end{vmatrix} = \begin{vmatrix} 0 & 1 & 0 \\ a_1-b_1 & b_1 & c_1-b_1 \\ a_2-b_2 & b_2 & c_2-b_2 \end{vmatrix} = 1 \times (-1)^{1+2} \begin{vmatrix} a_1-b_1 & c_1-b_1 \\ a_2-b_2 & c_2-b_2 \end{vmatrix}$$

$$= -1 \begin{vmatrix} a_1-b_1 & c_1-b_1 \\ (a_1+b_1)(a_1-b_1) & (c_1+b_1)(c_1-b_1) \end{vmatrix} = (a_1-b_1)(c_1-b_1) \begin{vmatrix} 1 & 1 \\ (a_1+b_1) & (c_1+b_1) \end{vmatrix}$$

$$= -(a_1-b_1)(c_1-b_1)c_1+b_1-(a_1+b_1)$$

(5) 解

$$|A| = \begin{vmatrix} 2-\lambda & 3 & -1 \\ 2 & 1-\lambda & 1 \\ 1 & -1 & 4-\lambda \end{vmatrix} = \begin{vmatrix} 2-\lambda+3-1 & 3 & -1 \\ 2+1-\lambda+1 & 1-\lambda & 1 \\ 1-1+4-\lambda & -1 & 4-\lambda \end{vmatrix} = \begin{vmatrix} 4-\lambda & 3 & -1 \\ 4-\lambda & 1-\lambda & 1 \\ 4-\lambda & -1 & 4-\lambda \end{vmatrix}$$

$$= (4-\lambda) \cdot \begin{vmatrix} 1 & 3 & -1 \\ 1 & 1-\lambda & 1 \\ 1 & -1 & 4-\lambda \end{vmatrix} = (4-\lambda) \cdot \begin{vmatrix} 1 & 3 & 1 \\ 0 & -2-\lambda & 2 \\ 0 & -4 & 5-\lambda \end{vmatrix}$$

$$= -(4-\lambda) \times 1 \times \begin{vmatrix} -2-\lambda & 2 \\ -4 & 5-\lambda \end{vmatrix}$$

$$= (4-\lambda) \cdot (-2-\lambda)(5-\lambda) - (-8) = (4-\lambda) \cdot (\lambda^2 - 3\lambda - 2)$$

$$= -(\lambda-4)(\lambda^2 - 3\lambda - 2)$$

(6) 解
$$|A| = \begin{vmatrix} a_0 & -1 & 0 & 0 \\ a_1 & x & -1 & 0 \\ a_2 & 0 & x & -1 \\ a_3 & 0 & 0 & x \end{vmatrix} = a_0 \cdot (-1)^{1+1} \begin{vmatrix} x & -1 & 0 \\ 0 & x & -1 \\ 0 & 0 & x \end{vmatrix} + (-1) \cdot (-1)^{1+2} \begin{vmatrix} a_1 & -1 & 0 \\ a_2 & x & -1 \\ a_3 & 0 & x \end{vmatrix}$$
$$= a_0 \cdot \begin{vmatrix} x & -1 & 0 \\ 0 & x & -1 \\ 0 & 0 & x \end{vmatrix} + \begin{vmatrix} a_1 & -1 & 0 \\ a_2 & x & -1 \\ a_3 & 0 & x \end{vmatrix}$$
$$= a_0 \cdot x^3 + a_1 x^2 + a_3 - (-a_2 x) = a_0 x^3 + a_1 x^2 + a_2 x + a_3$$

(7) 解
$$A = \begin{vmatrix} 1 & 1 & 2 & 3 & 4 \\ 1 & 4 & 1 & 5 & 4 \\ 2 & 0 & 3 & 1 & 7 \\ -1 & 1 & 2 & 2 & 9 \\ 2 & -2 & 4 & 6 & 8 \end{vmatrix} = 2 \begin{vmatrix} 1 & 1 & 2 & 3 & 4 \\ 1 & 4 & 1 & 5 & 4 \\ 2 & 0 & 3 & 1 & 7 \\ -1 & 1 & 2 & 2 & 9 \\ 1 & -1 & 2 & 3 & 4 \end{vmatrix} = 2 \begin{vmatrix} 0 & 2 & 0 & 0 & 0 \\ 1 & 4 & 1 & 5 & 4 \\ 2 & 0 & 3 & 1 & 7 \\ -1 & 1 & 2 & 2 & 9 \\ 1 & -1 & 2 & 3 & 4 \end{vmatrix}$$
$$= 2 \cdot 2 \cdot (-1)^{1+2} \begin{vmatrix} 1 & 1 & 5 & 4 \\ 2 & 3 & 1 & 7 \\ -1 & 2 & 2 & 9 \\ 1 & 2 & 3 & 4 \end{vmatrix} = -4 \begin{vmatrix} 1 & 1 & 5 & 4 \\ 0 & 1 & -9 & -1 \\ 0 & 3 & 7 & 13 \\ 0 & 1 & -2 & 0 \end{vmatrix}$$
$$= -4 \cdot 1 \cdot (-1)^{1+1} \begin{vmatrix} 1 & -9 & -1 \\ 3 & 7 & 13 \\ 1 & -2 & 0 \end{vmatrix} = -4 \begin{vmatrix} 1 & -9 & -1 \\ 0 & 34 & 16 \\ 0 & 7 & 1 \end{vmatrix} = -4 \cdot 1 \cdot (-1)^{1+1} \begin{vmatrix} 34 & 16 \\ 7 & 1 \end{vmatrix}$$
$$= -4 \cdot 2 \begin{vmatrix} 17 & 8 \\ 7 & 1 \end{vmatrix} = -8(17 - 56) = -8 \cdot (-39) = 312$$

(8) 解
$$A = \begin{vmatrix} 1 & 1 & 1 & 1 \\ a & a^2 & a^3 & a^4 \\ b & b^2 & b^3 & b^4 \\ c & c^2 & c^3 & c^4 \end{vmatrix} = a \cdot b \cdot c \begin{vmatrix} 1 & 1 & 1 & 1 \\ 1 & a & a^2 & a^3 \\ 1 & b & b^2 & b^3 \\ 1 & c & c^2 & c^3 \end{vmatrix} = a \cdot b \cdot c \begin{vmatrix} 1 & 1 & 1 & 1 \\ 0 & a-1 & a^2-1 & a^3-1 \\ 0 & b-1 & b^2-1 & b^3-1 \\ 0 & c-1 & c^2-1 & c^3-1 \end{vmatrix}$$
$$= a \cdot b \cdot c \cdot (-1)^{1+1} \begin{vmatrix} a-1 & a^2-1 & a^3-1 \\ b-1 & b^2-1 & b^3-1 \\ c-1 & c^2-1 & c^3-1 \end{vmatrix}$$
$$= a \cdot b \cdot c \begin{vmatrix} a-1 & (a-1)(a+1) & (a-1)(a^2+a+1) \\ b-1 & (b-1)(b+1) & (b-1)(b^2+b+1) \\ c-1 & (c-1)(c+1) & (c-1)(c^2+c+1) \end{vmatrix}$$
$$= a \cdot b \cdot c \cdot (a-1) \cdot (b-1) \cdot (c-1) \begin{vmatrix} 1 & a+1 & a^2+a+1 \\ 1 & b+1 & b^2+b+1 \\ 1 & c+1 & c^2+c+1 \end{vmatrix}$$
$$= a \cdot b \cdot c \cdot (a-1) \cdot (b-1) \cdot (c-1) \begin{vmatrix} 1 & a+1 & a^2+a+1 \\ 0 & b-a & b^2-a^2+b-a \\ 0 & c-a & c^2-a^2+c-a \end{vmatrix}$$
$$= a \cdot b \cdot c \cdot (a-1) \cdot (b-1) \cdot (c-1) \cdot 1 \cdot (-1)^{1+1} \begin{vmatrix} b-a & (b-a)(b+a+1) \\ c-a & (c-a)(c+a+1) \end{vmatrix}$$
$$= a \cdot b \cdot c \cdot (a-1) \cdot (b-1) \cdot (c-1) \cdot (b-a) \cdot (c-a) \begin{vmatrix} 1 & b+a+1 \\ 1 & c+a+1 \end{vmatrix}$$

$$= a \cdot b \cdot c \cdot (a-1) \cdot (b-1) \cdot (c-1) \cdot (b-a) \cdot (c-a)c + a + 1 - (b+a+1)$$
$$= a \cdot b \cdot c \cdot (a-1) \cdot (b-1) \cdot (c-1) \cdot (b-a) \cdot (c-a) \cdot (c-b)$$
$$= a \cdot b \cdot c \cdot (a-1) \cdot (b-1) \cdot (c-1) \cdot (a-b) \cdot (b-c) \cdot (c-a)$$

第 7 章の問と練習問題

問の解答

問 7.3: $\begin{vmatrix} 1-\lambda & 0 \\ 0 & 2-\lambda \end{vmatrix} = (1-\lambda)(2-\lambda) = 0$ より固有値は $2, 1$. 固有値 2 に対応する固有ベクトルは，連立方程式 $\begin{cases} 0 \cdot x_1 + 0 \cdot x_2 = 0 \\ 0 \cdot x_1 + 0 \cdot x_2 = 0 \end{cases}$ より，零ベクトルでないすべてのベクトルが求める固有ベクトルである．固有値 1 に対応する固有ベクトルも同様．

練習問題の解答

(1) A_1 の固有方程式は行列式 $\begin{vmatrix} 1-\lambda & 1 \\ 0 & 2-\lambda \end{vmatrix} = 0$ より $(1-\lambda)(2-\lambda) = 0$ となるから，固有値は $2, 1$ の二つである．連立 1 次方程式 $\begin{cases} (1-\lambda)x_1 + x_2 = 0 \\ (2-\lambda)x_2 = 0 \end{cases}$ に $\lambda = 2$ を代入して求めた解 $(x_1, x_2) = t(1, 1)$ が固有値 2 に対応する固有ベクトルとなり，$\lambda = 1$ を代入して求めた解 $(x_1, x_2) = s(1, 0)$ が固有値 2 に対応する固有ベクトルとなる．この二つの固有ベクトルを列ベクトルとして並べてできる行列 P を $P = \begin{bmatrix} 1 & 1 \\ 1 & 0 \end{bmatrix}$ とおくと $P^{-1} = \begin{bmatrix} 0 & 1 \\ 1 & -1 \end{bmatrix}$ となって，$P^{-1}A_1P = \begin{bmatrix} 2 & 0 \\ 0 & 1 \end{bmatrix}$ と対角化することができる．また，A_2 の固有多項式は $\begin{vmatrix} 1-\lambda & 0 & 0 \\ 0 & 3-\lambda & -1 \\ 2 & 0 & 2-\lambda \end{vmatrix} = 0$ より $(1-\lambda)(2-\lambda)(3-\lambda) = 0$ となるから固有値は大きい順に $3, 2, 1$ である．固有値を連立 1 次方程式 $\begin{cases} (1-\lambda)x_1 = 0 \\ (3-\lambda)x_2 - x_3 = 0 \\ 2x_1 + (2-\lambda)x_3 = 0 \end{cases}$ に代入すると，固有値 3 に対応する固有ベクトルは $(x_1, x_2, x_3) = t(0, 1, 0)$, 固有値 2 に対応する固有ベクトルは $(x_1, x_2, x_3) = s(0, 1, 1)$ 固有値 1 に対応する固有ベクトルは $(x_1, x_2, x_3) = r(-1, 1, 2)$ となるから，$P = \begin{bmatrix} 0 & 0 & -1 \\ 1 & 1 & 1 \\ 0 & 1 & 2 \end{bmatrix}$ とおくと $P^{-1}A_2P = \begin{bmatrix} 3 & 0 & 0 \\ 0 & 2 & 0 \\ 0 & 0 & 1 \end{bmatrix}$ となる．

(2) 行列 B の固有多項式は $\begin{vmatrix} 1-\lambda & 1 \\ -1 & 3-\lambda \end{vmatrix} = 0$ より $(1-\lambda)(3-\lambda) + 1 = 0$, $(\lambda - 2)^2 = 0$ となるから固有値は 2 となり，これは重解となっている．固有値 2 に対応する固有ベクトルは，連立 1 次方程式 $\begin{cases} (1-\lambda)x_1 + x_2 = 0 \\ -x_1 + (3-\lambda)x_2 = 0 \end{cases}$ を解いて $(x_1, x_2) = t(1, 1)$ となる．ここで (1) と同様に $P = \begin{bmatrix} 1 & 1 \\ 1 & 1 \end{bmatrix}$ とすると，行列 P の行列式は 0 となるから逆行列 P^{-1} は存在しないため，行列 B を対角化することはできない．

第 8 章の問

問 8.7: 例えば $K = \mathbb{R}$ として，$\mathbf{x}_1 = (0, 1), \mathbf{x}_2 = (0, 2), \mathbf{y} = (1, 0)$ とすると，$-2\mathbf{x}_1 + \mathbf{x}_2 + 0 \cdot \mathbf{y} = 0$ とできるから「$\mathbf{x}_1, \mathbf{x}_2, \mathbf{y}$ は線形従属」．しかし，$(1, 0) = k_1(0, 1) + k_2(0, 2)$ を満たす $k_1, k_2 \in K$ は存在しない．

問 8.8: $\mathbf{y}, \mathbf{x}_1, \ldots, \mathbf{x}_n$ が線形従属であるから，$k\mathbf{y} + k_1\mathbf{x}_1 + \cdots + k_n\mathbf{x}_n = \mathbf{0}$ を満たす同時に 0 でない $k, k_1, k_2, \ldots, k_n \in K$ が存在する．もし $k = 0$ なら，$k_1, \ldots, k_n$ のどれか一つは 0 であり $\mathbf{x}_1, \ldots, \mathbf{x}_n$ が線形独立という仮定に反する．よって $k \neq 0$ である．すると

$$\mathbf{y} = -\frac{k_1}{k}\mathbf{x}_1 + \cdots - \frac{k_n}{k}\mathbf{x}_n$$

と掛け, 定理 8.6 より「$\mathbf{y}$ は $\mathbf{x}_1, \ldots, \mathbf{x}_n$ に線形従属」である.
問 8.10: ($\Rightarrow$:必要条件) $\mathbf{x}_1, \ldots, \mathbf{x}_n$ が線形独立であるとする.

$$\mathbf{x}_1 = k_2\mathbf{x}_2 + \cdots + k_n\mathbf{x}_n$$

と表されたとすると, $(-1)\mathbf{x}_1 + \cdots + k_n\mathbf{x}_n = \mathbf{0}$ となり線形独立であることに矛盾する. よって, $\{\mathbf{x}_1, \ldots, \mathbf{x}_m\}$ のどの元も, 残りの $m - 1$ 個の元に線形従属でない.

($\Leftarrow$:十分) どの $\mathbf{x}_i$ も残りの $n - 1$ の元の線形結合として書けないとする. もし $\mathbf{x}_1, \ldots, \mathbf{x}_n$ が線形従属なら

$$k_1\mathbf{x}_1 + \cdots + k_n\mathbf{x}_n = \mathbf{0}$$

において少なくともどれか一つの $k_1, \ldots, k_n$ は 0 でない. それを k_1 とすると

$$\mathbf{x}_1 = -\frac{k_2}{k_1}\mathbf{x}_2 + \cdots - \frac{k_n}{k_1}\mathbf{x}_n$$

となり矛盾となる.
問 8.12: U を V の部分空間で $\mathbf{x}_1, \ldots, \mathbf{x}_n$ を含むものとする. U は部分空間だから条件 (1), (2) より線形結合 $k_1\mathbf{x}_1 + \cdots + k_n\mathbf{x}_n$ は U に含まれる. したがって $\langle \mathbf{x}_1, \ldots, \mathbf{x}_m \rangle \subseteq U$ が任意の U に対して成り立つ.
問 8.18: (1) $\mathbf{0} = k\mathbf{0}$ を満たす k は 0 以外にもあるため, V の中には線形独立のベクトルは存在しない. (2) 仮に $V \neq \{\mathbf{0}\}$ とすると, $\mathbf{0}$ 以外のベクトル $\mathbf{x} \in V$ が存在するため, 少なくとも $\mathbf{0} = k\mathbf{x}$ を満足する k は 0 に限る. したがって, $\dim V \geq 1$ である. これの待遇をとればよい.
問 8.19: (1) $\mathbf{w}_1, \mathbf{w}_1' \in W_1, \mathbf{w}_2, \mathbf{w}_2' \in W_2$ とし, $W_1 \oplus W_2$ の元 $\mathbf{w}_1 + \mathbf{w}_2 = \mathbf{w}_1' + \mathbf{w}_2'$ を考える. $W_1 \cap W_2 = \{\mathbf{0}\}$ であるから $\mathbf{w}_1 - \mathbf{w}_1' = \mathbf{0} \in W_1 \cap W_2, \mathbf{w}_2 - \mathbf{w}_2' = \mathbf{0} \in W_1 \cap W_2$ となり, $\mathbf{w}_1 = \mathbf{w}_1', \mathbf{w}_2 = \mathbf{w}_2'$ となる. (2) $W_1 \cap W_2 = \{(x, x, 0); x \in \mathbf{R}\}$ となるため, $W_1 + W_2$ は直和でない. $W_3 \cap W_4 = \mathbf{0}$ となるから和空間 $W_3 + W_4$ は直和である.
問 8.20: $s, t \in k, \mathbf{a}_1, \mathbf{a}_2 \in W^\perp$ に対して, $\mathbf{b} \in W$ とすると, $(\mathbf{a}_1, \mathbf{b}) = 0, (\mathbf{a}_2, \mathbf{b}) = 0$ であるから

$$(s\mathbf{a}_1 + t\mathbf{a}_2, \mathbf{b}) = s\mathbf{a}_1\mathbf{b} + t\mathbf{a}_2\mathbf{b} = 0s + 0t = 0$$

となる. したがって, $s\mathbf{a}_1 + t\mathbf{a}_2 \in W^\perp$ が成り立つから, 直交補空間 W' は V の部分空間である.

第 9 章の問

問 9.1: $G^t H = [I_k \ P]^t[-{}^tP \ I_{n-k}] = -P + P = O$ 問 9.2: B, B' を対称行列, C, C' を交代行列とする. 正方行列 A は対称行列と交代行列の和で表されることを第 4 章で確認した. もし $A = B + C = B' + C'$ と表されたとすると $B - B' = C' - C$ となり, これは対称行列かつ交代行列を意味し, そのような行列は零行列しかないことがわかる. したがって, $B - B' = C' - C = O$ となり, $B = B', C = C'$ となる. 問 9.3: 省略. 問 9.4: $\mathbf{x}^t\mathbf{x}$ は $d \times d$ 行列となり, (k, j) 成分は $x_{kj} = x_j x_k$ と表される. したがって, A の (i, k) 成分を a_{ik} とすると, 行列 $A\mathbf{x}^t\mathbf{x}$ の (i, j) 成分は $\sum_{k=1}^{d} a_{ik}x_{kj} = \sum_{k=1}^{d} a_{ik}x_j x_k$ となる. 行列 $A\mathbf{x}^t\mathbf{x}$ の (i, i) 成分は

$$\sum_{k=1}^{d} a_{ik}x_i x_k$$

となるから

$$\mathrm{tr}(A\mathbf{x}^t\mathbf{x}) = \sum_{i=1}^{d}\sum_{k=1}^{d} a_{ik}x_i x_k$$

が得られる. また, $= {}^t\mathbf{x}A\mathbf{x}$ においては, $A\mathbf{x}$ は d 次元ベクトルであり, その第 i 行は $\sum_{k=1}^{d} a_{ik}x_k$ となる. この列ベクトルに行ベクトル ${}^t\mathbf{x}$ を左から掛け合わせると

$$\sum_{i=1}^{d} x_i \left(\sum_{k=1}^{d} a_{ik}x_k \right) = \sum_{i=1}^{d}\sum_{k=1}^{d} a_{ik}x_i x_k$$

となることがわかる.

問 9.5: $\mu = \begin{bmatrix} \mu_1 \\ \mu_2 \\ \vdots \\ \mu_d \end{bmatrix}$ であるから，${}^t\mu A\mu = \sum_{i=1}^d \sum_{k=1}^d a_{ik}\mu_i\mu_k$ となる．単項式 $u_i u_k$ を μ_j で偏微分すると，

$$\frac{\partial}{\partial \mu_j}\mu_i\mu_k = \left(\frac{\partial}{\partial \mu_j}\mu_i\right)\mu_k + \mu_i\left(\frac{\partial}{\partial \mu_j}\mu_k\right)$$

となり，$\left(\frac{\partial}{\partial \mu_j}\mu_i\right)$ は $j=i$ のときに限り 1 で，それ以外のときは 0 となる．ゆえに，${}^t\mu A\mu$ を μ_j で偏微分すると

$$\begin{aligned}
\frac{\partial}{\partial \mu_j}{}^t\mu A\mu &= \frac{\partial}{\partial \mu_j}\sum_{i=1}^d\sum_{k=1}^d a_{ik}\mu_i\mu_k \\
&= \sum_{i=1}^d\sum_{k=1}^d a_{ik}\frac{\partial}{\partial \mu_j}\mu_i\mu_k \\
&= \sum_{i=1}^d\sum_{k=1}^d a_{ik}\left(\frac{\partial}{\partial \mu_j}\mu_i\right)\mu_k + \mu_i\left(\frac{\partial}{\partial \mu_j}\mu_k\right) \\
&= \sum_{i=1}^d\sum_{k=1}^d a_{ik}\left(\frac{\partial}{\partial \mu_j}\mu_i\right)\mu_k + \sum_{i=1}^d\sum_{k=1}^d a_{ik}\mu_i\left(\frac{\partial}{\partial \mu_j}\mu_k\right) \\
&= \sum_{k=1}^d a_{jk}\mu_k + \sum_{i=1}^d a_{ij}\mu_i
\end{aligned}$$

が得られる．$\sum_{k=1}^d a_{jk}\mu_k + \sum_{i=1}^d a_{ij}\mu_i$ は列ベクトル $(A + {}^tA)\mu$ の j 行目であるから $\frac{\partial}{\partial \mu}{}^t\mu A\mu = (A + {}^tA)\mu$ となる．問 9.6: 省略

問 9.7: A^{-1} は A の逆行列であるから $A^{-1}A = I_d$ である．ただし，I_d は d 次単位行列である．この式の両辺を a_{ij} で微分すると，ライプニッツ則から

$$\left(\frac{\partial}{\partial a_{ij}}A^{-1}\right)A + A^{-1}\left(\frac{\partial}{\partial a_{ij}}A\right) = O$$

となる．O は d 次零行列である．したがって，両辺に左から A^{-1} を掛けると

$$\begin{aligned}
\left(\frac{\partial}{\partial a_{ij}}A^{-1}\right)AA^{-1} + A^{-1}\left(\frac{\partial}{\partial a_{ij}}A\right)A^{-1} &= OA^{-1} \\
\left(\frac{\partial}{\partial a_{ij}}A^{-1}\right)I_d + A^{-1}\left(\frac{\partial}{\partial a_{ij}}A\right)A^{-1} &= O \\
\frac{\partial}{\partial a_{ij}}A^{-1} + A^{-1}\left(\frac{\partial}{\partial a_{ij}}A\right)A^{-1} &= O
\end{aligned}$$

となるから，

$$\frac{\partial}{\partial a_{ij}}A^{-1} = -A^{-1}\left(\frac{\partial}{\partial a_{ij}}A\right)A^{-1}$$

が得られる．

問 9.8: $A^{-1} = \frac{1}{ad-bc}\begin{bmatrix} d & -b \\ -c & a \end{bmatrix}$ であり，

$$\frac{\partial}{\partial a}\begin{bmatrix} d & -b \\ -c & a \end{bmatrix} = \begin{bmatrix} 0 & 0 \\ 0 & 1 \end{bmatrix}$$

であることに注意すると，

$$\frac{\partial}{\partial a}\frac{1}{ad-bc}\begin{bmatrix} d & -b \\ -c & a \end{bmatrix} = \frac{\begin{bmatrix} 0 & 0 \\ 0 & 1 \end{bmatrix}(ad-bc) - \begin{bmatrix} d & -b \\ -c & a \end{bmatrix}d}{(ad-bc)^2}$$

$$= \frac{\begin{bmatrix} 0 & 0 \\ 0 & ad-bc \end{bmatrix} - \begin{bmatrix} d^2 & -bd \\ -cd & ad \end{bmatrix}}{(ad-bc)^2}$$

$$= \frac{1}{(ad-bc)^2}\begin{bmatrix} -d^2 & bd \\ cd & -bc \end{bmatrix}$$

となることがわかる. 一方, $\frac{\partial}{\partial a}A = \begin{bmatrix} a & b \\ c & d \end{bmatrix} = \begin{bmatrix} 1 & 0 \\ 0 & 0 \end{bmatrix}$ であるから,

$$-A^{-1}\left(\frac{\partial}{\partial a}A\right)A^{-1} = -\frac{1}{(ad-bc)^2}\begin{bmatrix} d & -b \\ -c & a \end{bmatrix}\begin{bmatrix} 1 & 0 \\ 0 & 0 \end{bmatrix}\begin{bmatrix} d & -b \\ -c & a \end{bmatrix}$$

$$= -\frac{1}{(ad-bc)^2}\begin{bmatrix} d & 0 \\ -c & 0 \end{bmatrix}\begin{bmatrix} d & -b \\ -c & a \end{bmatrix}$$

$$= -\frac{1}{(ad-bc)^2}\begin{bmatrix} d^2 & -db \\ -dc & bc \end{bmatrix}$$

となる.

索　引

英数字

(i,j) 小行列式　141
(i,j) 余因子　141
(i,j) 成分　83
$m \times n$ 行列　83
rank　122

あ行

アフィン変換　158
誤り訂正　167

か行

解が存在しない（解をもたない）　64, 73
解が無数にある（無数の解）　63, 72
階数　122
階段行列　116
回転　5, 28
外分　10, 14
ガウスの消去法（はき出し法）　110
ガウス分布　188, 189, 190
拡大係数行列　123
加法定理　27
奇置換　139
基底　176
基本ベクトル　117
逆行列　82, 97, 98
逆置換　139
行基本変形　113
共通部分　180
行ベクトル　85
行列
　　——の行　77, 83
　　——の差　88
　　——のスカラー（定数）倍　79, 86
　　——の成分（要素）　83
　　——の積　80, 89, 92
　　——の相等　77, 84
　　——の対角化　151, 161
　　——の列　77, 83
　　——の和　79, 88
行列式　135, 137, 140
極座標　6, 26
距離　2, 3, 7, 8, 13, 16
偶置換　139
係数行列　123
結合法則　52, 89, 94
交換法則　52, 89, 94
交代行列　102
恒等置換　139
互換の積　139
弧度法　25
固有値　150, 151, 153
固有ベクトル　150, 151, 153
固有方程式　160

さ行

最尤推定量　195
サラスの展開　137
三角関数　6, 24
次元　177
主成分分析　163
消去法　67
垂直　5, 22
数直線　7
生成系　174

正則行列　135

正方行列　78, 85

零行列　84

零ベクトル　40, 47

絶対値　8

線形空間　155, 169

線形結合　172

線形従属　172

線形独立　38, 98, 172

線形変換（線形写像）　156

た　行

対角行列　151

対角成分　78, 85

対称　3, 4, 11, 14, 22

対称行列　102

対数尤度関数　195

代入法　66

ただ一組の解　72

単位行列　96, 97

置換　138

中点　2, 3, 7, 9, 14

直線の方程式　4, 17, 18

直和　181

直交行列　163

直交補空間　182

転置　40, 101

転置行列　82, 101

点と直線の距離　6, 28

トレース　78, 86

な　行

内分　10, 14

は　行

符号　140

二つのベクトルのなす角　38

部分空間　171, 174

ブロック行列　185

分散共分散行列　164

分配法則　52, 89, 94

平行　5, 20

ベクトル　32, 39

　——の大きさ　34, 45, 47, 49

　——の差　51

　——の座標表現　40, 45

　——のスカラー（定数）倍　35, 48, 49

　——の正規化　37, 53

　——の線形独立　56, 57

　——の直交　55

　——の内積　37, 38, 54, 56

　——の和　49

や　行

ユークリッド空間　9, 13, 15, 16

ら　行

ランク　122

列ベクトル　85

わ　行

和空間　179

著者紹介

松田　健（まつだ　たけし）
2010 年　東京工業大学大学院総合理工学研究科知能システム科学専攻　博士課程修了
現　　在　阪南大学総合情報学部総合情報学科　教授　博士（理学）
専　　門　情報数理学

菅沼義昇（すがぬま　よしのり）
1972 年　名古屋大学大学院工学研究科　修士課程修了
現　　在　静岡理工科大学総合情報学部コンピュータシステム学科　教授　工学博士
専　　門　人工知能

幸谷智紀（こうや　とものり）
1997 年　日本大学大学院理工学研究科　博士後期課程修了
現　　在　静岡理工科大学総合情報学部コンピュータシステム学科　教授　博士（理学）
専　　門　数値計算，コンピュータネットワーク
著　　書　『情報数学の基礎―例からはじめてよくわかる』（共著，森北出版，2011）
　　　　　『常微分方程式の数値解法 I―基礎編』（共訳，丸善出版，2012）

服部知美（はっとり　さとみ）
2002 年　三重大学大学院工学研究科　博士後期課程修了
現　　在　静岡理工科大学理工学部電気電子工学科　教授　博士（工学）
専　　門　パワーエレクトロニクス

中田篤史（なかた　あつし）
2013 年　愛知工業大学大学院　博士後期課程修了
現　　在　静岡理工科大学理工学部電気電子工学科　准教授　博士（工学）
専　　門　電力・エネルギー制御，半導体電力変換，パワーデバイス応用

基礎から身につける線形代数

Text of Linear Algebra
for mastering from the foundation

2014 年 11 月 25 日　初版 1 刷発行
2025 年 2 月 25 日　初版 8 刷発行

検印廃止
NDC 411.3
ISBN 978-4-320-11098-4

著　者　松田　健・菅沼義昇
　　　　幸谷智紀・服部知美　ⓒ 2014
　　　　中田篤史

発行者　南條光章

発行所　共立出版株式会社
　　　　〒 112-0006
　　　　東京都文京区小日向 4 丁目 6 番 19 号
　　　　電話 (03) 3947-2511 番（代表）
　　　　振替口座 00110-2-57035 番
　　　　URL　www.kyoritsu-pub.co.jp

印　刷　大日本法令印刷
製　本　協栄製本

一般社団法人
自然科学書協会
会員

Printed in Japan

JCOPY　<出版者著作権管理機構委託出版物>
本書の無断複製は著作権法上での例外を除き禁じられています．複製される場合は，そのつど事前に，出版者著作権管理機構（TEL：03-5244-5088，FAX：03-5244-5089，e-mail：info@jcopy.or.jp）の許諾を得てください．